CODE
DE
MUSIQUE PRATIQUE,
OU
MÉTHODES

Pour apprendre la Musique, même à des aveugles, pour former la voix & l'oreille, pour la position de la main avec une méchanique des doigts sur le Clavecin & l'Orgue, pour l'Accompagnement sur tous les Instrumens qui en sont susceptibles, & pour le Prélude: Avec de Nouvelles Réflexions sur le Principe sonore.

Par M. RAMEAU.

A PARIS,
DE L'IMPRIMERIE ROYALE.

M. DCCLX.

Jean-Philippe Rameau

Code de Musique Pratique, ou Méthodes.

Facsimile of the Paris 1760 edition.

A PARIS,
DE L'IMPRIMERIE ROYALE.

Republished Travis & Emery 2009.

Published by
Travis & Emery Music Bookshop
17 Cecil Court, London, WC2N 4EZ, United Kingdom.
(+44) 20 7240 2129
neworders@travis-and-emery.com

ISBN Hardback: 978-1-906857-67-7 Paperback: 978-1-906857-68-4

Jean-Philippe Rameau (1683–1764).. French composer and music theorist.

His father was organist at St. Etienne, Dijon. He studied in Italy and France. As a performer, he started working as a violinist and then as an organist. He worked in Paris Dijon, Lyons and Clermont before returning to Paris. As a composer, he started in Paris in 1706 with works for Clavecin but his main works, especially his dramatic works were much later in his life. His publications as a theorist started with his influential Traité de l'harmonie in 1732. His subsequent works developed the theories in this original work and he went on to write several books and articles on music theory.

More details on Rameau available from
- F.-J Fetis: Biographie universelle des Musiciens …
- Stanley Sadie: The New Grove Dictionary of Music and Musicians.
- http://en.wikipedia.org/wiki/Jean-Philippe_Rameau
- H. Maret: Eloge historique de M. Rameau. (Dijon 1766).
- J.-J. Rousseau: Dictionaire de musique (Paris 1768).
- M. Brenet: La jeunesse de Rameau (1902).
- L. de La Laurencie: Rameau (Paris 1908).
- C. Girlestone: Jean-Philippe Rameau: his life and work (London, 1957).
- J. Malignon: Rameau (Paris 1960).

Works on Music:
Traité de l'Harmonie Réduite à Ses Principes Naturels (Paris 1722).
    A Treatise on Harmony (Various translations).
Nouveau Système de Musique Théorique (Paris 1726).
… Les Différents Méthodes d'Accompagnement pour le Clavecin … (Paris 1732).
Génération Harmonique, ou Traité de Musique Théorique et Pratique (Paris 1737).
Mémoire où l'on Expose les Fondemens du Système de Musique … (1749).
Démonstration du Principe de l'Harmonie (Paris 1750).
Nouvelles Réflexions sur sa Démonstration du Principe de l'Harmonie (Paris 1752).
Observations sur Notre Instinct pour la Musique (Paris 1754).
Erreurs sur la Musique dans l'Encyclopédie (Paris 1755).
Suite des Erreurs sur la Musique dans l'Encyclopédie (Paris 1756).
Reponse … à MM. les editeurs de l'Encyclopédie …. (Paris 1757).
Nouvelles Réflexions sur le Principe Sonore (1758-9).
Code de Musique Pratique, ou Méthodes (Paris 1760, republished Travis & Emery 2009).
Lettre à M. Alembert sur ses Opinions en Musique (Paris 1760).
Origine des Sciences, Suivie d'un Controverse sur le Même Sujet (Paris 1762).
Also, many articles in Mercure de France etc.

We hope to reprint more of these titles.

© Travis & Emery 2009.

CODE
DE
MUSIQUE PRATIQUE,
OU
MÉTHODES

Pour apprendre la Musique, même à des aveugles, pour former la voix & l'oreille, pour la position de la main avec une méchanique des doigts sur le Clavecin & l'Orgue, pour l'Accompagnement sur tous les Instrumens qui en sont susceptibles, & pour le Prélude : Avec de Nouvelles Réflexions sur le Principe sonore.

Par M. RAMEAU.

A PARIS,
DE L'IMPRIMERIE ROYALE.

M. DCCLX.

TABLE
des Chapitres contenus dans ce Volume.

CHAPITRE I.

Nouveau moyen d'apprendre à lire la Musique.

ARTICLE I.	*Des Gammes.*	Page 1
ART. II.	*De l'application des Gammes aux doigts de la main.*	6
ART. III.	*Des Dièses, Bémols & Béquares.*	8
ART. IV.	*Des Clefs & des Transpositions.*	Ibid.

CHAPITRE II.

De la position de la main sur le Clavecin ou l'Orgue. 11

CHAPITRE III.

Méthode pour former la Voix. 12

ARTICLE I.	*Moyens de tirer les plus beaux Sons dont la voix est capable, d'en augmenter l'étendue & de la rendre flexible.*	12
ART. II.	*Moyen de fixer l'oreille & la voix sur le même degré en s'accompagnant.*	21

CHAPITRE IV.

De la Mesure. 23

TABLE

CHAPITRE V.

Méthode pour l'Accompagnement.   24

I.re Leçon...... *En quoi consiste l'Accompagnement du Clavecin ou de l'Orgue.*   Ibid.

II............ *Des Accords.*   25

III........... *Du renversement des Accords.*   Ibid.

IV............ *De la méchanique des doigts pour les Accords, leur succession, leur renversement, & leur Basse fondamentale.*   26

V............. *Du Ton ou Mode.*   29

VI............ *Termes en usage pour la Basse fondamentale & la continue, avec quelques observations en conséquence.*   Ibid.

VII........... *De l'enchaînement des Dominantes.*   30

VIII.......... *De la note sensible, de son accord, des Accords dissonans, de la préparation & résolution des Dissonances, & de leur Basse fondamentale.*   31

IX............ *Des différens genres de Tierces & de Sixtes, où il s'agit des Dièses, Bémols & Béquares.*   35

X............. *Rapport du Ton mineur avec le majeur dont il dérive.*   36

XI............ *Des Cadences.*   38

XII........... *Des Tons transposés.*   39

XIII.......... *Rapport des Tons.*   43

XIV........... *De l'entrelacement des Tons dans leurs cadences, où les toniques se succèdent en descendant de tierce dans la Basse.*   45

DES CHAPITRES.

XV.ᵉ Leçon...	Quels sont les Accords qui suivent généralement le Parfait.	46
XVI..........	Du Double emploi.	48
XVII.........	Moyen d'entrelacer les Tons les plus relatifs dans un enchaînement de dominantes.	49
XVIII........	De l'enchaînement des Cadences irrégulières.	50
XIX..........	Suspension communes aux Cadences.	54
XX...........	Des Accords communs à différentes toniques, où il s'agit de la sixte superflue.	55
XXI..........	Des Suppositions & suspensions.	56
XXII.........	Entrelacement de suppositions avec des Accords parfaits.	59
XXIII........	Des cadences rompues & interrompues.	61
XXIV.........	Suite diatonique de plusieurs Accords de sixte généralement soûmise aux cadences, dont la règle de l'octave tire son origine.	64
XXV..........	De la Septième diminuée, sous le titre de petites Tierces.	65
XXVI.........	Du genre Chromatique.	66
XXVII........	Du genre Enharmonique.	68
XXVIII.......	De la jonction de la Basse continue aux Accords.	69
XXIX.........	De la Syncope.	70
XXX..........	Distinction des Consonances & des Dissonances; de la préparation des dernières, & de la liaison.	71
XXXI.........	Goût de l'Accompagnement.	73
XXXII........	Manière de chiffrer la Basse.	74

CHAPITRE VI.

Méthode pour la Composition. 78

CHAPITRE VII.

De la Basse fondamentale, titres & qualités des notes qu'on y emploie, & de leur succession. 81

ARTICLE I. *Principe de l'harmonie & de la mélodie.* Ibid.
ART. II. *Des toniques, ou censées telles.* Ibid.
ART. III. *Des dominantes & sous-dominantes.* 82
ART. IV. *Marche des toniques.* Ibid.
ART. V. *Marche des dominantes & sous-dominantes.* 83
ART. VI. *Des repos ou cadences qui font connoître leur Basse fondamentale, & qui en occasionnent souvent d'arbitraires, dont le doute s'éclaircira par la voie du diatonique.* 84
ART. VII. *De la cadence rompue.* 87
ART. VIII. *De la cadence interrompue.* 88
ART. IX. *De la cadence irrégulière.* Ibid.
ART. X. *Du double emploi.* Ibid.
ART. XI. *Des Basses fondamentales communes à un même accord & à différens Tons.* 90
ART. XII. *Des notes communes à différens accords, & de leurs Basses fondamentales arbitraires.* 91
ART. XIII. *Choix dans la succession fondamentale.* 92
ART. XIV. *De la durée des notes fondamentales & de la syncope.* Ibid.

DES CHAPITRES.

Art. XV. *Origine de toutes les variétés de la Basse fondamentale, & par conséquent de l'harmonie, comme de la mélodie, où il s'agit des cadences.* 93

Art. XVI. *Des intervalles nécessairement altérés dans la modulation.* 95

Art. XVII. *Préparation & résolution de la dissonance, où l'on parle de la suspension, des notes qui dans l'harmonie se comptent pour rien, & des cadences rompues & interrompues.* 96

CHAPITRE VIII.

Moyen de trouver la Basse fondamentale sous un Chant donné. 99

1.ᵉʳ Moyen. *Accords, repos ou cadences.* Ibid.

2.ᵉ .... *Tierces, quartes & quintes.* 100

3.ᵉ .... *Tenues d'Octaves & de Quintes avec Basse fondamentale arbitraire.* 102

4.ᵉ .... *Diatonique avec Basse fondamentale arbitraire, où l'on parle des notes communes à différentes Basses fondamentales.* 104

5.ᵉ .... *Diatonique, tant en montant qu'en descendant, dont chaque note répétée dans la même mesure, ou syncopée, peut recevoir deux Basses fondamentales différentes, outre l'arbitraire qui peut s'y rencontrer.* 107

6.ᵉ .... *Entrelacement d'accords consonans & dissonans, tant en duo qu'en trio, par imitations, tiré des cadences & de l'enchaînement des dominantes; où la sixte superflue se trouve employée.* 111

7.ᵉ .... *Genre chromatique.* 118

8.ᵉ MOYEN. *Genre enharmonique.* 123

9.ᵉ......... *Des licences, où il s'agit encore de la suppofition, de la fuspenfion, de la fixte superflue & de la syncope.* 124

10.ᵉ....... *Imitations, Fugues, Deffeins & Canons, où il s'agit encore de la fixte superflue.* 129

CHAPITRE IX.

Réflexions. 133

CHAPITRE X.

De la Modulation en général. 135

CHAPITRE XI.

Du rapport des Tons, de leur entrelacement, de la longueur de leurs phrafes, conféquemment à leurs rapports, du moment de leur début, & de la marche fondamentale. 138

CHAPITRE XII.

Notes d'ornement ou de goût, où l'on traite encore de la Modulation. 151

CHAPITRE XIII.

De la compofition à plufieurs parties. 159

CHAPITRE XIV.

De l'expreffion. 165

CHAPITRE XV.

Méthode pour accompagner sans chiffres. 171

OBSERVATION I. *Des cadences en général, de leur renversement & de leurs imitations.* 172

OBSERV. II. *De l'ordre diatonique.* 174

OBSERV. III. *De l'entrelacement des Tons.* 175

CHAPITRE XVI.

Méthode pour le Prélude. 178

NOUVELLES RÉFLEXIONS *sur le Principe sonore.* 189
Développement des Nouvelles Réflexions. 193
    De la Proportion double. 197
    De la Proportion triple. 198
    De la Proportion quintuple. 204
    Origine des Dissonances. 206
    Du Principe. 212
    Conséquences des Réflexions précédentes pour l'origine des Sciences. 215
    Question décisive. 228

Fautes à corriger.

PAGE 33, *ajoûtez à la fin du quatrième à linea;* Cette consonance est toûjours ici la tierce, comme on doit le reconnoître par les trois lignes tirées d'une note à l'autre dans l'exemple B.

46, EXEMPLE C, *lisez* EXEMPLE G.

60, *Sixième à linea,* XIVe, *lisez* XVIII.e *Leçon, page* 50.

63, *A la fin de la neuvième ligne,* ce Ton régnant, *lisez* son Ton régnant, qui est le mineur de *mi : & six lignes plus bas, il y a* le Ton régnant, *lisez* le premier Ton régnant.

98, *Deuxième ligne, il y a* tierce, *lisez* quarte, *& effacez la troisième ligne jusqu'à ces mots,* se sauve, &c.

104, *Quatrième ligne du troisième à linea, il y a* septième, *lisez* quinte.

106, Effacez le point & la virgule qui sont à la sixième ligne du troisième *à linea.*

119, *Sixième ligne du cinquième à linea,* mineur, *lisez* majeur.

122, *Septième ligne, première* B. F. *lisez* B. F. *du* 3.e *L.*

128, Le dernier *c* qui renvoye à l'exemple, indique le dernier accord de la deuxième accolade.

131, Virgule *avant le mot & de la pénultième ligne du deuxième à linea.*

137, *Dernière ligne du premier à linea,* VI.e *Moyen, il y a* page 111, *lisez* articles XIV & XVII, pages 92, 93 & 96.

147, Supprimez la note *(t).*

175, *Dans la note (i), lisez seulement* de la page 58, *au lieu de ce qui suit ces mots,* dernier *à linea.*

L'origine du double emploi, dans les Nouvelles Réflexions, &c. m'a fait reconnoître qu'une dominante censée tonique, pouvoit descendre sur la sous-dominante, portant sa *sixte ajoûtée,* & représentant pour lors, selon le cas, la su-tonique dont elle porte la même harmonie.

217, *Première ligne, retranchez le mot* entre.

PLAN DE L'OUVRAGE.

JE crois qu'il suffit d'expoſer le Plan des ſept Méthodes dont ce Code de Muſique eſt compoſé, en y ajoûtant quelques légères réflexions, pour ſatisfaire les Curieux ſur les différens objets auxquels ils voudront s'appliquer, me réſervant néanmoins de m'étendre un peu plus (au cas qu'ils veuillent pouſſer leurs vûes plus loin) ſur les *Nouvelles Réflexions, &c* déduites à la ſuite de ce Code.

La première de ces méthodes eſt pour enſeigner la Muſique, même à des aveugles; il ne s'y agit que de la gamme ordinaire diviſée en trois, l'une ſelon l'uſage, l'autre par tierces, & la dernière par quintes: ce n'eſt qu'une affaire de mémoire dont on peut même amuſer les enfans, juſqu'à ce que ces trois gammes leur ſoient bien préſentes à l'eſprit dans tous les ordres ſpécifiés, avant que de les occuper d'autre choſe, ſinon de les accoûtumer petit à petit à reconnoître dans l'objet, qui leur tiendra lieu des cinq lignes où ſe placent les notes, les lignes & les milieux où doivent ſe trouver celles qu'on leur nommera. On y recommande ſur-tout d'Accompagner, avec une harmonie complette, tout ce qu'on fait chanter aux Commençans, & de leur enſeigner l'Accompagnement du Clavecin ou de l'Orgue, dès qu'ils pourront aiſément reconnoître ſur les cinq lignes où doit ſe placer une telle

b

note, soit à la tierce, à la quarte, &c. de celle d'où l'on partira : leur oreille s'accoûtumera infenfiblement à fentir la différence des intervalles, & c'eft l'unique moyen de les rendre promptement Muficiens. L'oreille fe forme difficilement à chanter feul, même en duo ; c'eft l'ouvrage de l'Harmonie, qu'on ne s'y trompe pas, la Nature nous le dit affez par la réfonnance du corps fonore.

Si le François fe fût nourri d'Harmonie dès les premiers momens de fon penchant pour la Mufique, il feroit devenu Muficien comme les plus grands Maîtres, du moins par le même canal qui les a tous formés, c'eft-à-dire, par l'oreille ; ce qui fuffit à qui ne veut que jouir : le Poëte fans doute en auroit profité, & connoîtroit mieux ce qui convient à l'Art.

La deuxième méthode donne la pofition de la main fur le Clavecin & fur l'Orgue, avec toutes fes dépendances, de forte qu'elle y fert également pour les pièces & pour l'Accompagnement, même pour tous les arts d'exercice. Cette méthode fe trouve ici placée pour fervir à celles qui fuivent.

La troifième méthode contient l'art de former la Voix, c'eft-à-dire, qu'elle enfeigne à tirer de la Voix les plus beaux fons dont elle eft capable dans toute fon étendue, d'où fuivent les moyens d'augmenter cette étendue au delà des bornes qui paroiffent d'abord naturelles, & d'arriver à toute la flexibilité néceffaire pour exécuter les plus grandes difficultés ; méthode non encore ufitée en France, où l'on fe contente d'enfeigner le goût du Chant, lorsque ce goût ne peut naître que du sentiment qui ne se communique point. Le défaut de connoissance fait qu'on s'en tient au hasard, qui donne aux uns les facultés dont il s'agit, & les refuse aux autres. Plus on est sensible à la perfection, plus on se presse d'y arriver; alors le travail, la gêne, la torture, tout s'en mêle, de sorte que plus on avance dans la course, plus on s'éloigne du but, parce qu'on a pris la mauvaise route: on perd un temps infini dans ce labyrinthe, on se décourage à la fin; & toute la consolation qu'on croit pouvoir en tirer, c'est d'attribuer à la Nature des vices que de mauvaises habitudes ont fait contracter, & qu'il seroit bien facile de réformer, si l'on vouloit oublier qu'on a jamais chanté, pour rentrer tout de nouveau dans la carrière: il ne faut pour cela que *confiance, constance & patience*, sur-tout *prendre la peine de n'en point prendre*; la grace en dépend; elle est incompatible avec la gêne. On peut dire que les graces sont filles de l'aisance, comme elles sont compagnes de la beauté: & qu'est-ce que la beauté, si ce n'est la perfection!

L'extrême étendue & la grande flexibilité des voix chez les Italiens, doivent certainement prévenir en faveur d'une méthode qu'on tient en partie d'eux; on y ajoûte seulement un moyen, par lequel toute personne d'une oreille sensible pourra juger de la plus grande beauté du son, puis un Accompagnement très-nécessaire pour entretenir les sons sur le même degré quand on les file, car il est assez commun aux Commençans de les hauffer en les enflant, & de les baiffer en les diminuant. Cet Accompagnement pour le Clavecin ou l'Orgue fe conçoit & s'apprend à la première lecture. En cela, comme dans tout le refte, le moyen d'arriver promptement eft de fe bien examiner dans toutes fes opérations & de ne point fe preffer. Voyez marcher cet enfant au fortir du berceau, fe preffe-t-il! hélas! il n'ofe encore, il fent qu'il tomberoit ; mais infenfiblement fa force augmente, fes mouvemens fe forment, fon courage s'évertue, il arrive enfin à courir comme les autres fans trop favoir comment. Voilà l'image & l'exemple de notre Élève en Mufique ; il lui fuffit d'être bien dirigé. Le progrès dans les arts marche comme l'aiguille d'une montre, elle avance toûjours fans qu'on s'en aperçoive.

La quatrième méthode regarde l'Accompagnement du Clavecin ou de l'Orgue ; elle eft totalement établie fur le plan que j'en ai donné en 1732, excepté que je l'ai foûmife aux chiffres en ufage, où les doigts d'un côté, & l'oreille de l'autre, préviennent toûjours à temps & à propos le jugement. Cette méthode femble être imaginée pour les Aveugles, comme il femble auffi que la Nature ait prévû que la marche la plus naturelle aux doigts fur le Clavier fuivroit exactement l'ordre le plus régulier de l'harmonie. Cette marche eft une pure méchanique, dont l'acquifition peut fe faire en moins de deux mois d'exercice, avec une main fouple & toûjours obéiffante au mouvement des doigts ; ce qui demande toute l'attention poffible : auffi n'eft-ce pas fans raifon qu'on a cru devoir s'étendre fur la pofition de la main, dont dépend le prompt fuccès. Par cette méchanique, bien-tôt les doigts prennent, pour ainfi dire, connoiffance du Clavier; connoiffance d'autant plus néceffaire, que l'œil doit toûjours être porté fur la Mufique qu'on Accompagne; connoiffance qui d'ailleurs nourrit l'oreille de toutes les routes harmoniques, pendant qu'elle préfente à l'efprit un exemple fidèle de toutes les règles dont il doit être inftruit; de forte que le jugement, l'oreille & les doigts d'intelligence concourent enfemble à procurer en peu de temps les perfections qu'on peut defirer en ce genre : telles font du moins les vûes de l'Auteur. Par exemple, fans regarder le Clavier ni les doigts, après les avoir arrangés pour un premier accord, on reconnoît fur le champ au feul tact, & la Baffe fondamentale, & la diffonance quand il y en a. Sans s'occuper des règles, toutes les marches poffibles s'exécutent dans leur jufte précifion & dans toute la promptitude néceffaire. Ces doigts *préparent* & *fauvent* toutes les diffonances comme d'eux-mêmes : connoît-on l'une des deux notes à la feconde, toûjours indiquées par ces chiffres, $\frac{6}{5}$, $\frac{4}{3}$, 7 ou 2, l'autre fe trouve fur le champ & tout l'accord enfemble, ne s'agiffant pour cela que d'arranger par tierces les doigts qui reftent, de quelque côté que ce foit, l'octave de la Baffe repréfentant partout la feconde de 7 & de 2, l'une au deffus, l'autre au deffous : le plus bas des deux doigts, à la feconde l'une de l'autre, defcend toûjours d'un demi-ton fur la *note sensible*, indiquée par un dièse, nu béquare, ou par un chiffre barré; & ce doigt le plus bas est toûjours *la tonique* du *Ton* déclaré par cette note sensible. Enfin l'habitude une fois acquise de toutes les routes fondamentales données dans les exemples, où se reconnoît tout ce qui vient d'être annoncé, les doigts prennent, comme on vient de le dire, une telle connoissance du Clavier, dans les plus grandes transpositions même, qu'ils sont presque toûjours dans le cas de prévenir le jugement & la mémoire, bien entendu qu'on n'emploie le pouce dans les accords que lorsqu'on en possède parfaitement la pratique. Quel avantage pour former l'oreille, & pour procurer aux Aveugles les moyens d'arriver à la Composition! Quel avantage encore pour les personnes déjà capables d'exécuter une Basse à livre ouvert! Il ne s'agit d'abord que de la main droite dans tous les premiers exercices, pendant lesquels on s'instruit des règles, dont l'exemple se trouve toûjours sous les doigts.

La cinquième méthode achève la Composition, dont la quatrième a déjà fait l'ébauche & les préparatifs: elle s'y trouve en effet de la plus grande importance, puisque sans le secours de l'oreille, nul ne doit se flatter de réussir dans la Composition. Nous ne sommes tous devenus Musiciens qu'à la faveur de ce guide fidèle, qui nous a suggéré, par une suite de temps assez considérable, les différentes routes harmoniques dont nous sommes en possession, jusqu'à ce qu'enfin j'en aie découvert le principe; principe qui n'a servi qu'à tirer de la confusion les règles de l'harmonie, en lui donnant, dans la pratique, le titre de *Basse fondamentale*, sur laquelle est établie la méchanique des doigts dont on vient de parler.

On suppose donc, à quiconque voudra se livrer à la Composition, une connoissance & un sentiment peu commun de l'Harmonie, ne pouvant guère se satisfaire sur ces deux points que par le moyen de l'Accompagnement. On ne sera plus désormais la dupe de son trop de prévention pour de médiocres talens, sur lesquels on a peine à se rendre justice: tout est donné dans cet Accompagnement, le simple & le plus composé, l'oreille y est prévenue, & s'y met à portée de pouvoir pressentir: c'est le grand point, pour que l'imagination ne soit jamais suspendue. Quand même les règles connues seroient sans reproche, qu'est-ce que des règles qui asservissent le génie! c'est à l'imagination d'en ordonner; aussi n'a-t-on entrepris la méthode dont il s'agit qu'après avoir découvert le moyen de la laisser agir, cette imagination, en toute liberté: elle n'a pas plustôt produit un Chant, que la règle en fait trouver la Basse fondamentale, & par conséquent toute l'harmonie, dont on dispose à son gré: est-on arrêté dans sa course, l'imagination se refuse-t-elle à nos desirs, la succession obligée de cette Basse fondamentale nous remet sur la voie, jusqu'à nous écarter des routes trop communes, supposé que nous ayons le goût assez délicat pour ne pas nous contenter de celles qui pourroient y tendre: n'eussions-nous produit que deux mesures de Chant, cette Basse peut nous le faire continuer auſſi long-temps que nous le voudrons, même avec les variétés de modulations les plus agréables. On s'explique d'ailleurs, dans la méthode, ſur les talens qui ne ſe donnent point, mais qui ſe développent à meſure que l'oreille ſe forme ; & pour cet effet, il faut écouter ſouvent de la Muſique de tous les goûts. Embraſſer un goût national pluſtôt qu'un autre, c'eſt prouver qu'on eſt encore bien novice dans l'Art.

On doit juger, ſur le modèle de nos ſenſations en Muſique, c'eſt-à-dire, ſur ce qui réſulte de la Trompette ou du Cor, quelle doit être notre aptitude pour la Compoſition : c'eſt pour lors qu'il faut ſe méfier de ſa préſomption. Sentir le fond d'harmonie ſur lequel roulent les Airs de Trompette, c'eſt déjà beaucoup, quoique ce ne ſoit rien encore en comparaiſon de ce qu'il faut ſentir de plus. Quelle opinion avez-vous de l'Auteur des Tymbales, qui donnent juſtement la Baſſe fondamentale de ces Airs en queſtion ! on a pû l'en applaudir, mais en a-t-il été beaucoup plus avancé pour cela ! *Il a fait de la proſe ſans le ſavoir*, ſi le bon mot de la comédie peut être haſardé ſur un pareil ſujet, & voilà tout. Liſez Zarlino, *ce Prince des Muſiciens* ſelon quelques-uns, reconnoiſſez combien il étoit encore borné : voyez toutes les méthodes de Compoſition & d'Accompagnement qui ont paru depuis, vous y trouverez bien quelque choſe de plus, mais non pas tout, à beaucoup près. Or, s'il a pû échapper des connoiſſances, tant du côté du jugement que du côté du ſentiment, à des perſonnes

nourries

nourries dans l'Art, & qui ont cru pouvoir y donner des loix, jugez de ce qui doit vous manquer, à vous qui n'êtes guère plus avancé que l'Auteur des Tymbales, & qui voulez décider : cela vous suffit cependant pour entrer dans la carrière ; mais ne vous flattez pas trop. Savez-vous, ou sentez-vous, par exemple, dans quel *Ton* débute un Air, s'il est *majeur* ou *mineur*; dans quel rapport est celui qui le suit, si ses phrases ont une longueur proportionnée à son rapport, quelles en sont les *cadences*, dans quel moment il change; distinguez-vous aisément un intervalle d'un autre; sentez-vous la différence du *majeur* au *superflu*, du *mineur* au *diminué*, du demi-ton diatonique ou majeur, au demi-ton chromatique ou mineur, d'une quarte à la quinte, &c. Savez-vous seulement laquelle des deux vous entendez ! & vous voulez décider, encore une fois, sans pouvoir même juger si le défaut vient de l'exécution ou de la chose : attendez, vous êtes en chemin, mais un peu trop loin du but : vous trouverez de vous-même, par exemple, la Basse fondamentale de tous les repos d'un Chant *(a)*, & ces repos se font souvent sentir de deux en deux mesures, du moins de quatre en quatre : n'est-ce pas déjà beaucoup ! insensiblement vous irez plus loin & vous arriverez. Souvenez-vous de l'aiguille d'une montre.

Les deux dernières méthodes, l'une pour Accompagner sans chiffres, l'autre pour le Prélude, tiennent tout des deux précédentes, dont il ne s'agit que d'expliquer

(a) Nouveau Système de Musique, Chapitre X, *page 54.*

les principes, relativement à leur objet. Trouver la Baſſe fondamentale de tout Chant donné, doit certainement ſuppléer au chiffre, puiſque la Baſſe ſur laquelle on diſtribue l'Harmonie eſt un Chant. Avoir toutes les routes fondamentales ſous les doigts, par l'exercice qu'on doit en avoir fait ſur les exemples qu'on en donne, il y a là de quoi fournir au Prélude, dont la variété eſt même aſſignée par les renverſemens poſſibles & connus; on ſuppoſe d'ailleurs une habitude acquiſe ſur le Clavier par un exercice de différens Airs, d'où l'on tire mille petits ricochets, plus agréables les uns que les autres, pour l'ornement du Chant.

Par ces méthodes, on ſaura comment il faut enſeigner, & comment on doit l'être.

Il faudra ſéparer les exemples gravés du livre des Méthodes, du moins lorſqu'il s'agira de l'Accompagnement, pour les placer ſur le pupitre d'un Clavecin pendant que les méthodes ſeront à côté, de façon qu'on puiſſe aiſément jeter la vûe de côté & d'autre.

Les Curieux qui voudront paſſer de la pratique à la théorie, ou de la théorie à la pratique, ne ſeront peut-être pas fâchés de trouver, à la ſuite du Code, de *Nouvelles Réflexions ſur le principe ſonore:* il y eſt queſtion, entr'autres, de deux découvertes, ſavoir, la proportion géométrique dans la réſonnance du corps ſonore, & l'origine des diſſonances dans une quatrième proportionnelle. Quoique ce dernier moyen ſoit très-familier au Géomètre, il a mieux aimé attribuer cette origine à l'Art, que de porter plus loin ſes vûes, rebuté apparemment de ſes vaines recherches dans ce même Art. Comment a-t-on pû cependant attribuer à l'Art ce qui doit paroître avoir été naturellement inſpiré preſque de prime abord à tous les hommes, comme le prouve la gamme *ut ré mi fa, &c.* ſur laquelle ſont fondés tous les ſyſtèmes de Muſique, juſqu'à mon Traité de l'Harmonie, & dont l'ordre forme par-tout diſſonance d'une note, ou d'un Son à l'autre.

Ces nouvelles Réflexions m'ont conduit à forger un Hiſtoire ſur le compte du premier homme, où l'ordre que je lui fais tenir dans ſes recherches, n'eſt autre que celui que j'ai tenu à peu près dans les miennes.

Cette hiſtoire me conduit à ſon tour à l'origine des Sciences, où je compte arriver par une *Queſtion déciſive*, ſavoir laquelle de ces deux connoiſſances, celle de l'arithmétique ou celle des rapports harmoniques a dû conduire à l'autre !

Les nombres ſont de ſimples ſignes, qui n'ont d'autres vertus que celle de repreſenter les rapports qu'ont entre eux les différens objets qui frappent nos ſens ; & comme il ne peut naître d'idées en nous que de ces différens objets, il ne s'agit donc plus que de connoître celui dont on a pû le plus facilement tirer les lumières dont nous ſommes éclairés aujourd'hui. Les nombres ſont les outils de l'Arithmétique, l'Arithmétique eſt celui de la Géométrie, & de la Géométrie nous obtenons les Sciences.

Toutes les Sciences ne sont point encore découvertes; le principe en est encore inconnu: l'Analyse, quoique elle doive immortaliser ses Auteurs, n'a pû nous faire pénétrer jusque-là. Ce principe nous est donné dans un phénomène dont la Nature a bien voulu nous faire part, en nous y prescrivant toutes ses loix primitives dans l'ordre de la synthèse. Qu'en penser! si la Musique s'est refusée aux recherches du Géomètre, toûjours préoccupé de son analyse, & si tous ses mystères se développent aisément dans l'ordre de la synthèse, cela ne demande-t-il pas qu'on y réfléchisse!

CODE

CODE
DE MUSIQUE PRATIQUE,
OU
MÉTHODES

Pour apprendre la Musique, même à des aveugles; pour former la voix & l'oreille, pour la position de la main avec une méchanique des doigts sur le Clavecin & l'Orgue, & pour l'accompagnement sur tous les instrumens qui en sont susceptibles, &c.

CHAPITRE PREMIER.
Nouveau moyen d'apprendre à lire la Musique.

ARTICLE PREMIER.
Des Gammes.

JE propose ici trois gammes comme les racines de toute la Musique pratique, soit pour apprendre à la lire, soit pour l'exécuter, soit pour en composer.

En effet, les consonnances, les dissonances, leur renversement,

A

l'ordre des dièses & bémols, la transposition, les sons fondamentaux du *mode* ou *ton*, les cadences *(a)* c'est-à-dire la succession naturelle de ces mêmes sons fondamentaux, dont se forment des repos plus ou moins absolus, & toute la modulation tant en harmonie qu'en mélodie, la succession particulière des toniques entr'elles, en un mot tout est compris dans ces gammes, à la réserve du chromatique & de l'enharmonique.

Gamme diatonique.

Cette gamme s'appelle *diatonique*, parce qu'elle marche par les tons naturels, autrement dit par les moindres degrés naturels à la voix.

Gamme par tierces & sixtes.

ut mi sol si ré fa la ut 8.ᵉ

Gamme par quintes & quartes.

ut sol ré la mi si fa ut 8.ᵉ
                               fausse 5.ᵗᵉ

Il faut avoir ces trois gammes tellement présentes à l'esprit, qu'on puisse les réciter de mémoire, non seulement en les commençant par chacune des notes qu'elles contiennent jusqu'à son octave qui porte le même nom, mais encore en rétrogradant, c'est-à-dire, de droite à gauche. Par exemple, si je commence l'une de ces gammes par *sol*, je la continue jusqu'au dernier *ut*,

---

(a) Tâchons de nous servir de termes propres, & ne donnons plus au *tremblement* le nom de *cadence*, qui n'appartient qu'aux repos de l'harmonie ou du chant, comme qui diroit chûte finale de chant.

Ainsi j'appellerai dans la suite *tril*, mot tiré de l'Italien, ce *tremblement* qu'on a toûjours improprement nommé *cadence*.

auquel je substitue le premier, pour continuer de-là jusqu'au même *sol* qui sera l'octave de celui par lequel j'ai débuté.

Si je récite la même gamme en rétrogradant, son dernier *ut*, sous le nom de *8.ᵉ* c'est-à-dire octave, sera pour lors le premier, & l'autre sera son octave.

On doit regarder toutes les notes à l'octave comme la même, puisqu'elles portent en effet le même nom, ne différant entr'elles que du haut & du bas que chacun prend selon la portée de sa voix, croyant entonner le même son, la même note.

De cette représentation d'une même note dans ses octaves, suivent de belles connoissances ignorées jusqu'au Traité de l'harmonie.

La première de ces connoissances consiste à trouver toutes les consonnances dans les deux dernières gammes, & à en prendre occasion de se les représenter si souvent, qu'on puisse distinguer, par exemple, la quarte de la quinte. Pour ce qui est de la différence de la tierce majeure à la mineure, celui qui la sent dans un accord, comme entre *ut mi*, & *mi sol*, peut compter sur un talent décidé du côté de l'oreille.

Pour reconnoître les consonnances dans ces deux dernières gammes, remarquons que toutes les notes du milieu peuvent être également comparées à la première & à son octave, & que ces deux-ci étant censées la même, changent seulement l'ordre des notes qu'on leur compare ; ce qui s'appelle *renversement*. Par exemple, si dans la gamme des tierces je trouve une tierce de *la* à *ut*, je trouve une sixte d'*ut* à *la* dans la première : si pareillement dans la gamme des quintes, je trouve une quinte de *fa* à *ut*, & une fausse quinte de *si* à *fa*, je trouve dans la première une quarte d'*ut* à *fa*, & une quarte superflue, dite *triton*, de *fa* à *si* ; différence indispensable entre toutes les notes que l'on compare aux deux de quelque octave que ce soit, qui les embrassent.

On appelle *intervalle* la distance qu'il y a d'une note à une autre : or, pour trouver sur le champ l'intervalle renversé, il suffit de se représenter le nombre qui fait 9 avec celui de l'intervalle qu'on se propose ; d'où l'on conclura que la septième & la seconde, la sixte & la tierce, la quinte & la quarte seront renversées l'une de l'autre, puisque 7 & 2, 6 & 3, 4 & 5 font également 9.

Par les titres de *seconde, tierce, quarte, &c.* donnés aux notes de la gamme diatonique, on doit comprendre que les gammes marchent de gauche à droite en montant, & de droite à gauche en descendant; mais si l'on s'imagine monter toûjours, de quelque côté qu'on récite ces gammes, leur renversement y sera visible & sensible: la première qui d'un côté donne des secondes d'une note à sa voisine, donnera des septièmes de l'autre; la deuxième qui donne d'un côté des tierces, donnera des sixtes de l'autre; & la troisième qui donne d'un côté des quintes, donnera des quartes de l'autre.

Il n'y a de consonnances que tierces, quartes, quintes & sixtes, lesquelles se trouvent toutes contenues dans la tierce & la quinte, à la faveur du renversement que l'octave y introduit.

Il n'y a qu'une dissonance primitive, qui est la septième, dont le renversement est donné par les *secondes* d'une note à l'autre dans la première gamme; *secondes* dont le rapport est exprimé par les termes de *ton* & *demi-ton*.

Il ne s'agit ici que d'un petit effort de mémoire, qui consiste seulement à pouvoir se représenter sur le champ, & sans hésiter, l'intervalle que forment entre eux *ré* & *sol*, par exemple, & son renversé, ainsi des autres intervalles pris entre toutes les notes indistinctement; de sorte que, pour cela, il faut avoir bien présentes à l'esprit les trois gammes récitées, tant de gauche à droite, que de droite à gauche, en les commençant, tantôt par une note, tantôt par une autre, & s'arrêtant à moitié chemin, puis continuant un moment après, en les entre-mêlant, pendant qu'on se dit, *voici une seconde, une quarte, une septième, une sixte, &c.* n'ayant en vûe le nom des notes que pour en distinguer les intervalles, & n'ayant en vûe non plus ces intervalles que pour les entonner, ou du moins pour en sentir le juste degré, supposé qu'on n'apprenne la musique que pour l'exécuter sur un instrument.

Si l'on y réfléchit bien, on jugera que le nom des notes, loin de donner le sentiment des intervalles & de leur différence, n'en présente pas même l'idée aussi promptement à l'esprit que les lignes, sur & entre lesquelles ces notes sont placées : or, lorsqu'il s'agit de l'intonation, ce n'est pas là le cas d'exiger de la mémoire une chose qui non seulement peut en échapper & distraire de la fonction naturelle & la plus nécessaire, mais qui ne peut pas même y servir de véhicule.

Si l'habitude d'entonner une tierce, une quarte, &c. avec certains noms peut être regardée comme un véhicule pour l'oreille, quoique le même intervalle reçoive à tout moment différens noms de notes, écrivons ces noms sous les notes, en guise de paroles, cela soulagera d'autant un commençant, dont la moindre préoccupation le distrairoit d'une fonction qui doit lui devenir enfin naturelle.

Pour que le sentiment des intervalles puisse les faire entonner sur le champ à la vûe des notes, il faut qu'on soit sensible à l'harmonie & à sa modulation : or croit-on pouvoir procurer cette sensibilité en faisant chanter un commençant seul, en chantant à l'unisson avec lui, ou même en *duo !* Erreur : ce ne sera qu'après un grand laps de temps qu'il pourra devenir Musicien, encore très-médiocre, si on ne le conduit que de cette sorte. Tel est cependant l'usage en France : n'en soyons plus la dupe ; ce n'est qu'en entretenant continuellement l'oreille d'harmonie qu'elle peut s'y former promptement : n'ayons donc plus de Maître de Musique, de Maître à chanter, qu'il ne soit capable d'accompagner son Élève sur le clavecin ou sur l'orgue ; c'est l'unique moyen d'en faire un Musicien ; c'est le seul qu'on emploie en Italie, où l'on engage même l'Élève à s'accompagner, dès qu'on le croit en état de pouvoir se livrer à cet exercice.

Si l'on pouvoit entendre tous les jours de la musique en pleine harmonie, cela suppléeroit au défaut d'Accompagnement ; mais tout le monde n'est pas à portée d'en jouir assez fréquemment.

De pareils avis ne doivent point être indifférens aux commençans, non plus qu'aux Maîtres.

Point d'impatience sur-tout, attendons que ce qui vient d'être recommandé soit bien inculqué dans la mémoire avant que de passer outre : fallût-il un mois pour cela, on y gagneroit infiniment ; l'intelligence de toute la suite en dépend. Quand une fois deux objets nous préoccupent, ils se détruisent l'un l'autre, & nous tiennent toûjours en suspens. Plus on a de goût pour la chose, plus on en est avide; mais plus on se presse, plus on s'éloigne du but.

Article II.
De l'application des Gammes aux doigts de la main.

On conçoit assez que les cinq doigts de la main peuvent fort bien représenter les cinq lignes sur lesquelles on copie la musique : or en regardant ou supposant sa main bien ouverte, le petit doigt du côté de la terre, on y voit, on y juge cinq lignes avec leurs milieux, qui sont les vuides qui séparent les lignes, les doigts; & pour lors, quelque note qu'on imagine sur le petit doigt, la position des autres notes sera connue par la connoissance des gammes.

Je me servirai des chiffres 1, 2, 3, 4, 5, pour indiquer les doigts : 1 indiquera le petit doigt, 2 son voisin en montant, & ainsi de suite toûjours en montant jusqu'au pouce qui sera 5.

Cet ordre suit aussi la dénomination des lignes de Musique, la plus basse étant appelée la première, sa voisine la seconde, ainsi de suite jusqu'à la plus haute, qui est la cinquième : si l'on en ajoûte au dessus ou au dessous, on peut les supposer de même au dessus du 5, & au dessous du 1.

Sachant que les notes se placent dans les milieux aussi-bien que sur les lignes, on reconnoît sur le champ la gamme diatonique depuis 1, appelé *ut*, jusqu'à son octave, qui est le milieu au dessous du 5 : on juge toutes les tierces d'un doigt à son voisin, ou d'un milieu à son voisin; on juge de même des quintes en passant un doigt, un milieu, comme du 1 au 3, du 2 au 4, du 3 au 5; on jugera de même encore des septièmes, comme du 1 au 4, du 2 au 5. Ainsi, quelque nom de notes qu'on donne au 1, la position de sa seconde, de sa tierce, de sa quarte, tout en un mot sera connu.

Par les deux dernières gammes on voit, on juge que la quinte est composée de deux tierces, dont la note du milieu leur est commune; par conséquent la septième est composée de trois tierces.

On remarque ensuite que tous les impairs vont d'une ligne à une autre, & d'un milieu à un autre, & que les pairs, au contraire, vont d'une ligne à un milieu, d'un milieu à une ligne.

Amusons un enfant, dès le plus bas âge, à s'inculquer peu à peu dans la mémoire les trois gammes dont il s'agit, & dans tous les ordres prescrits; lui fallût-il un an pour s'en rendre maître, rien ne presse, ce seroit autant de gagné : amusons-le de même à lui faire reconnoître l'ordre de ces gammes sur ses doigts, peut-être cela lui sauvera-t-il l'ennui des leçons ordinaires, du moins je le crois. La chose lui est-elle un peu familière ? présentons-lui des notes d'égale valeur, comme rondes ou noires, sur les cinq lignes, où il se rappellera ses cinq doigts ; bien-tôt toutes les positions de ces notes lui seront connues, aussi-bien que les intervalles qu'elles formeront entr'elles.

S'agit-il d'un aveugle? qu'on lui fabrique cinq lignes de bois ou de métal, qu'on y tienne des crochets où l'on puisse attacher des notes & tous les signes nécessaires : par le nom donné à la note de la première ligne, il jugera au seul tact, & de la position des autres notes, & de leur nom, & de leurs intervalles. Mais est-ce à cette seule connoissance qu'il doit tendre, excepté qu'il ne veuille copier lui-même sur cette machine des idées de sa composition ? qu'il s'attache pour lors à l'Accompagnement *(b)*, qu'il en tire les moyens de préluder, le voilà compositeur; le reste n'est plus qu'un amusement.

Je ne parlerai point de la valeur des notes, ni des signes qui l'équivalent, je laisse ces minuties aux maîtres ; tous les élémens de Musique en disent d'ailleurs autant qu'il faut là-dessus.

(b) J'ai enseigné l'Accompagnement en moins de six mois, avec la même méthode que je donne ici, à un aveugle âgé de vingt à vingt-cinq ans, mais déjà doué de quelques talens pour la Musique, & l'ai mis au point de pouvoir préluder ; il peut en rendre compte lui-même.

CODE

ARTICLE III.

Des Dièses, Bémols & Béquares.

Pour faire monter une même note d'un demi-ton, on lui associe un *dièse* placé à sa gauche, & pour la faire descendre d'autant, on lui associe de même un *bémol*.

Le *béquare* efface le *dièse* & le *bémol*, en remettant la note dans son premier état naturel; cependant on est assez dans l'habitude d'effacer le *dièse* avec le *bémol*, & celui-ci avec l'autre. Voyez l'exemple *A* dans la Musique gravée.

ARTICLE IV.

Des Clefs & des Transpositions.

EXEMPLE *A, page 1.*

Il y a trois Clefs, celles de *fa*, d'*ut* & de *sol*, qui se placent sur telle ligne qu'on veut, quoique pour l'ordinaire les lignes qu'elles occupent dans l'exemple *A* leur soient plus communes.

En appelant ainsi *fa*, *ut* ou *sol* la ligne sur laquelle la Clef de l'une de ces notes est posée, la position de toutes les autres notes est connue, dès qu'on a les gammes présentes à l'esprit, tant en montant qu'en descendant.

Pour conserver l'ordre naturel de la gamme diatonique, lorsqu'on veut la faire rouler sur l'octave d'une autre note que *ut*, on est obligé de placer à la droite des clefs les dièses ou les bémols nécessaires à un certain nombre de notes pour cet effet. S'il s'agit, par exemple, de l'octave de *sol*, où il y a un ton de *fa* à *sol (c)*, au lieu qu'il n'y a qu'un demi-ton de *si* à *ut*, il faut donc ajoûter un dièse au *fa*, pour que le demi-ton se trouve également de part & d'autre. Si d'un autre côté la quarte d'*ut* à *fa* est composée de deux tons & demi, pendant que celle de *fa* à *si* est composée de trois tons *(d)*, il faudra donc diminuer ce *si* d'un demi-ton par un bémol, lorsqu'il s'agira de l'octave de

---

(c) Voyez la Gamme diatonique. | *(d) Ibidem.*

fa

DE MUSIQUE PRATIQUE.

fa pour égaler sa quarte à celle d'*ut*, ainsi de tout le reste à proportion; ce qui s'appelle *transposer*, puisqu'en effet on transpose l'ordre des notes comprises dans l'étendue de l'octave d'*ut*, en celui des notes comprises dans l'étendue d'une autre octave.

Comme la Clef peut être armée de cinq ou six dièses ou bémols, selon le cas, il suffit d'y reconnoître le dernier pour ne se faire qu'un jeu de la transposition, dès qu'on possède assez les gammes pour reconnoître la situation des notes relativement à celle qu'on aura supposée sur telle ligne, sur tel milieu.

Les dièses & les bémols tirent leur succession de la gamme par quintes: les dièses commencent par *fa*, & continuent cette gamme; les bémols, au contraire, commencent par *si*, & continuent la même gamme en rétrogradant; si bien que d'un côté se trouve cet ordre, *fa, ut, sol, ré, la, mi, si*, & de l'autre, *si, mi, la, ré, sol, ut*.

En nommant *si* le dernier dièse, à compter depuis celui de *fa*, & en nommant *fa* le dernier bémol, à compter depuis celui de *si*, la ligne ou le milieu ainsi nommé donnera le nom à tout le reste dans l'ordre des gammes. Si la clef est armée d'un dièse sur *fa* (exemple *A*), ce *fa* s'appellera *si*, par conséquent sa seconde s'appellera *ut*, ainsi du reste: s'il y a pareillement un bémol sur *si*, il s'appellera *fa*, & par conséquent sa seconde s'appellera *sol*.

S'il y a plusieurs dièses ou bémols à côté de la clef, ce sera toûjours le dernier dans l'ordre des quintes depuis *fa*, & dans celui des quartes depuis *si*, qui prendra le nom convenu. Voit-on ces cinq dièses, *ut, fa, la, ré, sol*; *la* doit y être reconnu pour le dernier & s'appellera *si*: voit-on au contraire ces cinq bémols, *mi, si, sol, la, ré*; *sol* n'y sera-t-il pas également reconnu pour le dernier, & ne lui donnera-t-on pas en conséquence le nom de *fa!* Exemple *A*.

On appelle *solfier* cette façon de réduire les transpositions au naturel, mais elle ne convient qu'aux personnes qui veulent simplement lire la Musique ou la chanter: pour ce qui est des instrumens, les notes n'y changent jamais de nom, & l'on y pratique les dièses & les bémols par-tout où ils se rencontrent.

CODE

Auffi vaudroit-il mieux apprendre à chanter d'abord fans tranfpofition, fi l'on pouvoit compter fur l'oreille des commençans; d'autant plus que dans le courant d'un air il arrive fouvent des dièfes ou bémols accidentels dont il faut bien fe garder, malgré l'opinion de certains Maîtres, de changer le nom donné aux notes qui les portent, relativement au premier *fi* ou *fa* décidé; cela jette dans un trop grand embarras, vû qu'un accident en amène néceffairement un autre, puifqu'il faudroit changer le nom des notes à chaque inftant. Mais c'eft aux Maîtres d'attendre que l'oreille foit affez formée pour varier leurs leçons de différentes modulations; pour lors le moindre accident met l'oreille fur la voie, la prévient au feul coup d'œil, & fouvent même l'harmonie la lui fait deviner, y eût-il faute dans la copie.

Concluons de cette dernière réflexion, que les premiers foins d'un Maître doivent être de former l'oreille : & comment la former, fi on ne la nourrit à tout moment d'harmonie ? c'eft le feul moyen de réuffir; les lignes, les notes, leurs noms, les yeux font de foibles agens en Mufique en comparaifon de l'oreille *(e)*.

Les notes, leurs figures, leurs valeurs, & celle des fignes qui les repréfentent, font à la portée de tous les Maîtres, c'eft pourquoi je leur laiffe le foin d'en inftruire eux-mêmes leurs élèves.

(e) Il y a quatre ou cinq ans qu'un jeune homme, qui ne favoit du tout point la Mufique, chanta au troifième jour le rôle d'un Intermède bouffon fur un théatre particulier, à la feule vûe des paroles dont on lui avoit joué le chant fur un inftrument, auffi-bien que celui des accompagnemens, avant, pendant & après lefquels il devoit ceffer & recommencer, quelquefois à un quart, demi-quart de temps. On connoît une Dame qui folfie très-imparfaitement, & qui chante cependant à livre ouvert, lorfqu'elle eft bien accompagnée : tel eft l'effet de l'oreille, tel eft l'empire de l'harmonie fur cet organe.

CHAPITRE II.
De la position de la main sur le Clavecin ou l'Orgue.

IL faut regarder les doigts attachés à la main, comme des ressorts attachés à un manche par des charnières qui leur laissent une entière liberté; d'où il suit que la main doit être, pour ainsi dire, morte, & le poignet dans la plus grande souplesse, pour que les doigts agissant de leur propre mouvement, puissent gagner de la force, de la légèreté & de l'égalité entre eux.

Cela étant, placez les cinq doigts sur cinq touches consécutives du clavier, où le pouce s'avance sur la sienne, l'ongle tout-à-fait en dehors, à peu près jusqu'à sa première jointure, pendant que les autres doigts tombent perpendiculairement sur les leurs, & cela de leur propre poids, en s'arrondissant d'eux-mêmes sans les contraindre, le 1 *(f)* moins rond que les autres, puisqu'il est plus petit.

A mesure que la main s'ouvre, les doigts perdent de leur rondeur; mais quand on les laisse agir de leur propre mouvement, ils déterminent pour lors la main à s'y prêter dans les intervalles plus ou moins grands qu'ils embrassent, & tout marche à l'aise; le 5 même s'y prête à son tour, en s'avançant moins sur sa touche.

Pendant que la main se trouve dans cette position, les coudes doivent tomber nonchalamment sur les côtés au niveau du clavier, ce qui dépend du siége; ils se prêtent pour lors au mouvement de la main, qui, de son côté, se prête à celui des doigts.

Il faut aussi que la main soit horizontale avec le clavier, ce qui se reconnoît aux jointures qui l'attachent aux doigts, où pour lors il faut la lever un peu du côté du 1 par un simple mouvement du poignet, sans qu'il y perde rien de sa souplesse.

Cette dernière position coûte un peu aux commençans, par

(f) Les chiffres désignent ici les doigts, comme dans l'Article II du Chapitre Ier

rapport au petit tour de poignet en faveur du 1 ; mais aussi sans cela ce 1 ne tomberoit plus perpendiculairement sur sa touche, & n'auroit plus la même force ni la même légèreté que les autres doigts. Quelques jours d'exercice avec un peu de patience rendent enfin cette position comme naturelle.

Dans toutes les positions, dans les plus grands écarts, la main obéit aux doigts, la jointure du poignet à la main, & celle du coude au poignet ; jamais l'épaule ne doit y entrer pour rien.

La souplesse recommandée doit s'étendre sur toutes les parties du corps; une jambe roide, déplacée, des coudes serrés sur les côtés, qui s'en écartent, s'avancent ou se reculent, lorsqu'ils doivent y tomber nonchalamment, une grimace, enfin la moindre contrainte, tout empêche le succès des soins qu'on se donne pour la perfection qu'on cherche.

L'Article II du Chapitre suivant m'a forcé de placer ici la position de la main sur le Clavier, il ne s'agit plus que de la méchanique des doigts, dont je parlerai en temps & lieu.

CHAPITRE III.

Méthode pour former la voix.

ARTICLE PREMIER.

Moyens de tirer les plus beaux sons dont la voix est capable, d'en augmenter l'étendue, & de la rendre flexible.

PENDANT qu'on s'inculque les gammes dans la mémoire, & tout ce qui vient d'être expliqué, on peut s'exercer à former sa voix.

Les Maîtres, en France sur-tout, ont toûjours enseigné le goût du chant, sans s'occuper beaucoup des moyens qui doivent en procurer l'exécution; ils se piquent justement d'enseigner ce qui ne dépend pas d'eux, pendant qu'ils négligent ce qui en dépend effectivement, & sans quoi toutes les leçons de goût tombent en pure perte.

À quoi sert le goût du chant, sans les facultés propres à le bien rendre? peut-on en procurer d'ailleurs à qui n'a point de sentiment?

Il en est du goût du chant comme du geste, le défaut du vrai naturel se reconnoît toûjours dans ce qui n'est qu'imitation: qu'un agrément soit autant bien rendu qu'il se puisse, il y manquera toûjours ce certain je ne sais quoi qui en fait tout le mérite, s'il n'est guidé par le sentiment: trop ou trop peu, trop tôt ou trop tard, plus ou moins long-temps dans des suspensions, dans des sons enflés ou diminués, dans des battemens de *trils*, dits *cadences*, enfin cette juste précision que demande l'expression, la situation, manquant une fois, tout agrément devient insipide: on n'en fait que trop souvent l'épreuve à notre théatre. Cet homme a une belle voix, chante bien, cependant il me plaît moins que cet autre qui, quoique moins favorisé de ces dons, met de l'ame dans toutes ses expressions. Tel est l'effet du sentiment, qui ne se donne point.

Le goût est une suite du sentiment, il sait s'approprier le bon & rejeter le mauvais; guidé par ce sentiment, la vraie précision se trouve dans tous les agrémens qu'il dicte: le Maître n'y peut autre chose que procurer les moyens de bien rendre ces agrémens, & d'en donner des exemples, en les rendant lui-même, s'il le peut.

Chacun se prévient sur son goût, & le croit souvent le meilleur: quel est le Maître à chanter qui ne soit pas dans ce cas? quand même il n'y auroit pas trop de présomption de sa part, ce ne sera que par des exemples, & jamais par des règles, qu'il pourra faire sentir à l'homme de goût l'usage qu'il doit faire de ses heureuses facultés dans l'exécution, facultés qui seules peuvent se procurer, sans qu'on s'en soit encore douté, du moins en France; les uns prétendant qu'on ne peut augmenter l'étendue des voix, & qu'on ne peut en rendre les sons également beaux; les autres, qu'on ne peut les rendre flexibles, ces voix, si elles ne le sont naturellement, attribuant à la Nature ce qui n'est presque jamais qu'un défaut de l'art; qu'on ne peut procurer les moyens de bien battre le *tril*, d'en réformer les défauts: que sais-je? tout ce qu'on a ignoré, on l'a cru impossible.

On ne peut donner de la voix, mais on peut procurer les moyens d'en tirer les plus beaux sons dont elle est capable, & de la rendre flexible; moyens qui m'ont réussi plus d'une fois; moyens des plus simples d'ailleurs, & qui ne demandent que confiance, constance & patience.

Quantité de chanteurs filent très-bien les sons, les rendent beaux dans ce moment, & en donnent presque par-tout ailleurs de mauvais: hé bien! ceux-là mêmes, à quelqu'âge que ce soit, pourroient encore réformer leurs défauts, s'ils pouvoient prendre d'abord sur eux de ne plus chanter, en s'exerçant seulement à bien filer les sons dans toute l'étendue de la voix, jusqu'au point que je vais leur prescrire.

On sait que le son se file tout d'une haleine, en débutant par la plus grande douceur, en l'enflant insensiblement jusqu'au plus fort, mais non pas à l'excès, puis en l'affoiblissant de même jusqu'à l'extinction de la voix; ce qui doit coûter un peu à des commençans, mais d'un jour à l'autre l'habitude s'en accroît, & bien-tôt on en vient à bout.

On file d'abord le *son* avec la seule voyelle *a*, en commençant par le plus bas, puis en montant jusqu'au plus haut par demi-tons *(g)*, d'où l'on descend de même jusqu'au plus bas. Cet exercice se fait le plus souvent qu'il est possible, mai en se reposant de temps en temps, dès qu'on s'y sent fatigué.

Il faut être droit sur ses pieds pendant cet exercice, se tenir avec grace & sans gêne, se bien examiner, sentir une grande aisance dans toutes les parties du corps, prendre la peine, en un mot, de n'en point prendre, sur-tout en donnant le vent nécessaire pour former le *son*, en l'enflant, en le diminuant; car enfin toute la perfection dépend de là.

Quand je dis qu'il faut se tenir avec grace, la grace peut-elle s'accorder avec la moindre contrainte? on ne la trouve qu'avec la plus grande liberté: & comment l'acteur pourroit-il suffire à

(g) Voyez l'Article III du premier Chapitre, *page 8*.

tant d'objets différens qui doivent concourir mutuellement à une parfaite exécution de sa part, savoir, le beau son, la flexibilité de la voix, la Musique, la grace, le sentiment, dont l'expression doit être fidèlement rendue par le goût du chant, par le geste & par l'air du visage, si tous ces objets ne lui étoient pas familiers au point qu'ils lui deviennent naturels?

Déjà le sentiment est un don qui demande à l'esprit toute la liberté possible, la moindre réflexion détruisant toute fonction naturelle. La Musique & le chant ne seroient-ils pas aussi des dons qui ne se manifestent pas à la vérité tout d'un coup, mais qui, à la faveur d'un certain exercice, doivent nous paroître tels par la prompte obéissance de l'oreille & de la voix à tout ce que la volonté peut en exiger?

Nous avons de fréquens exemples du don de la Musique dans les Organistes, aussi-bien que dans toutes les personnes qui préludent: penser & exécuter chez eux, c'est tout un.

Il n'est pas étonnant que la Musique devienne naturelle aux Organistes, vû qu'ils se nourrissent continuellement d'harmonie *(h)*: il n'est pas étonnant non plus qu'il y ait si peu d'habiles Chanteurs en France, vû qu'on ne les doit qu'au hasard; leur oreille s'est formée à l'harmonie sans qu'ils l'aient recherchée, leur voix s'est rendue flexible avec de beaux sons, ignorans que le principe de ces perfections consistoit dans la manière de pousser l'air des poumons sans gêne & sans contrainte: un heureux hasard les a conduits, & de là rien ne leur a coûté pour porter plus loin ces mêmes perfections.

Pour vouloir trop se presser, on perd tout: imitons ces enfans qui, sans savoir qu'en marchant très-lentement ils parviendront à courir, & qui n'osent se presser, parce qu'ils sentent bien qu'ils tomberoient; mais la patience échappe, on veut arriver, on n'arrive point; on a pris de fausses routes, on se fatigue à vouloir les continuer; soins inutiles! on perd un temps considérable, à la fin le désespoir s'en mêle, & pour se consoler on attribue à la Nature des défauts qui ont pris racine dans de mauvaises habitudes.

(h) Joignons cette réflexion à celles de la *page 5*.

De quoi s'agit-il cependant? du seul vent.

Oui, toutes les perfections du chant, toutes ses difficultés, ne dépendent que du vent qui part des poumons.

Nous ne pouvons disposer du *larynx*, de la *trachée-artère*, de la *glotte*, nous ne voyons pas leurs différentes configurations, transformations, à chaque son que nous voulons donner; mais nous savons du moins qu'il ne faut pas les contraindre dans ces différences, qu'il faut leur laisser la liberté de suivre leur mouvement naturel, que nous n'y sommes maîtres que du vent, & que par conséquent c'est à nous de savoir si bien le gouverner, que rien ne puisse en empêcher l'effet.

Dès que le vent est donné avec plus de force que n'exige le son, la glotte *(i)* se serre, comme lorsqu'on presse trop la hanche d'un hautbois: si cet excès de force est encore donné trop précipitamment, il roidit les parois de la glotte, & lui ôte toute sa flexibilité: d'un autre côté, une gêne, une contrainte occasionnée par l'attention sur la bonne grace, sur le geste, sur le goût du chant, sur les inflexions même de la voix, des efforts dont une habitude acquise empêche qu'on ne s'en aperçoive, voilà les vrais obstacles à la beauté du son, aussi-bien qu'à la flexibilité de la voix: le son tient pour lors du peigne, de la gorge, du canard; la voix tremblotte & ne forme plus aucun agrément qu'en le chevrottant.

Pourquoi le son filé est-il généralement beau? c'est qu'on arrive insensiblement au degré de force nécessaire au vent en pareil cas; c'est que la glotte se dilate pour lors à l'aise sans se roidir.

La force du vent doit être proportionnée à chaque degré du son, ce qui est insensible, & ne peut s'acquérir que par un fréquent exercice, dès qu'on ne le doit pas à un heureux hasard: c'est la différente force de ce vent qui, en déterminant l'ouverture de la bouche, lui donne pour lors le calibre convenable à la perfection du son. Combien ne faut-il donc pas s'examiner

---

(i) J'attribue à la glotte ce qui pourroit peut-être, en certains cas, s'appliquer aux autres agens qui lui sont liés; mais cela n'est d'aucune conséquence pour le fait dont il s'agit.

pour qu'aucune contrainte ne s'oppofe aux différens calibres que la différente force du vent doit produire? auffi toute notre attention, toute notre volonté, doit-elle fe borner à pouffer le vent à peu près de la même façon que lorfque nous voulons parler: occupé de la feule penfée qu'on veut exprimer, la voix fe fait entendre fans qu'il en coûte le moindre effort. Il en doit être de même du Chanteur; occupé du feul fentiment qu'il veut rendre, tout le refte doit lui être fi familier, qu'il ne foit plus obligé d'y penfer; car dès qu'on eft préoccupé de deux objets différens, ils fe nuifent réciproquement, de même qu'à tout ce qui peut contribuer à leur perfection.

Sans les préjugés qui infectent le plus grand nombre fur la formation de la voix, je ne ferois pas entré dans une fi longue digreffion, non feulement pour les détruire, mais encore furtout pour faire fentir la néceffité de la méthode.

Ne nous occupons donc qu'à filer des fons par demi-tons, tant en montant qu'en defcendant, & quand l'habitude en eft un peu familière, on augmente l'exercice d'un demi-ton de chaque côté, puis au bout de deux, quatre ou huit jours, encore un demi-ton, & toûjours ainfi jufqu'à l'impoffible: on fera fort étonné, après deux mois d'exercice au plus, pendant quelques heures par jour, de trouver fa voix peut-être augmentée de deux tons de chaque côté; & quand cela ne ferviroit qu'à ne point crier dans les hauts ufités, & à donner des fons pleins dans les bas également ufités, ne feroit-ce pas beaucoup? cela met d'ailleurs à l'aife un Compofiteur, qui manque fouvent des expreffions, faute d'une étendue poffible dans les voix. Demandons aux Italiens pourquoi leurs voix ont plus d'étendue que les nôtres, ils donneront pour réponfe ce que je recommande ici.

Lorfqu'on fe fent un peu maître de cet exercice, on remarque le degré de vent pendant lequel le fon eft dans fa plus grande beauté, foit par la force, foit par le timbre, on y revient fouvent, on tâche de donner ce fon du premier coup de vent, fans précipitation & fans contrainte; enfin le temps amène ce jour heureux où l'on jouit du fuccès de fes peines, qui ne demandent, comme je l'ai déjà dit, que confiance, constance & patience.

Un tiers qui sait sous-entendre l'harmonie du corps sonore, l'entendra effectivement, cette harmonie, dans le vrai beau son; il y distinguera sur-tout la 17.ᵉ plustôt que la 12.ᵉ: le Chanteur lui-même en seroit frappé, si son oreille étoit assez formée pour cela; au défaut de l'harmonie, on sent du moins un tintonnement dans l'oreille, sur-tout dans les sons les plus aigus.

Arrivé à ce dernier point de perfection, le reste n'est plus qu'un jeu; on essaie des roulades d'une ou deux octaves, plus ou moins, en tous sens, de façon qu'on les sente se former sans le moindre effort; on prend pour modèle celles qui se trouvent dans les airs François & Italiens; on passe aux trils, puis aux ports de voix battus en montant; les coulés naissent de là, & ce sont les sources de tous les agrémens du chant.

Le principe des principes, c'est de prendre la peine de n'en point prendre, je le répète; peine qui en est une effectivement par l'attention que cela demande sur toutes les parties du corps, qui doivent être, pour ainsi dire, mortes pendant que le vent s'exhale.

En conséquence de ce principe, il faut ménager le vent dans les roulades, ne les précipiter qu'autant qu'on en sent le pouvoir sans se gêner, diminuer ce vent, & par conséquent la force du son, à mesure qu'on augmente de vîtesse, donner néanmoins plus de vent quelques jours après, pour éprouver si cela se peut sans s'efforcer, puis finalement l'augmenter & le diminuer alternativement pendant la même roulade, pour s'accoûtumer à donner, pour ainsi dire, des ombres au tableau, quand l'expression, ou quelquefois même le simple goût du chant, le demande. On observe la même chose ensuite dans les trils & ports de voix.

Les roulades, trils & ports de voix se font tout d'une haleine, de même que le son filé, de sorte qu'on n'en prend d'abord qu'à son aise; mais à mesure que la chose devient familière, la durée d'une même haleine augmente considérablement : on en reconnoît la preuve dans toutes les personnes qui jouent d'un

DE MUSIQUE PRATIQUE.

instrument à vent, comme trompette, cors, hautbois, basson flûte traversière.

Pendant que le vent se continue, on sent les sons se succéder à l'ouverture de la glotte; mais si peu qu'on se gêne, cette glotte en souffre, se serre au lieu de se dilater, & ce qu'on devoit sentir à son ouverture se sent pour lors au fond du gosier, d'où naissent ces sons de gorge, &c. dont j'ai parlé; différence qu'il faut bien remarquer dans tous les exercices du chant.

La différence des roulades & du tril se sent encore à l'entrée de la glotte, où les sons paroissent articulés d'un côté, pendant qu'ils doivent paroître liés de l'autre; mais bien-tôt la volonté en ordonne, dès qu'aucune contrainte ne s'y oppose: tant il est vrai que le chant le plus varié nous devient naturel, quand nous y observons les moyens propres à le bien rendre, puisque la voix obéit sur le champ à notre volonté!

Je suppose ici l'oreille un peu formée à l'harmonie, & la voix dans toute sa liberté, pour qu'elle obéisse sur le champ; ce qui se confirme aisément dans tous les habiles Chanteurs, dont le nombre est infiniment plus grand en Italie qu'en France, pour les raisons que j'en ai déjà rapportées.

Je ne donne aucun exemple de roulades, trils & ports de voix, parce que la jeunesse a besoin de Maîtres dans tous les cas de la méthode, & pour peu qu'on ait quelques idées du chant, on est au fait de ces différens agrémens: tout ce que je dois recommander seulement, c'est de mêler des consonances dans les roulades, ce qu'on appelle aussi *batteries*, lorsque, par exemple, on passe tout d'une haleine les notes d'un accord parfait, *ut, mi, sol; mi, ut, sol, ut;* batterie dont on change l'ordre à sa fantaisie, & où l'on suit l'étendue de la voix, prenant ces notes, en un mot, tantôt en haut, tantôt en bas, comme on veut.

Les premiers trils & ports de voix sur lesquels on s'exerce, doivent être par demi-tons, comme d'*ut* à *si*, & de *si* à *ut*, puis on les forme d'un ton entier, comme de *ré* à *ut*, & d'*ut* à *ré*.

Le tril commence par la note supérieure, & finit par l'inférieure; le contraire est pour le port de voix.

Il ne faut jamais précipiter volontairement un battement de tril ou de port de voix sur sa fin, comme on l'a toûjours recommandé; ce qui engage le plus souvent à se forcer sans qu'on y pense, & à chevrotter la plûpart des agrémens: le sentiment, la volonté de finir, suffit pour cet effet. Il faut bien prendre garde sur-tout de ne mettre aucun agent de moitié avec le sentiment qui le guide; plusieurs marquent souvent ce sentiment par un mouvement de tête, de main, de corps même, mouvement dont l'agent se ressent au point que la beauté du son & la flexibilité de la voix y perdent considérablement, & c'est encore de-là que naît le chevrottement.

Plus on a de sentiment, plus on se presse de vouloir rendre les choses comme on sent qu'elles doivent l'être; & voilà ce qui a fait perdre à plusieurs, tant Chanteurs que Joueurs d'instrumens, des perfections auxquelles ils seroient sans doute parvenus, s'ils eussent imité ces enfans dont j'ai déjà parlé.

De cette grande liberté que je recommande, suivent toutes les perfections nécessaires, la grace sur-tout: si l'acteur est capable de sentiment, il le rend pour lors dans toute son énergie; son geste coule de source, & jusqu'à l'air du visage, tout s'en ressent; nature seule opère en lui, & l'art se trouve caché par le seul art de ne se point contraindre. Examinons-nous donc bien, car on se gêne souvent sans le croire; principe général pour tous les arts d'exercice, dont il est inutile de faire un chapitre particulier.

Dès que cet exercice est familier, on le recommence sur toutes les voyelles, & bien-tôt rien n'y coûte.

Quand on veut chanter des airs, c'est pour lors qu'il faut encore s'examiner de nouveau, pour ne s'y pas permettre le moindre effort, la moindre contrainte.

Celui qui a déjà chanté avec quelques défauts, ne doit plus chanter, jusqu'à ce qu'il sente en lui toute la liberté nécessaire.

DE MUSIQUE PRATIQUE.

Article II.

Moyen de fixer l'oreille & la voix sur le même degré en s'accompagnant.

S'il est assez ordinaire aux commençans de faire monter le son qu'ils filent en l'enflant, & de le faire descendre en le diminuant, j'ai imaginé un moyen de soûtenir la voix sur son même degré par un accompagnement du clavecin ou de l'orgue, qui se conçoit sur le champ & s'exécute de même, sans que cela demande une grande connoissance du clavier.

Cet accompagnement est un premier moyen de former l'oreille: un Maître présent à l'exercice pourroit l'exécuter pendant qu'on file les sons; mais comme il n'y peut pas toûjours être, & que l'exercice veut être répété le plus souvent qu'il est possible, je vais en dicter les règles.

Les touches les plus larges & les plus longues, ordinairement noires sur le clavecin, suivent l'ordre de la gamme diatonique: ces touches sont séparées par d'autres plus étroites & plus courtes, qui sont blanches, & qu'on appelle dièses ou bémols *(k)*.

Ces touches blanches sont alternativement distribuées par deux & trois de suite: or la touche noire au dessous des deux blanches est justement l'*ut* par lequel débutent & finissent les gammes.

Le bas du clavier se prend du côté gauche, comme l'oreille en peut juger, en faisant résonner successivement les touches.

Touchez les deux *ut* à l'octave l'un de l'autre dans le plus bas du clavier, l'un du 5, l'autre du 1 *(l)* de la main gauche; laissez une touche à vuide (il ne s'agit que des noires) & touchez la suivante du 4 de la main droite; laissez-en encore une à vuide pour toucher sa suivante du 3, puis deux autres à vuide pour toucher sa suivante du 1, qui sera pour lors à l'octave des deux premiers *ut*, vous aurez l'accord parfait d'*ut*, où vous

(k) Article III du Chapitre I.ᵉʳ, page *8.*
(l) Les chiffres désignent toûjours les doigts comme auparavant.

entendrez, de même que vous en jugerez par l'arrangement des doigts de la main droite, la tierce, la quinte & l'octave de cet *ut*.

Il faut d'abord un clavier doux, pour que sa résistance n'oblige pas les doigts, encore foibles dans leur mouvement, d'emprunter leur force de la main; mais à mesure que le mouvement devient libre, la force s'acquiert, & l'on peut à proportion augmenter la résistance des touches par la force des plumes qui pincent les cordes.

Ayant une fois gagné la souplesse requise dans le Chapitre précédent, on file dans le plus bas de la voix le même son, la même note qu'on touche du 1 & du 5 de la main gauche, c'est-à-dire à présent *ut* ; & pendant qu'on l'enfle & le diminue, on répète de temps en temps, les unes après les autres, toutes les touches de l'accord, en les harpégeant, & commençant par celles qu'on veut de la main gauche, suivies du 4 de la droite.

Cette répétition de l'accord demande une grande souplesse dans les doigts, la moindre gêne influeroit sur la voix. Ne cherchons donc pas la vîtesse, attendons qu'elle se présente comme d'elle-même, & nous arriverons par ce moyen à pouvoir *harpéger* les accords dans la plus grande célérité.

Pour monter d'un demi-ton, sachant que toutes les touches, blanches & noires, sont à un demi-ton l'une de l'autre, on glisse pour lors chaque doigt sur le demi-ton au dessus de la touche qu'il occupoit, & cela par ordre, en commençant par le 1 de la gauche, puis le 5, ensuite le 4, le 3 & le 1 de la droite, sans qu'aucun doigt ne quitte sa touche que pour monter sur l'autre du même mouvement.

Il faut tenir les accords dans le bas autant qu'on le peut; c'est pourquoi, étant arrivé à l'octave de l'*ut* par lequel on a débuté, où pour lors le 1 tient la place qu'avoit d'abord occupé le 5, celui-ci reprend sa première place, & la main droite également.

Si l'on veut débuter par une autre note que *ut*, parce que la voix peut descendre plus bas, il est facile d'en trouver l'accord en examinant les touches où les doigts se trouvent sur cette note, lorsqu'on y passe depuis l'accord d'*ut* jusqu'à celui de son octave; car la gauche & le 1 de la droite touchent toûjours cette même note : il n'y a d'ailleurs qu'à compter les demi-tons qu'il y a d'une touche à l'autre dans le premier accord, & les observer dans tout autre accord.

CHAPITRE IV.
De la Mesure.

LA Mesure est, de toutes les parties qui concourent à l'exécution de la Musique, celle qui nous est la plus naturelle, puisqu'elle est également naturelle aux bêtes : comment se peut-il après cela qu'on taxe tous les jours quantité de personnes de manquer d'oreille à cet égard?

Si la mesure ne consiste que dans une égalité de mouvemens, examinons ceux des bêtes, examinons les nôtres, soit en marchant, soit en remuant quelque partie du corps que ce soit, lorsque la réflexion, la volonté n'y ont nulle part, ils seront toûjours égaux : mais on veut faire suivre à un tiers la mesure qu'on lui prescrit, pendant que son esprit est préoccupé d'une exécution qui ne lui est point encore familière. Toute réflexion, je le répète, détruisant les fonctions les plus naturelles, doit-on s'étonner après cela s'il y paroît insensible?

Attendons que ce tiers possède parfaitement l'exercice de la chose qu'il doit soûmettre à la mesure, nous ne l'y trouverons plus rebelle : en tout cas, laissons-lui se prescrire lui-même un mouvement réitéré de la main sans qu'il y pense, faisons-lui exécuter sur ce mouvement ce qui lui sera familier, soit Musique, soit pas de danse; que chaque note, que chaque pas réponde à chaque mouvement, bien-tôt nous serons détrompés sur son compte : menons-le de la sorte par degrés, ne nous pressons pas sur-tout, jugeons mieux des effets de la Nature, ne lui attribuons pas des défauts que nous lui opposons nous-mêmes, & bien-tôt nous trouverons de l'oreille à qui nous l'avions refusée.

Toute mesure se borne à deux ou trois *temps* dans la Musique, les quatre temps qui s'y trouvent encore ne sont que deux fois deux: à quoi sert donc cette multiplicité de signes en usage pour indiquer une si petite différence, lorsque même les mesures d'un air ont souvent des *temps* de différente valeur, l'un avec une seule noire, l'autre avec une noire pointée? mais l'usage entretient bien des erreurs : je n'en dirai pas davantage sur ce sujet. *Voyez* le XXIII.ᵉ Chapitre du Traité de l'harmonie, depuis *page 151* jusqu'à *158*.

CHAPITRE V.

Méthode pour l'Accompagnement.

LES principes de composition & d'accompagnement sont les mêmes, mais dans un ordre tout-à-fait opposé.

Dans la composition, la seule connoissance de la racine donne celle de toutes les branches qu'elle produit : dans l'accompagnement au contraire, toutes les branches se confondent avec leur racine. La connoissance, l'oreille & les doigts y concourent également pour juger, sentir & pratiquer sur le champ une Musique indifféremment variée.

Les doigts peuvent observer, sur le clavecin ou sur l'orgue, une méchanique si heureuse dans la succession des accords, qu'elle supplée non seulement au défaut de connoissance & d'oreille, mais elle est seule capable encore de former à l'harmonie les oreilles les plus desespérées, selon l'expérience que j'en ai faite, & que d'autres peuvent avoir faite également sur le seul plan de la méthode dont il s'agit, plan que j'ai mis au jour dès 1732.

PREMIÈRE LEÇON.

En quoi consiste l'Accompagnement du Clavecin ou de l'Orgue ?

L'accompagnement du clavecin ou de l'orgue consiste dans l'exécution l'exécution d'une harmonie complète & régulière à la vûe d'une seule partie de cette harmonie.

Cette partie de l'harmonie s'appelle *basse*, parce qu'effectivement elle en est la plus basse : on l'exécute de la main gauche, & son harmonie de la droite.

IIe Leçon.
Des Accords.

L'harmonie se distingue sous le nom d'*accord* : il n'y en a fondamentalement que deux, un consonant & un dissonant.

L'accord fondamental consonant s'appelle *parfait*, & consiste dans trois notes à une tierce l'une de l'autre, comme *sol, si, ré* ; & le dissonant consiste dans une tierce de plus, ainsi, *sol, si, ré, fa*, & s'appelle accord de septième *(m)*.

La première note de ces deux accords en est la basse fondamentale ; mais dans la basse donnée pour guide de l'accompagnement, on emploie indifféremment l'une des trois ou quatre notes de ces deux mêmes accords.

La grande difficulté dans l'accompagnement est de reconnoître auquel des deux accords appartient la note de la basse ; mais la méchanique des doigts, soûtenue dans le besoin de certaines règles de succession très-simples, dispense presque toûjours de s'en occuper.

IIIe Leçon.
Du renversement des accords.

Le renversement des accords peut se reconnoître déjà dans celui des intervalles *(n)*, il consiste simplement dans un changement d'ordre entre les notes qui les composent : celui qui ne contient que trois notes ne peut se renverser que de trois façons, ainsi, *sol, si, ré ; si, ré, sol ; & ré, sol, si :* l'autre, qui en contient

---

(m) Voyez la gamme par tierces, page 2, prenez-y telle note qu'il vous plaira pour basse fondamentale, vous trouverez à sa suite les tierces qui composent l'un & l'autre accord.
(n) Page 3.

quatre, se renversera par conséquent de quatre façons, ainsi, *sol, si, ré, fa; si, ré, fa, sol; ré, fa, sol, si; fa, sol, si, ré:* l'octave, qui représente toûjours la même note *(o)*, occasionne seule tout ce renversement.

Passons légèrement sur ce renversement, & contentons-nous seulement de savoir en quoi il consiste.

C'est encore ici que triomphe la méchanique des doigts, elle fait exécuter tous les renversemens possibles, & cela dans toute la promptitude nécessaire, sans qu'on soit obligé d'y penser un moment: on y reconnoît de plus, & la basse fondamentale, & la dissonance, par le seul arrangement des doigts.

IVe Leçon.

De la méchanique des doigts pour les accords, leur succession, leur renversement & leur basse fondamentale.

Il ne s'agit que de la main droite dans les accords, & les doigts y seront désignés par les mêmes chiffres que dans le Chapitre Ier, Article II, c'est-à-dire, 1 pour le petit doigt, puis 2, 3 & 4 pour les trois suivans, jusqu'au pouce exclusivement, dont on ne se servira que lorsque j'en avertirai.

Les accords consonans, tous compris dans le parfait, & ne contenant que trois notes différentes, n'exigent par conséquent que trois doigts, où le 2 doit toûjours former la tierce avec le 1, sans jamais y employer le 3 que pour former une quarte avec ce 1, ce qui est plus de conséquence qu'on ne peut se l'imaginer d'abord.

Accord parfait, ses renversés, & les doigts qu'on y emploie.

Accord parfait.	Accord renversé de sixte.	Accord renversé de sixte quarte.
4 2 1	4 3 1	4 2 1
ut, mi, sol,	mi, sol, ut,	sol, ut, mi,
3.^{ce} 3.^{ce}	3.^{ce} 4.te	4.te 3.^{ce}

(o) Pages 3 & 4.

Les accords diſſonans contiennent quatre notes différentes, & exigent par conſéquent les quatre doigts, qui ſe placent tous à la tierce l'un de l'autre, excepté deux ſeulement qui s'y joignent le plus ſouvent, ſoit le 4 & le 3, ſoit le 3 & le 2, ſoit le 2 & le 1 : ces accords ſont tous compris dans celui de la *ſeptième*, qui prend quelquefois le titre d'*accord ſenſible*; les autres en ſont renverſés.

Accord diſſonant de ſeptième avec ſes renverſés.

Accord de 7.ᵉ dit ſenſible. ſol, ſi, ré, fa.	Accord renverſé de fauſſe quinte. ſi, ré, fa, ſol.	Accord renverſé de petite ſixte. ré, fa, ſol, ſi.	Accord renverſé de triton. fa, ſol, ſi, ré.

Lorſque l'accord de ſeptième n'eſt pas *ſenſible*, celui de *fauſſe quinte* ſe change en *ſixte quinte*, celui de *petite ſixte* en *tierce quarte*, & celui de triton en *ſeconde*; mais ne nous occupons de ces différens noms que lorſqu'il s'agira des chiffres, encore même la méchanique les fait-elle trouver preſque toûjours ſous les doigts ſans qu'on y penſe.

Ces deux accords, le *parfait* & celui de la *ſeptième*, ſont les ſeuls fondamentaux ſur leſquels la méchanique ſoit établie, & leur baſſe fondamentale eſt toûjours la plus baſſe note des tierces, c'eſt-à-dire le 4 quand tout eſt par tierces, ſinon le plus haut des deux doigts joints *(p)*. L'exception que ceci peut ſouffrir n'eſt de nulle conſéquence dans la méthode.

Les accords s'harpègent en débutant par le 4, & les autres ſucceſſivement.

La main doit être de la dernière ſoupleſſe, & le poignet toûjours flexible, pour que les doigts puiſſent tomber de leur propre mouvement en mourant, pour ainſi dire, ſur les touches *(q)*, ſans jamais les quitter que pour les répéter, ou

---

(p) J'appelle *deux doigts joints*, ceux qui touchent deux notes à une ſeconde l'une de l'autre, comme ut, ré; ré, mi; mi, fa, &c.

(q) Voyez le Chapitre II, ſur la poſition de la main, &c. *page 22.*

pour paſſer aux voiſines du même mouvement & dans le même inſtant, ſans interruption.

Toûjours ſentir les doigts ſur les touches, toûjours la main ſans roideur & le poignet flexible, c'eſt le moyen d'arriver promptement, quoi qu'il puiſſe en coûter.

Sans cette ſoupleſſe, les doigts n'acquièrent aucune habitude de leur propre mouvement; la main les oblige par ſa roideur d'agir tous enſemble, ſans aucune détermination pluſtôt d'un côté que de l'autre. Il n'y a qu'un exercice très-long, ſoûtenu d'une expérience conſommée, qui puiſſe ſuppléer à quelques-unes des perfections auxquelles on peut arriver en moins d'un an avec la méthode dont il s'agit: je dis quelques-unes, car il s'en faut bien que les Italiens, par exemple, dont la main eſt généralement forcée, ſoient réguliers dans leur accompagnement, à la meſure près. Il ne s'agit pas ſimplement ici d'accompagner régulièrement, il s'agit de ſe former promptement l'oreille à l'harmonie, ſans quoi l'on n'eſt jamais Muſicien, & d'en tirer le fruit de pouvoir préluder & compoſer, ſi l'on en a le deſſein.

La ſucceſſion des accords conſiſte dans une marche des doigts, dont les uns répètent la même touche, & les autres paſſent aux voiſines, mais d'une manière ſi bien déterminée par la méchanique, qu'elle ſemble être l'ouvrage de la Nature, en ce qu'elle prévient preſque toûjours l'oreille, ſans qu'on ſoit obligé d'y réfléchir.

Quant au renverſement des accords, on voit aſſez qu'il n'eſt produit que par un changement d'ordre entre les notes qui les compoſent; changement qui n'eſt occaſionné que par des notes portées à leur octave, au deſſus ou au deſſous du lieu qu'elles occupent dans l'accord fondamental *(r)*; mais bien-tôt ce ne ſera qu'un jeu pour les doigts, ſelon ce qui va paroître dans la VIIe Leçon. Si ces accords changent de nom dans leur renverſement, c'eſt pour lors la baſſe qui change, non pas l'accord, dont le fond & la conſtruction ſont toûjours les mêmes.

(r) Voyez le Chapitre Ier, Article Ier, où il s'agit du renverſement des intervalles.

On touche tout l'accord à la fois fur l'orgue, mais toûjours du feul mouvement des doigts, qui forment pour lors une efpèce d'harpégement très-rapide; & tant qu'une même touche y fert à des accords confécutifs, il ne faut pas la quitter.

V.ᵉ Leçon.
Du Ton ou Mode.

Pour fuivre l'ufage, j'appellerai *Ton* ce qu'on devroit nommer *Mode*, & pour qu'on ne s'y trompe pas avec le mot *ton*, qui exprime le rapport d'un intervalle de feconde, on le trouvera toûjours écrit en italique, avec un *T* majufcule.

Je n'entre point encore dans le détail des *Tons*; imaginons-les, en attendant, tous compris dans la gamme diatonique qui roule fur l'octave d'*ut*, & auquel nous donnerons en conféquence le titre de *tonique*, parce que c'eft à préfent la note fur laquelle le *Ton* va rouler.

VI.ᵉ Leçon.
Termes en ufage pour la baffe fondamentale & la continue, avec quelques obfervations en conféquence.

J'indiquerai par-tout la baffe fondamentale par B. F. & la continue par B. C.

Il n'y a de B. F. à peu de chofe près, que celle des deux accords dans la IV.ᵉ Leçon.

La quinte au deffus de la tonique s'appelle *dominante-tonique*, & fa quinte au deffous s'appelle *fous-dominante*.

Toute note fondamentale qui n'eft pas tonique, & qui defcend de quinte, eft par conféquent *dominante*, & l'on n'y joint le titre de *tonique* que lorfqu'elle defcend fur fa tonique.

Toute note fondamentale qui monte de quinte eft toûjours *fous-dominante*, ou le devient du moins, après s'être préfentée d'abord comme tonique.

Ces trois notes, la tonique, fa dominante & fa fous-dominante, font les fondamentales, dont la feule harmonie compofe celle de toutes les notes comprises dans l'étendue de l'octave de la tonique.

Si ces marches par quintes ne sont pas généralement fondamentales dans une B. C, il y a moyen de s'en apercevoir, comme je l'expliquerai quand il en sera temps.

N'oublions pas le renversement de la quinte en quarte ; la quinte en montant donne la quarte en descendant, & la quinte en descendant donne la quarte en montant.

On appelle *médiante* la tierce de la tonique, & *note sensible* celle d'une dominante-tonique ; la seconde d'une tonique s'appelle aussi *su-tonique*, & celle de la dominante *su-dominante*.

VIIe Leçon.

De l'enchaînement des dominantes.

Exemple *B*, page 1.

La basse des exemples présente continuellement des dominantes qui se succèdent jusqu'à la tonique *ut ;* & si cette tonique ne reçoit son accord parfait qu'à la fin, lorsqu'elle devroit le recevoir naturellement par-tout où elle arrive, c'est qu'outre que cela se peut, je ne l'ai fait que pour alonger le même exercice.

Toutes les dominantes sont de simples dominantes qui passent à d'autres, portant chacune son accord de septième jusqu'à la *dominante tonique*, *sol*, qui se distingue des autres par une *note sensible* qui lui est particulière, selon ce qui va paroître dans la leçon suivante.

Ne touchez la basse que lorsque j'en avertirai ; attachez-vous seulement à la pratique des accords, où le premier étant une fois sous la main droite, il ne s'agit que d'y faire descendre les doigts de deux en deux jusqu'à la fin.

Si les doigts sont par tierces, le 2 & le 1 descendent ensemble, puis le 4 & le 3, toûjours ainsi alternativement, où l'on voit que si deux doigts se joignent, c'est au plus bas à descendre, avec son voisin au dessous.

Reconnoissons d'abord un renversement dans l'ordre des doigts comme dans celui des accords *(s)*. Remarquons qu'à la faveur des octaves, ce qui ne se trouve pas d'un côté se trouve de l'autre. Si dans le 2.ᵉ *B.* le plus bas des deux doigts joints n'en a point au dessous pour descendre avec lui, c'est pour lors le 1 qui le remplace, les guidons au dessous du 4, qui descend avec le 1, marquant justement les octaves de ce 1.

La petitesse de la main peut engager à faire descendre ensemble le 2 & le 1 après un accord où les doigts sont par tierces ; ce qui se peut, pourvû que la roideur de la main n'y contribue pas, d'autant qu'une succession rapide des accords oblige quelquefois d'en user ainsi de deux en deux.

Lorsque dans le même cas le 1 ou le 4 ne peut atteindre à sa touche, l'un cède à l'autre en quittant seul la sienne, mais toûjours prêt à y retomber, ou à tomber de son propre mouvement sur celle où il doit passer ensuite.

Exercez le premier exemple *B*, jusqu'à ce que vous sentiez marcher vos doigts librement, sans contrainte, sans y penser, sans y voir, & dans toutes les précisions prescrites, puis vous passez à l'autre avec la même exactitude.

VIII.ᵉ Leçon.

De la Note sensible, de son accord ; des accords dissonans ; de la préparation & résolution des dissonances, & de leur basse fondamentale.

Exemple *C*, page 1.

Que d'objets différens dans cette seule leçon ! conçoit-on qu'il soit possible de se les inculquer dans la mémoire sans confusion ? N'y pensons pas seulement, les doigts vont tout faire.

Toute tonique a sa *note sensible*, qui est toûjours son demi-ton au dessous, si bien que ces deux notes s'annoncent mutuellement l'une l'autre : connoissant l'une, l'autre est connue.

(s) IV.ᵉ Leçon, *page 26.*

N'ayant à préfent d'autres toniques que *ut*, *fi* eft par conféquent fa note fenfible *(t)*.

Quoique *fi* foit la note fenfible d'*ut*, il ne faut cependant le juger tel que lorfqu'étant dans le *Ton d'ut* on le touche du 3 dans un accord diffonant par tierces *(u)*, ou lorfqu'il fe trouve au deffous de deux doigts joints, & en ce cas l'accord s'appelle auffi *accord fenfible*. La petite croix + des exemples *B*, marque cet accord, où la note fenfible paroît toûjours dans la place que je viens de lui prefcrire.

Toutes les fois qu'on touche l'accord fenfible, il faut s'accoûtumer à le reconnoître fans rien voir, & répéter même le doigt qui touche la note fenfible, le tout jufqu'à ce que l'oreille y foit fi bien accoûtumée, qu'elle en foit toûjours prévenue lorfque l'accord arrive.

La note fenfible étant une fois connue, ou par elle-même, ou par fa tonique, touchez-la du 3 dans un accord diffonant par tierces, ou bien placez-la au deffus de deux doigts joints, vous aurez l'accord fenfible, & vous y verrez toûjours cette note fenfible former la tierce majeure de la dominante-tonique, qui eft en même temps fa B. F.

A voir les accords, on doit juger qu'à l'exception des deux doigts joints, tout le refte eft par tierces.

En fe fouvenant du renverfement annoncé dans la leçon précédente, on jugera bien qu'en touchant la note fenfible du 4, & que n'ayant point de doigts au deffous, les deux d'en haut, c'eft-à-dire, le 2 & le 1, feront joints; de même que s'il manque le voifin au deffous de celui qui doit en être joint, le 1 le remplace.

Tout accord diffonant fe trouvera de même en connoiffant l'une des deux notes qui s'y joignent; ce qui ne peut manquer d'être indiqué dans une baffe bien chiffrée, foit par $\frac{6}{5}$, $\frac{4}{3}$, 2, ou 7: 1 qui joint 2 eft repréfenté par la baffe, & 8 qui joint 7 eft également repréfenté par la baffe, dont 8 indique l'octave.

(t) On peut remarquer qu'en montant la Gamme diatonique, le demi-ton de *fi* à *ut* y eft le plus fenfible.

(u) IV.ᵉ Leçon, *page 27*.

Ayant

DE MUSIQUE PRATIQUE. 33

Ayant deux doigts joints fur les deux notes indiquées par le chiffre, les deux autres fe placent à la tierce de leurs voifins, de quelque côté que ce foit.

De ces deux doigts joints, le fupérieur eft la B. F. l'autre eft la diffonance; s'ils font par tierces, le 4 eft cette B. F. & le 1 cette diffonance, qui doit toûjours defcendre fur fa voifine.

Avec une main bien fouple on fent que le 4 attire naturellement le 1 à lui, dès qu'il s'agit de defcendre, & des deux doigts joints on ne peut s'empêcher de faire defcendre le plus bas: or voilà toutes les diffonances *fauvées* par un mouvement qui devient naturel aux doigts, & cela fans qu'on foit obligé d'y penfer.

Que fait de fon côté la B. F? elle vient heurter, pour ainfi dire, une confonance, la rend diffonante, & la force de s'éloigner d'elle en defcendant: tout eft *préparé* & *fauvé* par ce moyen, toûjours fans qu'on y penfe. J'ai tiré une ligne entre cette confonance & la même note rendue diffonante par le choc qu'elle reçoit de fa B. F.

Remarquons encore que de quelque part qu'on arrive à la note fenfible, c'eft toûjours fa tonique, fût-elle diffonance, qui y defcend d'un demi-ton.

Qui plus eft, c'eft toûjours le plus bas des deux doigts joints, ou le 1 quand les quatre font par tierces, qui defcend d'un demi-ton fur la note fenfible; fi bien que fans la connoître, fût-elle un double *dièfe*, le doigt s'y porte de lui-même, & indique par-là fa tonique, & par conféquent le *Ton* qui exifte pour lors.

Si j'ajoûte une baffe à quelques exemples, c'eft pour qu'on puiffe la joindre aux accords quand il en fera temps; mais remarquons bien que toutes les baffes poffibles font contenues dans les accords mêmes, à l'exception de la *fuppofition* & de la *fufpenfion*, dont la fondamentale ne fe trouve jamais que dans ces accords; de forte que fans s'occuper de ces nouveautés, les doigts fuivent les routes dictées, foit dans l'enchaînement des dominantes, foit dans d'autres routes tout auffi faciles à obferver.

E.

Déjà la B. F. est connue, soit dans les accords consonans, soit dans les dissonans. Faut-il le répéter? c'est la plus basse note des tierces, quand tout est par tierces, sinon le plus haut des deux doigts joints, ce qui ne souffre d'exception que dans un cas où l'on ne pourra jamais se tromper; & quant aux autres basses que peut exiger le goût du Chant, il ne s'agit que d'y varier à son gré la succession des notes de chaque accord, où la fondamentale ne se perd jamais de vûe. Supposons, par exemple, que l'accord *ré, fa, la, ut*, précède celui de *sol, si, ré, fa*; on y voit déjà *ré* ou *fa* pouvoir servir de basse aux deux accords; on y voit enfin toutes ces combinaisons possibles, *ré, sol; ré, si; ré, ré; ré, fa: fa, sol; fa, si; fa, ré; fa, fa: la, sol; la, si; la, ré; la, fa: & ut, sol; ut, si; ut, ré; ut, fa;* pendant que les deux mêmes accords se succèdent, & pendant que la même B. F. y subsiste; de sorte que de soi-même on peut donner à chaque combinaison le nom sur lequel les chiffres sont établis, dès qu'on saura que c'est celui de l'intervalle que forme la note sensible avec la plus basse note, sinon celui de l'intervalle que forme la dissonance avec cette plus basse note, & qu'au cas que la dissonance y soit consonante, comme tierce, quarte, quinte ou sixte, on lui associe l'autre consonance qui la joint; d'où viennent les dénominations de sixte-quinte & de tierce-quarte, chiffrées ainsi, $^6_5$, $^4_3$. Qu'on juge du reste par cet échantillon.

Je n'ai point encore trouvé d'insensibles à la note sensible, non plus qu'à son accord, dans toutes les personnes que j'ai instruites; d'où les Amateurs peuvent augurer favorablement de tout ce qui doit s'ensuivre. A mesure même que l'oreille se forme, on pressent l'accord sensible par le dissonant qui le précède, & bien-tôt le premier accord dissonant fait pressentir l'enchaînement qui se trouve de l'un à l'autre jusqu'au *parfait*, qui en termine toûjours les phrases; pressentiment qui se développe insensiblement à la faveur d'une méchanique où les doigts marchent comme d'eux-mêmes, sans que l'on soit obligé d'y donner la moindre attention, quand une fois l'habitude en est formée sur le seul enchaînement des dominantes. Car enfin, ce qui empêche le progrès des fonctions naturelles, ce qui les détruit même quelquefois tout-à-fait, c'est la réflexion qu'exige à chaque instant ce qu'il faut pratiquer. L'on sait assez, comme je l'ai déjà dit, que toute réflexion distrait de ces fonctions naturelles ; de sorte que le Musicien n'est véritablement tel, comme il peut fort bien le remarquer, que lorsque tout lui est suggéré sans qu'il y pense.

Quant au pressentiment dont je viens de parler, ne voit-on pas tous les jours de simples Amateurs prévenir la suite d'un chant qu'ils n'ont jamais entendu, ou du moins l'équivalent en harmonie, ce qui est tout un, comme on en doit juger sur l'exemple des différentes combinaisons de chant dont sont susceptibles les deux accords successifs que je viens de proposer ? mais comme ils ignorent la cause de ce pressentiment, ils n'y font nulle attention. De là vient en partie la raison pourquoi la Musique variée à un certain point n'a pas d'abord été saisie en France, parce qu'on vouloit y deviner tous les chants, lorsque l'oreille n'étoit encore nourrie que des simples routes de l'harmonie.

IXe LEÇON.

Des différens genres de tierces & de sixtes, où il s'agit des dièses, bémols & béquares.

Les tierces se distinguent en majeures & mineures, différence de genre qui se reconnoît aisément sur le Clavier, où toutes les tierces qui embrassent les touches *si ut* & *mi fa* sont mineures, savoir, *la, ut ; si, ré ; ré, fa ; & mi, sol :* les autres sont majeures ; bien entendu qu'il ne s'y agit que des grandes touches noires, les petites blanches n'y étant généralement reconnues que comme leurs dièses ou leurs bémols. Voyez l'exemple *A*, pour reconnoître le signe avec lequel on marque ces dièses & ces bémols, aussi-bien que le béquare, & comment on les place, soit à côté des notes, soit à côté de la clef.

Le dièse augmente d'un demi-ton la note à laquelle il est associé, & le bémol la diminue d'autant, sans qu'elle change de nom pour cela: on dit *fa dièse, ré dièse*, &c. *ſi bémol, mi bémol*, &c.

Il faut cependant reconnoître à préſent toutes les touches du Clavier comme ayant chacune ſon dièſe & ſon bémol: par exemple, le bémol de *mi* ſera dans un autre cas le dièſe de *ré*; qui plus eſt, *ut* peut devenir dièſe de *ſi*, & ce même *ſi* peut devenir bémol d'*ut*, ainſi de tout le reſte.

Veut-on rendre majeure une tierce mineure ? il faut monter la touche ſupérieure ſur ſon dièſe, ou deſcendre l'inférieure ſur ſon bémol ; & pour rendre mineure la majeure, on deſcend la ſupérieure ſur ſon bémol, ou l'on monte l'inférieure ſur ſon dièſe.

Si la touche qu'on veut monter eſt un bémol, celle dont elle porte le nom eſt cenſée ſon dièſe ; de même que ſi elle eſt dièſe, celle dont elle porte le nom eſt cenſée ſon bémol : & quand les notes ſe réduiſent ainſi au naturel, on les déſigne le plus ſouvent avec un béquare.

Comme la ſixte eſt renverſée de la tierce, elle ſuit les mêmes loix, en remarquant que le renverſement du majeur produit le mineur, & que celui du mineur produit le majeur ; ce dont on peut déjà s'être aperçu dans les gammes, où le renverſement de la *fauſſe quinte*, c'eſt-à-dire, diminuée, produit le *triton*, c'eſt-à-dire, *quarte ſuperflue*.

Les demi-tons formés d'une note dont le nom ne change point ſont mineurs, & ceux qui ſont compoſés de deux noms différens, comme *ſi, ut ; la, ſi bémol*, &c. ſont majeurs ; différence inutile à reconnoître dans la pratique, abſolument parlant ; cependant les curieux de l'effet que produit cette différence, pourront s'en inſtruire dans mes ouvrages de théorie.

Xe Leçon.

Rapport du Ton mineur avec le majeur dont il dérive.

Exemple C, page 1.

Quand j'ai dit qu'on pourroit imaginer tous les *Tons* compris dans la gamme diatonique *(x)*, c'est que cela est effectivement : cette gamme donne le *Ton majeur* contenu dans l'octave d'*ut*, appelé pour cette raison *tonique* ; c'est le seul que nous tenions directement de la Nature, bien qu'elle en fasse naître un *mineur* à la faveur de son renversement ; d'où l'on peut déjà conclurre qu'ils doivent avoir un grand rapport entr'eux.

En effet, prenez la gamme diatonique en descendant depuis la note *la* jusqu'à son octave ; si vous y éprouvez un sentiment tout différent de celui qu'on reçoit de la même marche, à commencer & finir par *ut*, vous n'y voyez pas moins les mêmes notes & les mêmes rapports communs à l'un & à l'autre ordre.

La différence du sentiment éprouvé dans l'un & l'autre ordre ne vient que de la tierce de chaque tonique, tierce qui d'un côté est *majeure*, & de l'autre *mineure* ; aussi est-ce sur la différence du genre de ces deux tierces qu'est établie celle des deux *Tons*.

Cependant, lorsqu'on monte l'octave diatonique de *la*, on ajoûte un dièse à *fa* & à *sol*, pour rendre sa marche pareille à celle du *Ton majeur* en montant, pour y faire trouver en un mot la note sensible, sans laquelle le *Ton* n'auroit aucune finale absolue ; la Nature ne se désistant ici de ses droits que dans la seule tierce de la tonique, d'où suit le genre de la sixte, en descendant seulement.

On reconnoît ce rapport du *Ton majeur* avec le *mineur*, dans la tonique du *majeur* qui fait toûjours la tierce mineure de la tonique du *mineur*, ce qu'il faut avoir dans la suite très-présent à l'esprit ; & pour s'y accoûtumer, il ne faut jamais exercer un *Ton* sans se dire, je suis dans tel *Ton*, relatif à tel autre. En exerçant le *Ton* d'*ut*, par exemple, il faut se dire dès-à-présent, je suis dans le *Ton majeur* d'*ut*, relatif au *mineur* de *la* ; & en exerçant celui-ci, on se rappellera également son *majeur* relatif.

(x) V.ᵉ Leçon, *page 29.*

XI.ᵉ LEÇON.

Des Cadences.

EXEMPLE D, page 1.

En Musique on appelle *Cadence* tout repos de chant *(y)*, qui est toûjours censé se terminer sur la tonique, quoiqu'il se termine souvent aussi sur la dominante-tonique.

Les trois notes fondamentales du *Ton* composent toutes les *cadences*, qui pour lors se réduisent à deux.

On appelle *cadence parfaite* le passage d'une dominante à sa tonique, où cette dominante porte toûjours l'accord sensible, dont elle est B. F.

On appelle *cadence irrégulière* le passage de la sous-dominante à sa tonique, où pour lors on ajoûte une sixte majeure à l'accord parfait de cette sous-dominante.

Comme la tonique doit toûjours être présente dans l'accompagnement, que c'est toûjours relativement à elle que se décident tous les accords, j'appellerai en conséquence l'accord de septième de toute dominante-tonique, *accord sensible*, & celui de sixte-quinte ou de sixte-majeure ajoûtée à l'accord parfait d'une sous-dominante, *accord de seconde*, le tout relativement à cette tonique.

La tonique étant connue, sa sensible, qui est un demi-ton au dessous, & sa seconde, qui est toûjours un ton au dessus, seront également connues.

De quelque doigt qu'on touche la note sensible, le reste de l'accord est sous la main : il en sera de même de la seconde toûjours jointe par une octave de la tonique *(z)*, excepté que si le 4 touche cette octave, tout est par tierces. Exemple *D*.

Comme l'accord parfait a trois faces, les cadences en ont autant, où cet accord est alternativement suivi & précédé de son accord de seconde & de son sensible, marqué d'une ✛.

Remarquons d'abord que le même doigt se conserve toûjours

(y) Chapitre I.ᵉʳ, note de la *page 2*.
(z) VIII.ᵉ Leçon, *page 31*.

sur les notes communes aux accords consécutifs; ce qui ne souffre d'exceptions que dans un cas ou deux, qui ne sont pas de grande importance.

L'exemple donné pour le *Ton majeur* & le *mineur* d'*ut*, doit se répéter plusieurs fois dans chaque face, où le dernier accord parfait tient lieu du premier, sans qu'il faille le répéter.

Il ne faut passer au *mineur* que lorsque le majeur est familier.

Il ne faut avoir que la tonique présente à chaque accord, pour prendre l'intelligence & l'habitude des deux qui précèdent presque toûjours le sien, & le suivent souvent, soit l'un, soit l'autre.

Il ne faut point se fixer à l'accord qui doit suivre immédiatement le premier, tantôt le sensible, tantôt la seconde, pour être prêt à trouver sous les doigts celui qui se présente au gré du Compositeur.

a marque la *cadence irrégulière*, & *b* la *parfaite*.

Lorsqu'on pratique ces *cadences* dans les deux *Tons*, de manière que les doigts y marchent sans réflexion, on les applique à tels autres *Tons majeurs* ou *mineurs* que l'on veut, & dont on trouvera tous les exemples dans la XIVe Leçon.

XIIe Leçon.

Des Tons transposés.

Exemple *F*, page *1*.

Quoiqu'il n'y ait que deux *Tons*, le *majeur* & le *mineur*, cependant les douze notes contenues par demi-tons dans l'étendue d'une octave, présentent autant de toniques pour l'un & l'autre *Ton*: il est vrai que ce ne sont que des degrés dont les deux premières toniques peuvent se servir pour se porter plus haut ou plus bas; mais comme le plus grand agrément de la Musique, sur-tout pour peindre les sentimens, les passions, exige un fréquent entrelacement de ces différentes toniques & de leurs dépendances, on ne peut se dispenser d'en marquer la différence par des signes, qui rendent à ces dépendances le même ordre & les mêmes rapports donnés par la gamme diatonique, ne fût-ce que pour pouvoir exécuter le tout sur des instrumens.

Les signes en question sont les dièses & les bémols dont on arme la clef, & qu'il faut pour lors supposer associés à toutes les notes placées sur les même lignes ou milieux qu'occupent ces signes. Exemples *A* & *C*.

N'ayons d'abord en vûe que le *Ton majeur:* remarquons que si celui d'*ut* n'exige aucun signe à côté de la clef, puisque toutes les notes y sont naturelles, il est impossible d'observer dans tout autre *Ton* les rapports compris dans l'étendue de l'octave de cet *ut,* sans en altérer quelques notes.

Il n'y a que *fa* qui trouve sa note sensible à *mi* dans les gammes, mais en même temps sa quinte au dessous est fausse, lorsqu'elle doit être juste conformément à celle d'au dessous d'*ut*: aucune des autres notes n'y a sa sensible; il faut par conséquent des signes qui indiquent le tout, principalement encore lorsqu'on prendra des dièses ou bémols pour toniques.

Suivez la gamme par quintes en montant; vous n'êtes pas arrivé à *sol,* imaginé tonique, que vous voyez la nécessité d'ajoûter un dièse à *fa,* pour désigner sa note sensible: or à mesure que vous procéderez ainsi d'une quinte à l'autre, viendra un nouveau dièse pour désigner la note sensible de chacune d'elle; si bien que reconnoissant *fa* pour le premier dièse, vous n'avez qu'à suivre de là les quintes en montant, ainsi, *fa, ut, sol, ré,* &c. vous trouverez de suite tous les dièses nécessaires; & sachant que le dernier dièse dans cet ordre des quintes est note sensible, vous y jugerez d'abord de la tonique, & par conséquent du *Ton* par ce dernier dièse, qui suppose avec lui tous ceux qui le précèdent.

Il suffiroit de marquer ce dernier dièse à côté de la clef; mais on est dans l'usage de les marquer tous depuis le premier, qui est celui de *fa;* ainsi les dièses marqués, par exemple, sur *sol, fa, ré, ut,* quoique sans ordre, désignent visiblement *ré* pour le dernier dièse, en suivant les quintes, *fa, ut, sol, ré,* & de là vous jugez le *Ton majeur* de *mi,* dont *ré dièse* est note sensible.

Prenez la même gamme en rétrogradant, où les quintes
marchent

marchent pour lors en defcendant, vous n'êtes pas arrivé à *fa* que vous voyez la néceffité d'ajoûter un bémol à *fi* pour former fa quinte jufte : de ce bémol vous pafferez à un autre, & ainfi fucceffivement les bémols augmenteront avec chaque quinte, d'où connoiffant *fi* pour le premier, vous les trouverez de fuite ainfi, *fi*, *mi*, *la*, *ré*, &c.

Sachant que le premier bémol eft celui de *fi*, & étant averti que le pénultième eft par-tout la tonique, il n'eft pas difficile de la deviner. En voyant, par exemple, la clef armée de bémols fur *mi*, *fi*, *ré*, *la*, où *la* fe trouve le pénultième, non pas felon l'ordre dans lequel je les arrange ici, mais dans l'ordre des quintes en defcendant, ou des quartes en montant, *fi*, *mi*, *la*, *ré* ; *la bémol* fe reconnoît vifiblement pour tonique.

On peut imaginer *fi* comme fervant d'origine aux dièfes, & *fa* de même pour les bémols ; d'où *fa* eft néceffairement tonique, quand la clef n'eft armée que d'un bémol, ce *fa* devant être regardé pour lors comme pénultième bémol ; obfervation inutile pour les dièfes.

On applique ces tranfpofitions aux exemples *B* de l'enchaînement des dominantes, comme je vais l'expliquer.

Je fuppofe avant toutes chofes qu'on poffède parfaitement la pratique des exemples *B*: or en fuppofant à côté de la clef les dièfes ou bémols qui entrent dans le nouveau *Ton* qu'on veut exercer, & qui obligent de les employer dans tous les accords, on l'exerce fur ces mêmes exemples.

On commence par le *Ton* de *fol* qui n'a qu'un dièfe fur *fa*, ou par celui de *fa* qui n'a qu'un bémol fur *fi* ; de l'un on paffe à l'autre, d'un dièfe comme d'un bémol on paffe à deux, à trois, puis à quatre, ce qui peut fuffire, le tout entre-mêlé par ordre, fans paffer d'un *Ton* à un autre qu'on n'en fente la pratique familière.

Suppofer les fignes à côté de la clef, ou les y voir, je crois que c'eft tout un ; il faut d'ailleurs exécuter la chofe de foi-même, & fans y regarder, pour s'affurer qu'on en poffède parfaitement la pratique : on peut auffi copier les *Tons* qu'on veut exercer, cela doit en faciliter l'intelligence : on les trouve tous, en ce cas, avec leurs dièses & leurs bémols dans l'exemple *F* des cadences, XIV.ᵉ Leçon.

Commencer par le premier accord ou par celui qui le suit, c'est tout un; il est bon même de varier ce début, pour être toûjours en état d'exécuter tout enchaînement de dominantes, sans déplacer la main, dans quelqu'ordre que s'y présente le premier accord.

On nomme le *Ton* majeur avec son *mineur* relatif au moment qu'on va l'exercer : si c'est le *Ton* majeur de *sol*, ce *sol*, par exemple, formant la tierce mineure de *mi*, ce *mi* par conséquent est la tonique de son *mineur* relatif; ainsi de tout le reste.

Quand il s'agit d'une note diésée ou bémolisée, il faut la nommer avec son dièse ou son bémol, en disant *ut dièse, si bémol*, ainsi des autres. Il y a une différence totale d'*ut* à *ut dièse*, & la négligence de nommer dièse ou bémol, quand il en est besoin, peut jeter dans des erreurs qu'on ne prévoit pas toûjours. Par exemple, étant dans le *Ton* majeur de *la*, on auroit tort de dire qu'il a rapport au *mineur* de *fa*, puisque *la* est tierce majeure de *fa*, & qu'il n'est tierce mineure que de *fa dièse*: d'ailleurs le dièse de *fa* doit être pour lors à côté de la clef, & cela peut suffire encore pour ne s'y pas tromper, puisque tous les *fa*, aussi-bien que tous les *ut* & tous les *sol*, doivent être diésés dans le courant des accords de ce *Ton* majeur de *la*, dont *sol dièse* est note sensible.

Il faut ici, comme auparavant, avoir toûjours présente à l'esprit la note sensible du *Ton* qu'on exerce, pour la répéter du doigt qui la touche, en reconnoissant son accord, ce qui ne se pratique plus dès qu'on se sent l'oreille bien formée sur ce sujet.

L'accord sensible ne se rencontre plus dans les endroits de l'exemple marqués d'une +, il n'appartient là qu'au *Ton* d'*ut*; mais connoissant la note sensible du *Ton* qu'on exerce, sachant la place qu'elle occupe sous les doigts dans son accord, voyant sa tonique former toûjours la dissonance qui doit y descendre d'un demi-ton, & par-dessus tout cela, l'oreille qui peut déjà ne s'y pas tromper, il est presque impossible de s'y tromper soi-même.

Que cet enchaînement de dominantes soit bien familier sous les doigts, pendant qu'on y joint les remarques prescrites, avant que de passer à aucun autre exercice; sur-tout que la main ne s'oppose jamais, par sa roideur, au libre mouvement des doigts; ce qu'on ne sauroit trop recommander, puisque les accords se succèdent souvent avec une telle rapidité, que le jugement & l'oreille même la plus consommée ne pourroient y suffire, si l'habitude acquise dans une marche de ces doigts, qui devient enfin comme naturelle, n'y prévenoit le jugement.

Examinez presque tous les Accompagnateurs, sur-tout les Étrangers, dans des cas un peu compliqués; souvent ils n'y touchent qu'un intervalle de tout l'accord, quelquefois même rien que l'octave de la basse; ce qui n'est pas toûjours suffisant pour mettre sur la voie de la modulation celui qui chante à livre ouvert. Il s'agit d'ailleurs, comme je l'ai déjà dit, de se former l'oreille à l'harmonie pour arriver à la composition, de gagner une habitude sans contrainte dans les doigts pour parvenir au prélude, & de pressentir même l'accord qui doit suivre tel autre accord.

Cet enchaînement est non seulement ce qu'il y a de plus difficile dans la pratique des accords, il sert en outre de base à tout le reste: jugez par-là de quelle conséquence il doit être pour quiconque a dessein d'arriver à la perfection. On peut néanmoins, pendant qu'on l'exerce, prendre sur la suite des intelligences dont on saura profiter quand il en sera temps.

La clef est également armée pour les *Tons majeurs* & *mineurs* relatifs; c'est en partie pour cette raison qu'il faut les avoir tous deux présens, quel que soit celui qu'on exerce; d'autres raisons encore en prouveront la nécessité: quant aux moyens de les distinguer, c'est ce que nous verrons dans la suite. Voyez l'exemple *C*.

XIII.ᵉ Leçon.

Rapport des Tons.

J'appellerai *Ton régnant*, celui par lequel un air débute &

finit, & les autres qui pourront se trouver dans le courant de l'air seront ses relatifs.

Le *Ton majeur* & son *mineur* relatif *(b)* présentent dans leurs notes fondamentales, qui sont leurs dominantes & sous-dominantes, tous les rapports de l'un & l'autre *Ton*.

La dominante du *Ton régnant* donne le *Ton* qui lui a le plus de rapport; son relatif à la tierce mineure *(c)* le dispute même à celui de cette dominante: ensuite vient le *Ton* de sa sous-dominante, puis ceux de la dominante & de la sous-dominante de ce *Ton* relatif.

Prenez les six notes diatoniques en montant, depuis la tonique d'un *Ton majeur* jusqu'à sa sixte, ainsi, *ut, ré, mi, fa, sol, la*, vous trouverez tous les *Tons* relatifs au *majeur* ou au *mineur* par lequel vous débuterez; vous y verrez la dominante & la sous-dominante du *majeur* avant la tonique du *mineur*, & celles de ce dernier après la tonique du *majeur*.

La raison pourquoi le *Ton majeur* & le *mineur* relatifs ont un si grand rapport entr'eux, c'est que tous leurs sons fondamentaux ont deux notes communes dans leurs accords, dès qu'ils deviennent toniques; d'où il suit qu'ils sont composés des mêmes notes en même rapport dans toute l'étendue de leurs octaves, à l'exception des deux dièses accidentels déjà cités *(d)*, & desquels on ne doit tirer d'autre conséquence que celle de faire distinguer le *Ton mineur* de son *majeur* relatif.

Les *Tons* à la quinte sont du même genre, & ceux à la tierce sont d'un genre différent; sur quoi il y a une petite observation à faire, seulement à l'égard des *Tons* à la quinte, dont on trouve l'explication dans la XVIIIe Leçon, de laquelle je renvoie à celle-ci.

(b) Xe Leçon, *page 36*.
(c) Ibidem, page 37.

(d) Ibidem, page 37.

DE MUSIQUE PRATIQUE.

XIV.ᵉ Leçon.

De l'entrelacement des Tons dans leurs cadences, où les toniques se succèdent en descendant de tierce dans la basse.

Exemple F, page 2.

La pratique des *cadences* dans tous les *Tons* possibles est contenue dans l'exemple *F*, où la basse descend continuellement de tierce, en passant du *Ton majeur* à son *mineur* relatif; rapport qu'il faut se rappeler à chaque *Ton* qu'on exerce, & où l'on doit reconnoître encore ce qui se trouve annoncé dans la Leçon précédente, savoir, que les *Tons* à la tierce sont toûjours d'un genre différent.

Remarquez que pour passer d'un accord parfait à un autre, lorsque la basse descend de tierce pour changer de *Ton* ou de tonique, un seul doigt des accords monte sur la touche voisine, s'il n'est remplacé par son voisin; d'où vous conclurez que si la basse montoit de tierce, le doigt des accords qui monte ici descendroit. Dans le premier ordre, c'est toûjours la quinte de la première note de basse qui monte sur l'octave de sa suivante, en passant d'un *Ton majeur* à son *mineur* relatif; & dans le deuxième, c'est au contraire l'octave de la première note de basse qui descend sur la quinte de sa suivante, où pour lors le *Ton mineur* passe à son *majeur* relatif.

Comme toutes les faces de chaque cadence ne se trouvent point dans cet exemple, il faut, lorsqu'on est bien au fait, commencer le même exemple par chacune des deux autres faces qui n'y sont point, en suivant la route donnée, où un seul doigt des accords monte.

On commence ces cadences en tel endroit du clavier que l'on veut; & quand on se trouve trop haut, on reprend le même accord parfait une octave ou deux plus bas.

Il est bon d'avoir la pratique familière des trois faces de chaque *Ton*, avant que de passer à leur entrelacement.

Remarquez que toutes les toniques, bémols ou dièses, se glissent simplement sur leurs notes sensibles, sans autre mouvement des doigts; si bien qu'un double dièse, tel que ceux de *fa* & d'*ut* de l'exemple, se trouve sous les doigts tout aussi facilement qu'une autre note sensible; & par ce double dièse, comme par le simple, qui est toûjours le dernier dans les *Tons majeurs*, on connoît tous ceux qu'il faut y employer. Si le *Ton* est *mineur*, comme on en juge par l'accord parfait qui suit le sensible, le dièse ou double dièse n'est pour lors qu'accidentel, & ne décide que la tonique.

Si l'on ne s'ennuie point dans l'exercice des cadences, les doigts y prendront une telle habitude du clavier pour les transpositions, qu'on sera surpris de les y voir prévenir bien-tôt le jugement & l'oreille.

Le doigt qui touche la tierce de la tonique, engage celui qui en touche ensuite la sixte dans l'accord de seconde, à se porter sur la sixte d'un genre pareil à celui de cette tierce, quand une fois l'habitude en a été contractée assez long temps pour cela: l'oreille s'y accoûtume de même; car c'est une espèce d'axiome en Musique, telle tierce, telle sixte.

On remarquera cependant à cette occasion, que la *sixte ajoûtée* à la sous-dominante dans une cadence irrégulière, est toûjours majeure, quoique le *Ton* puisse être *mineur*; mais pour lors le *Ton* change, & cette sixte majeure ajoûtée est la seconde du *Ton* ou de la tonique qu'elle annonce, toute dissonance ajoûtée à une tonique la rendant dominante ou sous-dominante.

XVe Leçon.

Quels sont les accords qui suivent généralement le parfait.

Exemple *C*, page 2.

De l'accord parfait on passe où l'on veut; mais le premier dissonant qui le suit détermine un enchaînement presque déjà tout contenu dans les leçons précédentes.

Tant que la basse marche par des consonances, elle peut ne

porter que des accords parfaits, bien que le plus souvent la médiante *(e)* porte, sous le nom d'accord de sixte, le parfait de sa tonique, dès que le *Ton* ne change point.

C'est ordinairement en descendant de tierce que les accords parfaits se succèdent : quant aux marches par quintes, on y distingue facilement les toniques des dominantes & sous-dominantes, conséquemment aux règles déjà données, & l'on joint pour lors, si l'on veut, aux accords des deux dernières, la dissonance qui peut y être ajoûtée. En tout cas, si l'on craint de se tromper, l'accord parfait peut suffire, en tâchant néanmoins de reconnoître le *Ton* pour la suite.

Toute dissonance n'est pas d'une nécessité absolue dans l'accompagnement ; elle y a cependant des prérogatives très-essentielles, soit pour former l'oreille, soit pour prendre connoissance & recevoir le sentiment du *Ton*, soit pour l'agrément du chant, soit pour faciliter l'exécution dans le prélude, & sur-tout dans l'accompagnement, où les doigts par son moyen préviennent à tout moment la réflexion & l'oreille, dans des cas justement où l'on n'a pas toûjours le temps de réfléchir, & où l'oreille pourroit bien être en défaut.

A l'exception des marches précédentes, toute autre exige un accord dissonant après le parfait, selon l'explication qui suit.

L'ordre le plus commun après l'accord parfait est celui de l'enchaînement des dominantes, qui peut commencer par la sous-dominante rendue dominante simple, & dont l'accord de septième forme celui de tierce-quarte sur la tonique, sinon par la *seconde* ou le *sensible* donnés dans les cadences, *page 38*. mais le plus souvent par l'*ajoûté (f)*.

Pour trouver sur le champ cet *ajoûté* sous les doigts, il ne s'agit que de laisser tomber le doigt inutile dans le *parfait* auprès de son voisin au dessous, excepté que si ce *parfait* est arrangé

(e) La tierce d'une tonique s'appelle *médiante*, VI.ᵉ Leçon. Voyez aussi le renversement des accords, IV.ᵉ Leçon, *page 28*.

(f) Ajoûté signifie toute sixte majeure ajoûtée à l'accord parfait ; & dans la suite, pour faire rapporter autant qu'on peut les accords à la tonique, le nom d'accord sera toûjours sous-entendu relativement à cette tonique dans ces termes, l'*ajoûté*, la *seconde*, le *sensible* & le *parfait*.

par tierces, où pour lors la tonique se touche du 4, il faut lui substituer le 3, pour porter ce 4 une tierce au dessous, ou bien encore on substitue le 2 au 1, pour le faire joindre par celui-ci; choix indifférent, si ce n'est pour porter la suite des accords du côté du bas ou du haut.

L'*ajoûté* une fois sous les doigts, ils suivent l'ordre de l'enchaînement des dominantes, pour arriver à la conclusion dans cet ordre, le *parfait*, l'*ajoûté*, la *seconde*, le *sensible* & le *parfait*, comme on le voit dans l'exemple *B*, depuis *a*, qui commence par l'*ajoûté*.

Ayant la succession de ces trois accords dissonans bien présente à l'esprit, on sait non seulement celui qui doit suivre l'autre, comme aussi celui qui doit le précéder, on reconnoît de plus celui des trois qui doit suivre le *parfait*, par le repos plus ou moins prochain sur ce même *parfait*; ou sur un autre, supposé que le *Ton* change par une nouvelle note sensible introduite dans l'un de ces accords, selon la XVIIe Leçon, exemple *H*.

En se rappelant la loi des cadences, XIe Leçon, on sait que le *sensible* ou la *seconde* suit & précède également le *parfait*: c'est par conséquent le repos plus ou moins prochain qui doit en déterminer le choix: quant à celui de la *seconde* au lieu du *sensible* immédiatement avant le *parfait*, la Leçon suivante va nous l'apprendre.

L'exemple *G* nous offre la suite de ces accords, pareille à celle de l'exemple *B* où je viens de renvoyer, excepté qu'elle débute ici par le *parfait*, pour y reconnoître la pratique de l'*ajoûté*, soit avec le doigt inutile qui tombe auprès de son voisin au dessous à la lettre *a*, soit en substituant le 3 au 4 à *f*, soit en substituant le 2 au 1 à *l*.

XVIe Leçon.
Du double emploi.

L'enchaînement des dominantes, exemple *B*, & les cadences, exemple *D*, doivent mettre tout d'un coup au fait du *double emploi*. Dans l'exemple *B*, la *seconde b* est suivie du *sensible c*;
&

& dans l'exemple *D*, elle est toûjours suivie du *parfait a*: or, voit-on arriver la tonique ou sa médiante dans la basse immédiatement après la *seconde*; donc le *parfait* doit la suivre, au lieu que s'il y a nécessité de pratiquer un autre accord entre deux, ce sera le *sensible*.

Ce *double emploi* n'est à considérer que dans la composition principalement, attendu que la B. F. est pour lors arbitraire à l'égard de la *seconde*; si celle-ci précède le *parfait*, sa B. F. est la sous-dominante, au lieu que si elle précède le *sensible*, sa B. F. est la su-tonique, l'accord de l'une & de l'autre étant absolument composé des mêmes notes; ce qui peut jeter le Compositeur dans l'embarras, lorsqu'il n'est pas au fait, au lieu qu'il peut en tirer d'agréables variétés, quand il sait ce qui en est: mais quant à l'accompagnement, la B. C. en décide sans qu'on puisse s'y tromper.

XVIIe Leçon.

Moyen d'entrelacer les Tons les plus relatifs dans un enchaînement de dominantes.

Exemple *H, page 3.*

Par les trois accords cités dans la XVe Leçon, la marche fondamentale est connue: la tonique est-elle suivie de son *ajoûté!* la B. F. descend pour lors de tierce; est-elle suivie de sa *seconde!* cette B. F. monte en conséquence de *seconde*; est-elle enfin suivie de son *sensible!* elle passe à sa dominante, qui doit y retourner selon la loi des cadences.

Si les deux premières notes où passe la tonique doivent être naturellement de simples dominantes, on peut les rendre dominantes-toniques, en leur donnant la tierce majeure au lieu de la mineure qu'elles devoient porter: d'un côté la tonique monte à son dièse *a* de l'exemple *H*, de l'autre c'est la sous-dominante qui monte au sien *b*; par ce moyen on passe d'un côté au *Ton mineur* de la su-tonique, supposé qu'on parte d'un *Ton majeur* (car on ne passe jamais au *Ton* de la su-tonique d'un *Ton mineur*) & de l'autre on passe au *Ton* de la dominante-tonique.

Qui plus est, les deux *Tons* relatifs à la tierce mineure, comme sont le *majeur d'ut* & le *mineur de la*, peuvent s'entrelacer dans l'enchaînement proposé, il ne s'agit pour lors que de remarquer le moment où la nouvelle tonique est touchée du plus bas des deux doigts joints, sinon du 1 lorsque l'accord est par tierces, pour le glisser sur sa note sensible, qui est la touche immédiatement au dessous. Voyez *c* & *d* de l'exemple *H*.

On peut encore passer au *Ton* de la sous-dominante dans ce même ordre; mais ou le chromatique, dont il n'est pas question encore, doit s'y joindre, ou la chose doit être préparée dès la dominante-tonique, dont on change la tierce majeure en mineure, de sorte que sa tonique cessant de l'être par-là, devient dominante-tonique en conservant pour sa septième cette tierce mineure de sa dominante; ce qui ne peut avoir lieu que dans le *Ton majeur* *f*, *g* du même exemple.

Le chiffre, dans ces différens cas, éclaire encore plus que l'explication. Un dièse doit paroître pour la nouvelle note sensible, & le bémol de même pour l'interdire : ce dièse paroît-il, on sait, on sent le doigt qu'il faut y glisser; le bémol paroît-il de son côté, sa note, sa touche ne peut plus être la sensible.

Au bout de quelques jours ces pratiques deviennent familières, & au bout de quelques mois l'oreille les pressent, même avant que d'oser s'y fier.

XVIIIe Leçon.

De l'enchaînement des cadences irrégulières.

Exemple *I*, page *3*.

L'enchaînement des dominantes, VIIe Leçon, donne celui des cadences parfaites, mais généralement évitées ou simulées, soit par le défaut d'une note sensible, soit en conservant la dissonance dans l'accord d'une tonique du *Ton majeur* seulement, au lieu que toute cadence irrégulière doit avoir son plein effet; si bien qu'une tonique, en terminant une pareille cadence, peut devenir sur le champ sous-dominante d'une autre tonique qu'elle annonce.

Les cadences irrégulières, soit qu'elles débutent par un *Ton majeur*, dont le genre ne passe jamais celui de sa dominante, ce qu'il faut bien remarquer, soit qu'elles débutent par un *Ton mineur*, ne vont guère au delà de la dominante de ce dernier *Ton*; & si cette dominante ne porte point l'accord sensible, sa tierce mineure l'engage à rentrer, par un ordre opposé, dans l'un des premiers *Tons* donnés, soit le *majeur*, soit son *mineur* relatif.

L'ordre opposé aux cadences irrégulières est celui des cadences parfaites, par lesquelles on passe d'une note sensible à une autre, non pas toûjours immédiatement, pour revenir au premier *Ton*, comme on le voit dans les exemples *I*.

Il y a deux façons d'enchaîner ces cadences irrégulières; l'une par la sixte majeure ajoûtée à l'accord d'une tonique qui devient pour lors sous-dominante; l'autre par la *seconde* de cette même tonique, où son octave se conserve seule, en y ajoûtant aussi l'octave de la note qui vient ensuite, & qui reçoit ce dernier accord.

Le premier exemple *I* présente une suite de cadences irrégulières avec la sixte majeure ajoûtée, sans répéter l'accord, si l'on veut, selon que peut l'exiger la vîtesse du mouvement: on doit se souvenir que l'accord de cette sixte ajoûtée s'appelle simplement l'*ajoûté*.

Les *Tons* à la quinte étant de même genre *(g)*, il s'ensuit que la tonique *a* doit participer du genre *majeur* qui la précède, & du *mineur* qui la suit; c'est pour cette raison qu'après avoir reçû la tierce majeure comme tonique, elle reçoit ensuite à *a* la mineure comme sous-dominante.

Si l'on n'avoit pas le temps d'employer successivement les deux tierces, comme à *a* du deuxième *I*, où l'on passe continuellement d'une tonique à une autre, sans qu'aucune puisse s'y annoncer comme sous-dominante, le genre du *Ton* qui suit doit pour lors être préféré, non qu'on ne soit forcé quelquefois de transgresser cette règle *(h)*.

(g) XIIIe Leçon, *page 44*.
(h) Telle est l'observation dont j'ai parlé à la fin de la XIIIe Leçon.

Si le *Ton* de *ré* est *mineur*, comme sous-dominante du *mineur* de *la*, relatif au *majeur* d'*ut*, la sixte majeure que reçoit ce *ré* n'est plus de son *Ton*, mais bien de celui de *la*, dont il devient sur le champ sous-dominante; & c'est pour cela qu'on joint à *b* un béquare au *si*, pour effacer le bémol qui s'y trouve auparavant; remarque générale pour toutes les toniques de *Tons mineurs* qui deviennent ensuite sous-dominantes.

Les finales *d* & *e* sont arbitraires; qui plus est, l'enchaînement ne se porte pas toujours aussi loin que dans ces exemples: on s'y arrête à tel *Ton* relatif que l'on veut, pour de celui-là revenir à l'un des deux relatifs à la tierce mineure, quel que soit celui des deux par lequel l'enchaînement aura débuté.

On voit dans chaque exemple que pour revenir au premier *Ton* donné, les notes sensibles prennent la place des sixtes majeures ajoûtées, c'est-à-dire, que les cadences parfaites, effectives ou simulées, se substituent aux irrégulières.

Dans le deuxième *l*, on passe de tonique en tonique, sans qu'aucune puisse y donner le signal de sous-dominante; & pour lors la tierce de chaque tonique se trouve suspendue par la quarte, occupée déjà par le doigt qui auroit naturellement descendu sur cette tierce; si bien que pendant que les deux autres doigts touchent l'octave & la quinte de l'accord parfait où l'on devroit passer, l'autre demeure en sa place, suspend sa marche, pour descendre un moment après sur cette même tierce.

On doit reconnoître dans cette quarte une dissonance pareille à celle de l'enchaînement des dominantes, VII.ᵉ Leçon, prenant pour lors le nom de l'intervalle qu'elle forme avec la basse, mais préparée & sauvée de même.

Cette quarte devroit s'appeler onzième, & ce n'est que pour en donner une intelligence plus prompte que je lui conserve le nom usité.

Pour pratiquer cette quarte, il suffit de conserver l'octave de la tonique qui monte de quinte, & de faire descendre sa tierce sur sa seconde, selon l'habitude qu'on doit en avoir prise dans les cadences, XI.ᵉ & XIV.ᵉ Leçon; & au lieu du reste de l'accord, on y ajoûte seulement l'octave de la basse où l'on passe.

Cette seconde, autrement su-tonique de la première tonique, est justement la B. F. de la quarte dissonante employée sur l'autre tonique; ce qui suffit pour l'oreille, l'octave de cette autre tonique n'y étant ajoûtée que parce qu'il ne s'y agit que de son accord parfait, dont la tierce se trouve suspendue pour lors par la quarte, où le même doigt qui devoit descendre d'abord sur cette tierce reste pour un instant, comme je l'ai déjà dit.

Le seul premier accord de quarte, dans ce deuxième *I*, demande un peu de réflexion; mais quant aux autres, les doigts vont tous l'un après l'autre joindre leurs voisins au dessous, jusqu'à ce que, ne s'y en trouvant plus, le 1 supplée à leur défaut.

Dans l'accord de quarte, où les trois doigts sont à une quarte l'un de l'autre, où l'octave de la basse est au milieu, & où le 1 fait la quarte, il faut toûjours employer le 2 au milieu, pour que le premier ordre prescrit entre les doigts puisse se conserver dans les accords qui viennent ensuite.

Il faut exercer de soi-même ces exemples sur d'autres *Tons majeurs*, en remarquant qu'après celui de la première dominante on passe toûjours d'un *Ton mineur* à un autre, & que le premier de ces *Tons mineurs* est toûjours celui de la sous-dominante du *mineur* relatif au *majeur* par lequel on a débuté: il est, en un mot, la su-tonique du *majeur régnant*, devenant ensuite sous-dominante de ce *mineur* relatif; cet ordre de cadences, comme aussi celui de l'enchaînement des dominantes, se reconnoissant dans la gamme par quintes.

Rien n'est plus facile que de supposer ici une basse qui monte toûjours de quinte, ou descende de quarte, en remarquant que la sixte majeure ajoûtée détruit le bémol d'auparavant, ou bien ajoûte un dièse; chaque *Ton* successif augmentant par conséquent d'un dièse, selon l'ordre des dièses en montant de quinte.

Il y a encore une manière de suspendre la tierce & la quinte d'une basse où l'on monte de quinte, qui va faire le sujet de la Leçon suivante.

CODE

XIX.ᵉ Leçon.

Suspensions communes aux cadences.

Exemple *K, page 3.*

Outre la suspension que je viens d'annoncer dans la précédente Leçon, l'on peut en pratiquer une autre, qui consiste à conserver tout l'accord parfait d'une note fondamentale sur celle où l'on monte de quinte; & pour lors les deux doigts qui auroient d'abord dû descendre avec cette dernière note sur sa quinte & sur sa tierce, n'y descendent qu'un moment après, soit ensemble, soit l'un après l'autre. *a, b, c* de l'exemple *K*.

Si les doigts descendent l'un après l'autre, on passe de la première *suspension*, appelée *sixte-quarte*, à celle de la *quarte* déjà citée, & qu'on appelle aussi *quarte-quinte*.

Le doigt qui descend le premier est toûjours celui qui touchoit la tierce; de sorte qu'après avoir joint son voisin au dessous, *e, f (i)*, il le chasse, pour ainsi dire, & le force de descendre ensuite, *f, g*, de même que dans le deuxième *I*.

Ces deux *suspensions* peuvent être employées de suite, au lieu de la seule du deuxième *I*, sur-tout dans une mesure à trois temps, comme à *e, f, g:* l'une ou l'autre, même l'une & l'autre, sont très-fréquentes immédiatement avant la cadence parfaite; elles annoncent volontiers cette cadence, puisqu'elles suspendent simplement l'harmonie de la dominante qui l'annonce effectivement; & souvent la quarte suspend encore la tierce de la tonique qui termine cette même cadence, comme aux deux derniers *d*. L'exemple présente les trois faces.

Par-tout où il n'y a qu'un, & même deux doigts à glisser après une *suspension*, on peut toûjours les glisser seuls: les liaisons qui embrassent les notes en ce cas, marquent qu'on peut conserver les doigts sur les mêmes touches sans les répéter; le goût en décide d'ailleurs.

On voit dans le deuxième *K* la tonique *ut* monter sur sa

(i) Le 4 n'ayant point de voisin au dessous, c'est pour lors le 1 qui le remplace à *e, f.*

DE MUSIQUE PRATIQUE.   55

seconde *ré, a, c*, dont l'accord de septième fait la *seconde* de la même tonique: or ce sont justement ces deux notes à la seconde qui restent pour former l'accord de quarte, en y ajoûtant l'octave de la basse qui le porte; moyen qui s'offre de tous côtés pour trouver aisément cet accord de quarte sous les doigts.

La ligne tirée après un chiffre, ainsi, 4—, signifie que le même intervalle reste, *e, f* du premier *K*. On peut en faire autant de tous les intervalles qui restent d'un accord à un autre.

Exercez ce même exemple dans plusieurs autres *Tons majeurs & mineurs*. On n'a que trop besoin d'attention pour la basse, pour la connoissance du *Ton* & celle de la suite des accords, sans qu'il faille encore la partager à l'occasion de l'arrangement des doigts, de leur marche, & des dièses ou bémols nécessaires.

Observez par-tout le même ordre donné dans chaque face, & que les doigts y soient tellement accoûtumés, qu'ils n'exigent en ce cas, comme dans tout autre, aucune réflexion.

Il y a d'autres suspensions encore dont je parlerai bien-tôt; elles facilitent la pratique des accords, & sont d'un grand secours pour l'agrément du Chant dans la composition, comme dans le prélude.

XX.ᵉ Leçon.

Des accords communs à différentes toniques, où il s'agit de la sixte superflue.

Exemple L, page 4.

L'*ajoûté* à l'accord d'une tonique est toûjours la *seconde* d'une autre tonique qui en fait la quinte, & la *seconde* de la première est le *sensible* de la dernière, à la différence près du dièse qui distingue la note sensible. Exemple *L*, où sont les deux toniques à la quinte l'une de l'autre, savoir, *ut* dans la première B. C. & *sol* dans la deuxième, avec le chiffre qui marque leurs accords communs: *a* présente en même-temps l'*ajoûté* d'*ut* & la *seconde* de *sol*: *b* présente de son côté la *seconde* d'*ut* & le *sensible* de *sol*; *seconde* qui porte alors le nom de *triton*, à cause du dièse joint à sa quarte *fa*.

DEUXIÈME L.

De cette dernière communauté d'accords fuit la possibilité d'une *sixte superflue*, en diésant également la quarte de la tonique d'un *Ton mineur* dans son accord de *seconde*, lorsque la B. C. descend d'un demi-ton sur sa dominante-tonique; ce qui se pratique volontiers lorsqu'on veut faire sentir un repos absolu sur cette dominante-tonique.

Si l'on a le temps d'y penser, on fera toûjours bien de retrancher l'octave de la B. C. en pareil cas. Voyez *h* du deuxième *L*, où ce retranchement laisse voir & entendre le véritable accord sensible de cette dominante dans la méchanique même des doigts qui l'exécutent.

XXI.ᵉ LEÇON.

Des suppositions & suspensions.

EXEMPLE *M*, page 4.

La *supposition* consiste dans une note de basse placée à la tierce ou à la quinte au dessous d'une dominante, comme à *b* de l'exemple *M*, où sont deux B. C. différentes avec leurs B. F. & où *l'ajoûté* forme l'accord de neuvième à *b*, aussi-bien que la sixte ajoûtée à la tonique *ut* qui est au dessous, & la septième de la B. F. tierce au dessous de cette tonique.

On reconnoît toute dominante dans l'accord même, où, comme fondamentale, elle est la plus basse des tierces, sinon le plus haut des deux doigts joints; mais avec le chiffre jamais on ne peut se tromper dans la *supposition*, sachant une fois qu'elle se forme toûjours par *l'ajoûté*, comme d'*a* à *b* où je viens de renvoyer.

Les chiffres 9 & $\frac{9}{4}$ vous disent que les accords par *supposition* s'appellent *neuvième*, & *neuvième & quarte*; la basse du premier est la tierce au dessous d'une dominante, & celle du deuxième est sa quinte au dessous, comme à *c*.

La note sensible entre souvent dans ces deux accords, en
donnant

donnant au premier le nom de *septième superflue*, & à l'autre celui de *quinte superflue*, qui n'a lieu que dans les *Tons mineurs;* ce qu'indique le chiffre à ne pouvoir s'y tromper, dès qu'on sait comment se trouve un accord sensible sous les doigts, & que la note sensible est connue, VIIIe Leçon.

On voit la *septième superflue* dans chaque *Ton* aux deux derniers *c*, & la *quinte superflue* dans le seul *Ton mineur* à *d:* le premier de ces deux accords ne se fait jamais que sur la tonique, & le deuxième sur la médiante.

La *suspension* est une espèce de *supposition*, où tantôt un, deux, trois, & même quatre doigts, se conservent sur leurs mêmes touches, avant que de les glisser sur l'accord que la basse exigeroit d'abord dans l'ordre de la méchanique; ce qui n'est d'ailleurs qu'un agrément, mais souvent heureux, auquel il faut accoûtumer les doigts par un fréquent exercice dans différens *Tons*, pour y accoûtumer aussi l'oreille, qui s'y plaît infiniment quand une fois elle en a le pressentiment par-tout où la chose est possible, comme à *b*, *d*, *e*, *f* des exemples *K*.

Il y a deux suspensions arbitraires sur la tonique après son accord sensible, savoir, sa tierce suspendue par une quarte, ce qui est déja connu, & son octave suspendue par une neuvième, où il s'agit simplement d'une marche arbitraire entre deux doigts, dont l'un ou l'autre descend seul, & dont la note sensible doit toûjours être retranchée, attendu qu'on n'y emploie que les trois mêmes doigts dont se forme ensuite l'accord parfait de cette tonique, *a*, *b*, & *k*, *l* du deuxième *M*.

Deuxième *M*.

Remarquez au premier *a* & à *i* le même accord sensible, où la différence des deux suspensions qui le suivent consiste à faire descendre le 2 au deuxième *a*, pour suspendre la tierce *b*, & à faire descendre au contraire le 4 · *k* pour suspendre l'octave *l*; les trois mêmes doigts qui ont formé ces deux suspensions formant ensuite l'accord parfait, qui auroit dû naturellement suivre d'abord le sensible.

Dès qu'on peut prévoir ces sortes de suspensions, il faut

tâcher de placer la note sensible au milieu de son accord, comme au premier *a* & à *i*, en évitant les ordres contraires, après lesquels le retranchement de la note sensible dérange extrêmement celui de la méchanique.

Ces deux suspensions se renversent quelquefois, mais très-rarement, sur la tierce ou sur la quinte d'une tonique, dont l'indication par le chiffre pourroit paroître inintelligible, si l'on n'en étoit prévenu.

Cependant, certain que l'accord de la tonique doit suivre le *sensible*, on doit conclurre par les chiffres inintelligibles qu'il ne peut s'y agir que d'une suspension, sauf à y distinguer celle des deux qui regarde simplement la tonique, puisque la pratique en est absolument la même.

Voir $\frac{2}{4}$ sur une médiante *d*, ou $\frac{7}{4}$ sur une dominante *g*, après l'accord sensible, ce n'est autre chose que la quarte dont se forme la suspension de la tierce qui doit suivre d'abord dans l'accord parfait de leur tonique: voir pareillement 7 sur cette médiante *n*, ou $\frac{6}{5}$ sur cette dominante *q*, toûjours après l'accord sensible, ce n'est encore autre chose que la neuvième formant la suspension de l'octave qui devoit suivre d'abord dans l'accord parfait de leur tonique, deuxième *M*, où *c*, *d*, *e*, & *f*, *g*, *h*, donnent le renversement de *a a*, *b*, & où *m*, *n*, *o*, & *p*, *q*, *r*, donnent celui de *i*, *k*, *l*.

Comme l'accord de la tonique suit toûjours ces sortes de suspensions, puisqu'il doit suivre le sensible, y sommes-nous embarrassés? conservons le même *sensible*, nous y serons presque toûjours d'accord avec l'auteur, sur-tout s'il n'a composé qu'à deux ou trois parties. Voyez le Chapitre XII & le troisième *R* dans l'exemple de composition.

Accoûtumons-nous de bonne heure à descendre chaque doigt dans son rang l'un après l'autre, en débutant par la dissonance, sinon par la tierce, bien-tôt nous serons à l'épreuve de toute suspension; rarement se trouvera-t-il plus de deux doigts à descendre de cette sorte au dessus d'une note de basse, & s'il en falloit un troisième, son rang l'ameneroit de droit sans être obligé d'y penser.

TROISIÈME *M*.

La diffonance qui va joindre fa note voifine la rend diffonante à fon tour, ainfi de l'une à l'autre; fi bien que dans un *point d'Orgue*, par exemple, où pourroit fe trouver au deffus d'une même note de baffe une fuite de chiffres qui ne répondroit pas à celle des *cadences*, on fe contenteroit pour lors des deux doigts, dont le plus haut chafferoit, pour ainfi dire, l'autre en le joignant; & l'on continueroit ainfi, jufqu'à ce qu'approchant de la fin, on verroit la poffibilité de l'harmonie complète, troifième *M*, où par extraordinaire la quinte defcend la première pour joindre fa voifine.

La fufpenfion n'eft dans le fond qu'un jeu de doigts, fuppofez des fons ou notes, dont ceux qui devroient defcendre enfemble fe chaffent l'un après l'autre en fe joignant.

La fuppofition fuit toûjours l'accord parfait, & la fufpenfion le diffonant, excepté que l'accord d'une tonique peut refter pour donner celui de fixte-quarte à fa dominante en forme de fufpenfion. Voyez encore fur ce fujet la XXV.ᵉ Leçon.

XXII.ᵉ LEÇON.

Entrelacement de fuppofitions avec des accords parfaits.

EXEMPLE *N*, page 5.

L'entrelacement dont il s'agit confifte dans une baffe qui monte alternativement de quinte & de feconde, où fe pratique d'un côté la quarte déjà connue, & de l'autre la neuvième.

Ici deux doigts fe chaffent continuellement, c'eft-à-dire que l'un vient joindre fon voifin au deffous, l'oblige à defcendre, revient à la charge, & toûjours de même.

Quand la B. C. monte de quinte, le doigt qui en touche la tierce defcend, & quand elle monte d'une feconde, c'eft le doigt qui en touche la quinte qui defcend; fon voifin au deffous fait la quarte de la B. C. où l'on monte de quinte, & la neuvième de la B. C. où l'on monte de feconde. Exemple *N*, où fe trouve un modèle des *points d'Orgue* cités dans la précédente Leçon.

On n'a pas oublié que le 4 remplace le doigt fuppofé au deffus du 1, de même que celui-ci remplace le doigt fuppofé au deffous du 4.

Les accords parfaits & de quarte n'occupant que trois doigts, exigent qu'on n'emploie qu'un pareil nombre dans tout l'entrelacement jufqu'à fa fin, où pour lors l'harmonie reprend tout fon complément.

Avec les deux doigts, dont le fupérieur pourfuit l'autre, le troifième refte par-tout fur la même touche, jufqu'à ce qu'il defcende de tierce fur la quinte du troifième accord parfait.

Ce troifième doigt peut paffer feul fur fa voifine qui le conduit à la quinte en defcendant de tierce, quand la vîteffe du mouvement ne s'y oppofe pas; mais cela n'eft pas néceffaire.

La B. F. prouve que tout cet entrelacement tire fon origine de l'enchaînement des dominantes, dont une ou deux notes de l'harmonie fe trouvent retranchées pour en faciliter l'exécution; mais fi l'on ne joint point encore la baffe aux accords, à plus forte raifon ne faut-il pas s'occuper de la fondamentale, qui n'eft donnée que pour fatisfaire les curieux fur le fond de l'harmonie.

Cet entrelacement peut encore être foûmis aux *cadences irrégulières*, XIV.ᵉ Leçon, & aux *rompues*, dont on va parler, ce qui dépend du chiffre, deuxième *N*.

Quand on peut arranger un accord diffonant par tierces, pluftôt que d'y joindre le 2 & le 1 comme à *b* du deuxième *N*, l'effet en eft plus agréable; remarque qui tient à celle que nous avons déjà faite fur le même fujet dans la précédente Leçon.

Aj. fignifie l'*ajoûté*, qu'on pratique autant qu'on le veut fur les toniques qui montent fur leurs dominantes portant l'accord parfait ou le *fenfible*; au lieu que fi ces dominantes reçoivent d'abord la quarte, cet *ajoûté* n'eft plus de recette, comme on le voit à *f* du deuxième *N*, & felon le deuxième *I* de la XVIII.ᵉ Leçon.

Dans *a*, *b* du deuxième *N*, on voit la poffibilité de paffer du *Ton majeur* à son *mineur* relatif, à la faveur d'une cadence interrompue, selon la B. C. & rompue dans la B. F. conséquemment à la supposition de la quarte donnée à la B. C. preuve inutile d'ailleurs pour l'accompagnement.

Cet entrelacement ne peut être continué dans le *Ton mineur*; sa dominante rentre incontinent dans son *majeur* relatif, comme de *b* à *c* du premier *N*, sinon l'on continue ce *Ton mineur* par d'autres routes, ayant évité sa note sensible à *g* du deuxième *N*, pour varier les *Tons* par d'autres sensibles encore évitées à *h* & à *i*, étant libre de rendre toniques toutes les dominantes où l'on monte de quinte, comme à *g* de la B. C.

XXIII.ᵉ Leçon.

Des cadences rompues & interrompues.

Exemple *O, page 5.*

La seule cadence parfaite peut souffrir variété dans le fond d'harmonie, soit en faisant monter diatoniquement une dominante-tonique, soit en la faisant descendre d'une tierce mineure.

On appelle *cadence rompue* l'ascension diatonique d'une dominante-tonique, & la note sur laquelle elle monte peut toûjours être censée tonique, bien qu'on puisse la rendre aussi dominante-tonique, ou simple.

On appelle *cadence interrompue* celle où cette même dominante-tonique descend d'une tierce mineure, & la note sur laquelle elle descend est toûjours dominante, le plus souvent dominante-tonique.

Cette dernière cadence ne se pratique qu'en passant d'un *Ton majeur* à son *mineur* relatif, quand les deux accords sont sensibles, *o, p*.

Quand la note qui termine une *cadence rompue*, sur-tout dans le *Ton mineur*, est rendue dominante, on peut ne lui donner que l'accord parfait de la vraie tonique, selon l'ordre des *cadences*, & l'accord qui suit seroit simplement la *seconde* de cette même tonique, *g, h, i*.

C'est à l'occasion de ces deux dernières *cadences* que j'ai recommandé de s'accoûtumer à descendre l'un après l'autre les doigts d'un accord dissonant; car si dans la *cadence interrompue* il ne faut descendre qu'un doigt, il en faut descendre trois dans la *rompue*, quand la note qui la termine devient dominante, non qu'on ne puisse la rendre toûjours tonique; cependant la marche des trois doigts les met mieux sur la voie de la méchanique pour ce qui doit les suivre, outre que la pratique en est d'autant plus facile qu'il ne s'y agit que de l'*ajoûté* à l'accord de la tonique régnante, *ajoûté* qui amène généralement un enchaînement de dominantes. Voyez *b, c, d, e*, & tâchez d'en découvrir la B. F.

Ces deux dernières cadences s'imitent souvent en les faisant commencer par un accord dissonant non sensible; ce qui se reconnoît aisément par un chiffre pareil sur deux notes qui montent diatoniquement, ou descendent de tierces, comme $^6_5$ $^6_5$, &c. cadence rompue imitée *m, n,* cadence interrompue *o, p,* puis imitée *r, s.*

Dans le *Ton mineur*, la dominante-tonique ne monte que d'un demi-ton pour terminer une *cadence rompue*; ce qu'il faut bien remarquer. Voyez encore sur ce sujet la XXVe Leçon.

DEUXIÈME *O.*

Je ne dois pas oublier d'avertir encore qu'il se pratique quelquefois une imitation de cadence rompue, & en même temps irrégulière, en faisant descendre diatoniquement une dominante sur une autre. Dans le deuxième *O,* la cadence est l'irrégulière imitée *a, b,* lorsque la tonique qui la termine reçoit la septième, comme cela se peut, ou bien c'est la rompue imitée *c, d,* en retranchant l'octave de la note *d,* portant la septième, comme cela se peut encore. Les guidons marquent à *a, b,* la B. F. d'une cadence irrégulière, & à *c, d,* celle d'une rompue avec leurs accords.

TROISIÈME *O.*

Dans un autre cas, lorsqu'on veut éluder une cadence parfaite, en donnant la tierce mineure au lieu de la majeure à une dominante-tonique, qui devient pour lors cenſée tonique, on fait monter cette dominante de quinte, où l'on a le choix d'une cadence irrégulière, ſinon d'un renverſement de la rompue. Dans le troiſième *O*, la dominante du *Ton régnant*, qui eſt le *mineur* de *la*, reçoit la tierce mineure à *f*, ſuſpendue par la quarte *e*, puis elle reçoit ſon *ajoûté* à *g* pour annoncer la cadence irrégulière qui ſe termine à *h*; ou bien elle recevra, ſi l'on veut, l'accord ſenſible de la ſous-dominante de ce *Ton régnant*, dont la cadence ſe rompra par renverſement dans la même marche d'une cadence irrégulière, comme on le voit d'*i* à *k*, où le guidon ſous *i* marque ſa B. F; & ſi cette B. F. qui eſt dominante-tonique d'un *Ton mineur*, monte en ce cas d'un *Ton*, lorſqu'elle ne devroit monter que d'un demi-ton, c'eſt pour rentrer incontinent dans le *Ton régnant*, dont la tonique *l* ne reçoit le plus ſouvent aucun accord qu'après ſon *ſenſible*.

Je ne ſuis pas certain d'avoir épuiſé toutes les ſortes d'imitations de cadences que le goût du chant d'une baſſe peut ſuggérer; mais comme le fond en eſt donné, on verra par-tout où la fantaiſie conduira le chant de cette baſſe, s'il peut ſe ſoûmettre à ce fond donné, ſoit en retranchant l'octave de cette même baſſe, ſoit en retranchant ſa ſeptième; car il faut bien remarquer que l'octave & la ſeptième ſont ſimplement ajoûtées à l'harmonie, l'une pour en multiplier les intervalles, l'autre pour faire deſirer ce qui doit la ſuivre.

Examinons bien le fait; ce n'eſt ni l'harmonie ni ſa ſucceſſion décidée qui changent, c'eſt ſeulement le choix d'une note de baſſe qui nous cache ſouvent l'une & l'autre, quand nous ignorons le fond ſur lequel la marche de cette baſſe eſt établie; d'où pluſieurs imitations ont été traitées de licences, auſſi-bien que certains renverſemens.

Au reſte, ces dernières imitations ſont plus du reſſort de la compoſition que de l'accompagnement; mais comme il en a fallu marquer les accords avec les raiſons qui les autoriſent, j'ai cru pouvoir en parler par anticipation.

XXIV.ᵉ Leçon.

Suite diatonique de plusieurs accords de sixte généralement soûmise aux cadences, dont la règle de l'octave tire son origine.

Exemple P, page 6.

S'il se trouve une succession diatonique dont les notes soient toutes chiffrées d'un 6, on ne peut donner à chacune que l'accord de sixte renversée du parfait *(k)*.

Cette suite d'accords n'a guère lieu que dans des trio, sinon la négligence, peut-être même l'ignorance, ne permet pas toûjours d'en reconnoître l'harmonie dans les cadences *(l)*, qui seules appartiennent principalement à de pareilles successions.

La seule tonique recevant la sixte dans le début de la phrase est exceptée des *cadences*, au lieu que si elle est précédée en ce cas de son accord sensible, elle offre pour lors un renversement de la *cadence rompue* à *b* de l'exemple *P*, puisque son accord de sixte est justement le parfait de la su-dominante qui termine une pareille *cadence*. Tout est sixte simple dans le premier exemple, aux notes *a, c, d* près, où les cadences commencent.

La note où descend diatoniquement la tonique portant l'accord de sixte, reçoit un pareil accord, si elle descend de même, parce qu'elle représente pour lors la tierce de la dominante; mais après elles les *cadences* prennent leur cours, & la su-dominante y reçoit la *seconde* de la tonique *e* de quelqu'accord qu'elle soit suivie, soit de celui de la tonique, soit du *sensible*.

Cet accord de *seconde*, après le parfait de la dominante que porte sa tierce, sous le nom de sixte, se trouve sous les doigts de la même façon que le sensible de cette dominante, à la différence près de la note sensible qu'on y bémolise comme l'exige la vraie tonique, & qui seroit dièse, si cette même

---

(k) IV.ᵉ Leçon, page 26. | *(l)* XVI.ᵉ Leçon, page 48.

dominante devenoit tonique *e;* ce qu'il faut bien remarquer, pour que les habitudes prises en conséquence puissent y prévenir la réflexion & l'oreille.

La sous-dominante chiffrée d'un 6 peut également porter la *seconde* ou le *sensible* de la tonique, mais elle porte le plus généralement la *seconde* en montant *g*, & le *sensible* en descendant *f;* elle peut également les porter tous deux à la suite l'un de l'autre, la *seconde* étant pour lors la première.

On voit dans ce dernier ordre la véritable règle de l'octave toute soûmise aux *cadences,* à l'exception de la note où descend la tonique, selon l'explication précédente.

Les chiffres au dessous des notes marquent les cadences.

Malgré toutes ces connoissances, la crainte de se tromper peut ne faire donner que de simples accords de sixte aux notes chiffrées d'un 6, comme dans le début de l'exemple; mais du moins, en approchant de la fin, tâchons toûjours de rentrer dans les cadences.

XXVe Leçon.

De la septième diminuée, sous le titre de petites tierces.

La *septième diminuée* se compose de trois tierces mineures, d'où j'appelle son accord, *accord de petites tierces,* d'autant que ce même ordre se trouve dans toutes ses faces.

Il est vrai qu'une des tierces mineures forme une seconde superflue par-tout où l'accord est renversé; mais sur le clavier la seconde superflue & la tierce mineure se pratiquent sur les deux mêmes touches. Ainsi, dès qu'une des notes de l'accord est connue, tout l'accord est trouvé, en y arrangeant les quatre doigts par tierces mineures, n'importe de quel côté.

La note sensible est censée fondamentale de cet accord, qui ne se pratique que dans les *Tons mineurs*, & les règles données à l'égard de cette note, comme de son accord, n'y varient en aucune façon; c'est toûjours l'accord sensible, celui que porte la dominante-tonique, à laquelle son demi-ton au dessus se substitue;

voilà tout. On en va trouver des exemples dans les Leçons suivantes.

XXVI.ᵉ Leçon.

Du genre chromatique.

Exemple Q, page 6.

Le *chromatique*, qui n'a généralement lieu que dans les *Tons mineurs*, consiste dans une note qui passe à son dièse ou à son bémol, en changeant de *Ton*.

Cette note qui passe ainsi à son dièse ou à son bémol peut former successivement la tierce mineure & la majeure d'une tonique, soit dans les accords *a* de l'exemple Q, soit dans la basse *b*.

D'un autre côté, le dièse où l'on monte devient presque toûjours note sensible *d*, & le bémol où l'on descend se rencontre le plus souvent dans un enchaînement de dominantes *c*, & *g*, *h*, deuxième Q, où le doigt qui touche le dièse descend sur son bémol ou béquare avec les deux autres doigts désignés dans l'enchaînement *c*.

Bien que trois doigts descendent pour lors au lieu de deux, remarquez que le dièse, le bémol ou le béquare d'une note est censé la même note, dont l'intervalle varie seulement entre le majeur & le mineur, ou bien entre le superflu & le diminué; ce qui devient bien-tôt familier avec un peu d'exercice dans différens *Tons* calqués sur le même exemple, & en y variant la face du premier accord, qui entraîne une pareille variété dans les autres.

Dans le premier Q, à la réserve du dièse ou du bémol qui se substituent l'un à l'autre, les deux doigts restent par-tout sur la même touche, ou descendent sur leurs voisines, toûjours dans l'ordre de la méchanique; ordre qu'on ne dérange que pour placer la note sensible au milieu de son accord, soit en portant le 1 une tierce plus haut, deuxième *d*, soit en portant le 4 sur l'octave de la B. F. *f*.

Le *la* dont le *Ton mineur* est annoncé par sa tierce mineure au premier *b*, reçoit immédiatement après sa *seconde* dans l'accord chiffré *Aj*. (o) ; laquelle *seconde* est en même temps l'*ajoûté* à *ré* dans le *Ton* duquel on va rentrer, ce qui est fait exprès pour rappeler cette communauté d'accords annoncée dans la XX.ᵉ Leçon.

On voit dans ce premier exemple presque tout l'artifice du chromatique ; le deuxième *d* y présente l'accord de *petites tierces*, dont la note sensible, qui pour lors est B. F, représente la sienne même, savoir, la dominante-tonique, marquée d'un guidon sous ce deuxième *d*, dont elle fait la tierce majeure.

Reste à faire remarquer que cette même note sensible peut entrer comme B. F. dans un enchaînement de dominantes, sur lequel roule tout le chromatique en descendant, excepté lorsqu'une tierce majeure passe à la mineure d'une même B. F. comme à *a* & aux guidons *b* avant *Aj*.

Les guidons de la B. F. sous *a*, *b* du deuxième *Q*, prouvent que les notes de chaque basse tiennent à la même harmonie ; l'une *a*, en conséquence de la septième diminuée, où la note sensible, comme B. F. remplace la dominante-tonique ; l'autre *b*, par supposition ; supposition qui seroit suspension, si elle étoit suivie de l'accord de la tonique, comme cela devroit être, plustôt que de l'exclurre, cet accord, par le mot *ou*, qui signifie qu'on le peut. On voit donc dans la B. F. l'enchaînement des dominantes bien indiqué par cette succession, *la*, *ré*, *sol*, *ut*, &c. où le chromatique prend un empire peu commun à la vérité, d'*a* à *b*, mais possible.

Sur la fin de ce deuxième *Q*, l'on trouve des notes sensibles qui deviennent fondamentales, *c*, *d* ; & dans le troisième, la B. C. présente un chromatique en descendant, le tout sur le même enchaînement de dominantes.

Les accords de petites tierces peuvent se succéder entr'eux de bien des façons, mais toûjours fondées sur la vraie B. F. comme on le voit au quatrième *Q*, où d'ailleurs le *Ton mineur* connu

(o) Aj. c'est-à-dire l'*ajoûté*.

fait reconnoître en même temps dans la B. C. les dièses accidentels *g*, *h*, qui montent de la dominante *f* à sa tonique *f, g, h, i*. Le chiffre, au reste, ne permet pas de se tromper sur ces sortes d'accords.

XXVII.ᵉ Leçon.

Du genre enharmonique.

Exemple R, *page 7.*

Le *genre enharmonique* ne se pratique que dans les *Tons mineurs*, & les *petites tierces* en font tout le jeu. Il s'agit simplement en ce cas de prendre pour note sensible telle note de l'accord que l'on veut, & toute la difficulté consiste à reconnoître la note sensible qui doit remplacer celle qui existe dans le moment même qu'elle change. Exemple *R*.

Tous les accords de *petites tierces* marqués d'un *a* se formant des mêmes touches sur le clavier, il ne s'agit que d'y reconnoître la note donnée pour sensible, savoir, *ré dièse, fa dièse, la*, ou *ut*, sous le nom de *si dièse*: or c'est l'affaire du chiffre, dès qu'on sait que ce chiffre ne peut indiquer que la seconde, la tierce, la quinte ou la septième de la basse qu'on touche; ce qui ne peut échapper à qui possède les gammes du Chapitre I.ᵉʳ Par cette sensible le *Ton* est connu, le doigt qui la touche monte d'un demi-ton sur la tonique, dont l'accord doit se trouver naturellement en même temps sous les autres doigts, en supposant l'habitude acquise par les Leçons précédentes: d'ailleurs, les dièses ou bémols accidentels joints aux chiffres ne peuvent guère permettre de se tromper, en y donnant un peu d'attention pendant quelques jours.

Ce nouveau genre de Musique peut conduire à douze *Tons* différens, en rendant dominante-tonique la tonique même annoncée par sa note sensible, & dont il faut, pour mieux y préparer l'oreille, annoncer le nouvel accord sensible qu'elle va donner, par la suspension de la quarte *b*, le *Ton* qui en résulte pouvant être pour lors ou *mineur* ou *majeur*; ce qu'indique le mot *ou*

DE MUSIQUE PRATIQUE.

entre la tierce rendue majeure ou mineure à volonté. Une certaine suite de notes, appelée la *pleureuse*, tient encore à ce dernier genre: on peut s'en instruire dans la méthode pour la composition, IX.ᵉ Moyen, exemple *N, page 18*. Par les trois B. C. différentes, on voit que toute la variété des successions consiste dans ces B. C. toûjours sous une même suite d'harmonie. Il ne doit pas être indifférent d'y accoûtumer le jugement, l'oreille & les doigts.

Restent deux autres genres, le diatonique-enharmonique, & le chromatique-enharmonique: je ne sais quand on hasardera celui-ci; pour le premier, en vain l'ai-je mis en œuvre: il ne consiste cependant que dans des toniques qui montent alternativement de quintes & de tierces majeures: celle d'où l'on monte de quinte porte une tierce mineure, & l'autre une majeure; des trois doigts qu'on y emploie, deux descendent d'un demi-ton pour la quinte, & l'autre seul d'un demi-ton pour la tierce, ce qui revient à ce qui est dit sur ce sujet, savoir, que les toniques à la quinte n'ont qu'une note commune, & que celles à la tierce en ont deux; donc deux doigts doivent descendre d'un côté, & un seul de l'autre, explication qui vaut mieux qu'un exemple. Voyez le trio des Parques, *page 80* de l'Opéra d'Hypolite & Aricie.

La B. F. de ce trio peut se renverser, en y prenant pour B. C. telle note de ses accords que l'on veut, pour lui faire suivre la même route que dans ses accords.

XXVIII.ᵉ Leçon.

De la jonction de la B. C. aux accords.

Il est temps de joindre la B. C. aux accords, en supposant l'habitude acquise de la méchanique des doigts dans toutes les routes; on peut même la joindre aux premières routes qu'on se sent posséder parfaitement, & tout l'art y consiste à toucher cette B. C. de la main gauche avec le 4 de la droite dans le même instant; sans cette précaution, l'une des deux mains ne seroit pas en mesure, & pourroit faire risquer d'y manquer. Les doigts des deux mains qui touchent enſemble doivent le faire de leur mouvement particulier, en les laiſſant tomber ſur les touches de leur propre poids, ſans roideur dans la main; puis les autres doigts de la droite tombent ſucceſſivement en forme d'harpégement; ce qui ſe fait avec d'autant plus de célérité qu'on a la main ſouple, & que le mouvement ne part que des doigts.

Lorſqu'on aura pris connoiſſance de la manière dont ſe chiffre la B. C. XXXII.ᵉ Leçon, il faut accompagner tous les exemples de compoſition qui ſerviront de preuve aux Leçons précédentes, & en même temps de clef pour toute autre Muſique.

XXIX.ᵉ Leçon.

De la Syncope.

On diſtingue les *temps* de la meſure en *bons* & *mauvais*; les *bons* ſont toûjours les impairs dans la meſure à deux & à quatre *temps*; mais dans celle à trois *temps*, le ſeul premier eſt le *bon*.

Quand la valeur d'une note commence dans un *mauvais temps*, & continue dans le *bon*, qu'elle ſoit liée ou qu'elle ſe répète, elle *ſyncope* pour lors.

Cette *ſyncope* étoit indiſtinctement appliquée à toutes les diſſonances avant mon Traité de l'harmonie, bien qu'elle ne regarde que la première qu'on emploie après un accord conſonant.

Cette diſſonance eſt la ſeule ſeptième & ſes renverſées, la ſuppoſition & la ſuſpenſion y étant ſur-tout compriſes.

Par la diſpoſition des doigts ſur le clavier, cette ſeptième eſt toûjours connue; c'eſt le 1 s'ils ſont par tierces, ſinon le plus bas des deux doigts joints: c'eſt toûjours le même accord ſous les doigts, la même ſeptième, de quelque façon que cet accord ſoit renverſé, c'eſt-à-dire, quelle que ſoit la note de la baſſe qui le porte, & qui peut être choiſie au gré du Compoſiteur entre les quatre notes qui le forment, outre celles qu'on y emploie encore, ſoit par ſuppoſition, ſoit par ſuſpenſion *(p)*.

Lorſque la ſuſpenſion eſt formée du même accord diſſonant

(p) XXI.ᵉ Leçon, *page 56.*

qui la précède, elle seule exige le *temps bon*, si bien que la première dissonance en ce cas peut débuter dans le *mauvais*.

On a remarqué que la suspension de la quarte étoit le même accord que celui de *seconde*, dont on retranche pour lors une partie de l'harmonie; ainsi cet accord de *seconde* peut fort bien commencer dans le *temps mauvais*, dès que la suspension de la quarte le suit immédiatement.

Aujourd'hui, par le secours de la B. F. cette règle de la *syncope* devient presque inutile, si ce n'est pour l'agrément de la variété, en l'observant seulement avec le plus d'exactitude possible pour la première dissonance après l'accord consonant: d'un autre côté, elle fait connoître la suspension par-tout où la B. F. est forcée de *syncoper*, savoir celles de $\frac{6}{4}$ & de $\frac{5}{4}$, aussi-bien que l'accord sensible qui peut se trouver dans le même cas.

Il n'y a que dans la *cadence irrégulière (q)* où la sixte majeure ajoûtée ne puisse jamais *syncoper*, non plus que la note sensible.

Faire *syncoper* une dissonance ou la *préparer*, c'est tout un; nous verrons dans la suite qu'elle ne doit pas toûjours être *préparée*.

XXXe Leçon.

Distinction des consonances & des dissonances; de la préparation des dernières, & de la liaison.

Jusqu'à mon Traité de l'harmonie, on a confondu la note sensible & la sixte ajoûtée avec les dissonances, lorsqu'elles sont consonantes dans leur origine, l'une comme tierce, l'autre comme sixte, & lorsque comme majeures leur marche est toûjours de monter, pendant que celle des dissonances est de descendre: on les a toutes confondues également dans la règle qui ordonne de les *préparer;* mais quoique la méchanique des doigts soûmise aux loix de l'harmonie nous dispense de faire attention à cette règle, il est bon néanmoins de savoir pour quelles dissonances & dans quelle occasion elle doit avoir lieu.

Déjà non seulement la note sensible & la sixte majeure

(q) XVIIIe Leçon, *page 50*.

ajoûtée ne doivent point être préparées, mais encore toute diffonance qui accompagne la note fenfible n'exige nullement cette précaution.

Toute loi a fon principe: or celle qui regarde la diffonance ne peut être tirée que de la confonance, qui feule eft naturelle.

Des trois confonances qui forment l'accord parfait, les unes font communes à deux accords fondamentaux confécutifs, les autres marchent diatoniquement: cette communauté entretient dans l'harmonie fucceffive une liaifon qui eft pour nos oreilles ce que la liaifon du difcours eft pour notre intelligence; il faut par conféquent que la diffonance foit foûmife à cette liaifon, ou que du moins elle participe du diatonique.

Dans les règles données primitivement, le diatonique a toûjours été recommandé pour ce qui doit fuivre la diffonance, ce qu'on appelle *fauver;* mais pourquoi l'en priverons-nous pour ce qui doit la précéder, en voulant qu'elle foit toûjours *préparée*, lorfque la liaifon d'où cette règle eft tirée ne tombe qu'à certaines confonances, pendant que d'autres marchent diatoniquement?

On voit d'abord dans les cadences *(r)*, que la feptième ne peut être *préparée:* faudra-t-il s'en priver en ce cas, lorfque l'effet en eft agréable? On voit que pour lors on y arrive diatoniquement, foit que la tierce y monte, foit que la quinte y defcende: donc cette loi de la Nature, où la marche primitive de la tonique eft de paffer à fa quinte pour reparoître immédiatement après, doit être notre premier guide.

La tonique pouvant paffer où l'on veut, remarquez que ce n'eft qu'après fon accord parfait, qui la repréfente, qu'on peut ne pas *préparer* la diffonance, pourvû qu'on y arrive diatoniquement; encore n'y eft-on pas toûjours obligé entre deux parties dont l'une emprunte la marche de l'autre. Par exemple, le fujet pourra faire *ut, fa,* pendant que la baffe fera *mi, fi:* or, *mi* de l'une monte diatoniquement à la diffonance de *fa*, & l'*ut* de l'autre, en le fuppofant diffonance, defcend diatoniquement fur *fi.*

Voilà ce qu'on a pû traiter de licence, lorfque cependant ce

(r) XIe Leçon, *page 38.*

n'est qu'une note qui se présente dans toutes ses octaves, non qu'il faille en abuser; & cela ne doit être permis qu'en faveur du beau Chant, ou d'une expression nécessaire.

Par-tout ailleurs qu'après une tonique, ou son accord, la dissonance doit être *préparée*, comme dans l'enchaînement des dominantes, où pour lors la cadence parfaite est simplement imitée.

XXXIe Leçon.

Goût de l'Accompagnement.

Le goût de l'accompagnement, pour ce qui est de l'harmonie, consiste à toucher du 1 la tierce ou la dissonance, sinon l'octave de la B. F. sans cependant déranger la méchanique, c'est-à-dire, qu'on ne doit prendre cette précaution que dans le début d'une phrase, ou bien en changeant de place un accord consonant, après y être arrivé dans l'ordre prescrit : l'on peut encore affecter de ne point toucher du 1 la note du chant, lorsqu'on accompagne une voix seule, un instrument seul; mais ce ne sont-là que des minuties, dont l'auditeur ne peut s'occuper sans se distraire du sujet, auquel il doit porter toute son attention. L'harmonie d'un pareil accompagnement ne doit se porter à l'oreille, pour ainsi dire, qu'en fumée; il faut qu'on la sente sans le savoir, sans s'en occuper, sans y penser : aussi doit-elle être toûjours complète & régulière dans sa succession comme dans sa plénitude, sinon l'irrégularité sur ce point seroit capable de distraire & de faire perdre le plus heureux moment de l'effet. Tronquer l'harmonie parce que l'instrument fait trop de bruit, c'est bien là le sentiment d'un Midas, lorsqu'il y a plusieurs moyens de diminuer ce bruit sans que l'harmonie en souffre.

Lorsque dans un accord parfait on touche la tierce du 1, on peut avec le doigt inutile toucher le demi-ton au dessous de la tonique en forme de coulé, mais il faut le lever dès que cette tonique est touchée; cela forme un harpégement agréable, supposé rapide d'ailleurs, & répond au *daciacatura* des Italiens, lorſqu'ils veulent faire du bruit; car tous n'ont pas la délicateſſe de lever promptement le doigt qui forme le coulé, & dans ce cas l'harmonie ſe trouve confondue avec de mauvaiſes diſſonances.

Quoique l'Italien touche généralement ſes accords tout d'une pièce, autant de la main que des doigts, on peut cependant les harpéger ſi rapidement qu'ils ne faſſent qu'un à l'oreille; on y gagne l'entretien du ſeul mouvement des doigts & de leur ſoupleſſe, & l'oreille en eſt beaucoup plus ſatisfaite.

On peut ajoûter le 5 à tous les accords, en lui faiſant toucher l'octave du 1, excepté quand celui-ci touche la tierce de la B. F. ou la diſſonance: on peut auſſi ſubſtituer ce 5 au 4 par-tout où l'on croit y trouver plus de facilité; mais il faut attendre que la méchanique ſoit auparavant bien familière, & que l'oreille puiſſe preſſentir l'accord qui doit ſuivre un autre, du moins dans le cours le plus ordinaire, & qu'elle ſoit avertie, par la règle, des cas douteux, pour qu'elle écoute ce qui peut l'y déterminer, ſuppoſé qu'il n'y ait point de chiffres propres à guider le jugement.

XXXII.ᵉ Leçon.

Manière dont la baſſe doit être chiffrée.

J'avois propoſé dans mon Plan un chiffre avec lequel on auroit pû s'avancer promptement dans la pratique de l'accompagnement; mais l'uſage, qui l'emporte preſque toûjours, m'a forcé d'y ſoûmettre ma méthode, à quelques petites réformes près, auxquelles j'eſpère qu'on voudra bien ſe prêter pour l'avancement des Élèves, d'autant qu'on peut aiſément les inférer dans les ouvrages de Muſique déjà publics.

Le chiffre ſe place perpendiculairement au deſſus ou au deſſous des notes.

Les accords parfaits ne ſe chiffrent point, excepté leurs tierces majeures ou mineures accidentelles, qu'on marque d'un dièſe ou d'un bémol, ou quelquefois d'un béquare; ce qu'on pratique également au deſſus ou au deſſous du chiffre qui marque l'accord de toute autre note qu'une tonique, comme on a dû s'en apercevoir dans les exemples.

Ces accords parfaits, qui font des accords de fixte fur la médiante, & de fixte-quarte fur les dominantes-toniques, s'y chiffrent d'un 6 & d'un $\frac{6}{4}$.

Si la note fenfible fe défigne ordinairement par un dièfe ou béquare, & le plus fouvent par un chiffre barré, d'où l'accord fenfible doit être reconnu, il feroit beaucoup mieux de la défigner par une fimple croix, ainfi ✳, feule quand elle eft tierce, ou au bout de la barre qui traverfe le chiffre; cela épargneroit bien des équivoques aux plus habiles mêmes, dans certains cas, & mettroit les commençans bien à leur aife.

Un intervalle diéfé, où il ne s'agit que du majeur, & nullement de la note fenfible, comme la tierce, la fixte, quelquefois la feptième, la feconde, la quarte même, fe diftingueroit fans autre réflexion de celui qui feroit indiqué par la petite croix.

Un 5 & un 7 barrés pour défigner une fauffe quinte & une feptième diminuée, fe diftingueroient encore de ceux qui auroient la petite croix de plus, & qui marqueroient la quinte & la feptième fuperflues.

Une note fenfible fe reconnoît, & par fon intervalle avec la baffe, & par fon dièfe, & par fa tonique; la diffonance, au contraire, ne fe reconnoît que par fon intervalle.

Tout l'accord fenfible eft connu & trouvé fous les doigts par la feule connoiffance de la note fenfible (s), au lieu que la diffonance y laiffe de l'arbitraire, puifqu'il y a des *fauffes quintes* & des *tritons* dans des accords qui ne font point fenfibles.

Enfin tout parle en faveur de cette petite croix, & j'efpère qu'on voudra bien s'y prêter dans la fuite, vû qu'on peut aifément la réunir au chiffre avec la plume.

Quand aux autres accords diffonans, on chiffre fimplement la diffonance, favoir, la feptième avec un 7, & la feconde avec un 2.

Si dans un accord renverfé la diffonance fe forme de deux

(s) VIII.ᵉ Leçon, *page 31.*

consonances à la seconde l'une de l'autre, on les chiffre l'une sur l'autre, savoir $^6_5$ & $^4_3$, voilà tout.

Il y a grande erreur, encore dans l'accord dissonant chiffré $^4_3$, & qu'on ne chiffre que d'un simple 6, en le confondant ainsi avec l'accord consonant de sixte sur les médiantes, ce qui est facile à réformer en ajoûtant $^4_3$ au dessus ou au dessous du 6, comme je l'ai fait en quelques endroits de mes Operas.

Il est étonnant qu'on ait adopté $^6_5$ & négligé $^4_3$, qui marquent le même accord, l'un généralement sur la sous-dominante, l'autre sur la su-dominante : on voit que ce qui est $^6_5$ pour l'une est $^4_3$ pour l'autre, de même qu'il est $^8_7$ pour leur B. F.

Cette dernière réforme est d'autant plus nécessaire, qu'à la faveur de la méthode l'un des deux intervalles à la seconde étant reconnu sur le clavier, tout l'accord se trouve sous les doigts *(t)*.

Si le hasard présente deux chiffres à la seconde, comme $^7_6$, qui sont rarement d'usage, si ce n'est dans le *point d'Orgue* dont j'ai déjà parlé *(u)*, l'accord se trouve également sous les doigts, en reconnoissant sur le clavier l'un des deux intervalles qu'indiquent ces chiffres ; mais le $^7_9$ doit se trouver déjà sous les doigts, ayant formé l'accord dissonant d'auparavant, sinon il ne vaudra rien.

On chiffre d'un 4 ou d'un $^5_4$, comme on le fait déjà, cet accord de quarte qui fait généralement suspension dans l'annonce des cadences, & même en les terminant *(x)*; mais remarquons bien que cet accord, qu'on peut appeler hétéroclite, en ce qu'on en retranche la moitié de l'harmonie, est toûjours le même que le dissonant qui le précède immédiatement, mais dont on ne conserve que la dissonance & sa B. F. qu'on tient déjà sous les doigts.

Concluons de cette dernière remarque, que si dans plusieurs accords dissonans consécutifs on peut reconnoître que la dissonance chiffrée l'étoit déjà, ce doit être le même accord, à la différence près de la quarte hétéroclite ; car pour se conformer

---

(t) VIII.ᵉ Leçon, *page 31.*
(u) XXI.ᵉ Leçon, *page 58.*

(x) XVIII.ᵉ XIX.ᵉ & XXI.ᵉ Leçons, *pages 50, 54 & 56.*

aux mauvaises méthodes, on chiffre presque toûjours le même accord par les intervalles qu'y forme la dissonance avec la basse, ce qu'il faudroit simplement indiquer par une ligne tirée depuis le premier chiffre d'une note à l'autre, ainsi ——, comme je l'ai fait dans le premier exemple *K*, sous *e, f,* pour marquer que le 4 reste pendant qu'on glisse le 6 sur le 5.

Si les accords sont par tierces, donc trois ou quatre notes d'une basse qui marche par tierces pourroient bien porter le même accord. En voyant *sol, si, ré, fa* chiffrés 7×, $\frac{6}{5}$, $\frac{4}{3}$, 4×, je dois reconnoître le même accord sensible ; en voyant de même *ré, fa, la, ut* chiffrés 7, $\frac{6}{5}$, $\frac{4}{3}$, 2, j'y vois le même accord dissonant : que ces notes soient indifféremment distribuées, comme *fa, si, ré, sol,* ou comme *la, ut, fa, ré,* &c. c'est tout un ; il y a seulement à prendre garde de n'y pas confondre des tierces qui passent au dessous de la B. F. ou au dessus de la dissonance ; ainsi la ligne —— suffiroit pour les marquer à la suite de celui dont ils sont simplement renversés.

Pour ce qui est des 9 & $\frac{9}{4}$ qui marquent la neuvième & la neuvième-quarte, on sait que leurs accords se forment toûjours par *l'ajoûté* après un accord consonant, sinon ce sont de simples suspensions.

Il y a encore la suspension de la quarte sur la tonique, précédée de son accord sensible, qui peut se faire en pareille succession sur sa médiante & sur sa dominante : elle forme d'un côté $\frac{5}{3}$ & de l'autre $\frac{7}{4}$. Cet assemblage de chiffres semble annoncer une grande discordance : l'un des deux qui se joignent ne peut indiquer le véritable accord : je serois d'avis en ce cas de barrer ces chiffres en ligne droite pour marquer la suspension, ainsi $\frac{3}{2}$, $\frac{7}{4}$, au lieu que les autres sont diagonalement barrés, comme 6, 7 ; mais le moyen de ne pas s'y tromper est donné dans la XXI.ᵉ Leçon.

Les accords étant copiés, le chiffre n'y doit occuper qu'autant qu'on se sentira capable de pouvoir s'en rapporter à ce chiffre ; & pour lors on trouve ici de quoi se satisfaire, aux petites nouveautés près qu'un Maître peut ajoûter aux ouvrages déjà gravés, bien qu'on puisse aisément s'en passer, dès qu'on possède bien la méchanique des doigts, & qu'on sait se rappeler les règles sur lesquelles elle prévient le plus souvent, comme, par exemple, savoir l'accord qui doit précéder & suivre l'un de ces trois, l'*ajoûté*, la *seconde* & le *sensible*, XVe Leçon. L'on trouve à la vérité dans certains cas le *sensible* suivre immédiatement l'*ajoûté*; mais, qu'on ne s'y trompe pas, on peut toûjours faire la *seconde* entre deux, soit sur la note de B. C. qui porte l'*ajoûté*, soit sur l'autre, pourvû qu'on la passe rapidement entre les *temps* qu'occupent ces deux notes.

On va se mettre au fait de cette manière de chiffrer dans les exemples de composition que j'ai déjà recommandé d'accompagner.

CHAPITRE VI.

Méthode pour la Composition.

AVANT que d'entrer en matière, voyons le fruit qu'on peut tirer de l'accompagnement pour la composition.

Reconnoître la basse fondamentale & la dissonance sous les doigts, dans quelque ordre qu'ils se trouvent *(y)*; voir presque toutes les routes de l'harmonie dans les *cadences* *(z)*; pouvoir faire un choix à son gré des notes de chaque accord, pour en former le chant de toutes les parties, & par conséquent de la B. C: savoir comment ces *cadences* peuvent se varier, la parfaite *évitée* ou *imitée*, *rompue* ou *interrompue* *(a)*, l'irrégulière terminée à chaque fois qu'elle se forme *(b)*; maître d'employer la *supposition* *(c)*, quand le goût du chant de la basse peut la souffrir, sans altérer la succession harmonique, où il s'agit simplement de l'*ajoûté*; prêt à *suspendre* toute consonance, même une dissonance, dès que le bon goût peut le dicter *(d)*; savoir que l'accord *sensible* peut se transformer en celui de

---

(y) VIIIe Leçon, *page 31*.
(z) XIe & XIVe Leçons, *pages 38 & 45*.
(a) XXIIIe Leçon, *p. 62 & 63*.

(b) XVIIIe Leçon, *page 50*.
(c) XXIe & XXIIe Leçons, *pages 56 & 59*.
(d) Ibidem.

DE MUSIQUE PRATIQUE. 79

septième diminuée dans le *Ton mineur* seulement *(e)*; reconnoître la note sensible pour fondamentale de cet accord & de ses renversemens; savoir en quoi consistent le chromatique & l'enharmonique, comment ces genres se pratiquent, & l'usage qu'on peut y faire de l'accord de septième diminuée *(f)*; voir une partie des notes d'un accord marcher diatoniquement, l'autre former liaison avec l'accord qui suit, en devenant commune à chacun; tirer de là une conséquence pour savoir quand la dissonance doit être préparée *(g)*; connoître les rapports des *Tons* & les signes par lesquels ils se distinguent *(h)*; voir toutes les dissonances se *sauver* en descendant diatoniquement, dès qu'on est assuré qu'elles sont toutes renversées de la septième, quel qu'en soit l'intervalle relativement à une basse arbitraire; n'y plus confondre la note sensible ni la sixte majeure ajoûtée à la sousdominante d'une *cadence irrégulière*, vû que ce sont dans leur origine deux consonances qui doivent monter diatoniquement, que faut-il de plus pour arriver à la composition?

Tel cependant, dont les facultés n'iront pas au delà de quelques idées de chant, sans ordre, sans suite, sans pouvoir les étendre autant qu'il le desireroit, sans en sentir la basse, excepté peut-être dans ce qu'il y a de plus simple, sans savoir ni sentir la variété d'harmonie dont un même chant est susceptible, soit dans le même *Ton*, soit dans deux *Tons* différens, sans pouvoir par conséquent y joindre les agrémens que cette harmonie peut y introduire, soit entre le sujet & sa basse, soit dans des accompagnemens; tel, dis-je, qui seroit dans l'un de ces cas seulement, ne trouveroit pas sans doute suffisans les principes que je viens de lui rappeler, & dont je le crois à présent en possession. C'est aussi pour le satisfaire que je vais donner à ces principes toute l'étendue convenable au sujet, en l'avertissant de ne point trop s'occuper des espèces de préliminaires dont je vais l'entretenir avant que d'entrer en matière sur la modulation: ce sera pour lors que dans tous ses doutes il y pourra revenir.

(e) XXVe Leçon, *page 65*.
(f) XXVIe & XXVIIe *pages 66 & 68*.
(g) XXXe Leçon, *page 72*.
(h) Ve X.^e & XIIe Leçons, *pages 29, 36 & 39*.

On ne peut guère se livrer à la pratique de la composition sans se sentir l'oreille un peu formée à l'harmonie, sur quoi l'on se trompe facilement. Notre peu d'expérience nous fait souvent trop bien augurer de nos moindres talens : c'est à la Nature de faire ici les trois quarts du chemin ; ne négligeons donc pas les moyens de nous la rendre propice : elle nous a tous formés Musiciens, mais à condition que nous l'écouterions ; écoutons-la donc, du moins en pratiquant l'accompagnement assez long-temps pour profiter de ses instructions, si peu que nous sentions en avoir encore besoin. La fin de l'article sur la composition, dans le *Prospectus*, vous en dit assez là-dessus.

La moindre lueur qui s'offre à un aveugle lui paroît une grande clarté, en comparaison de ce qu'il ne voyoit rien aupa- ravant ; mais à mesure que sa vûe se fortifie, il aperçoit de nouveaux objets dans ceux mêmes qu'il n'avoit fait qu'entrevoir d'abord : c'en est donc assez pour qu'il doive se méfier de son trop de prévention en faveur de ses organes, de ses talens : plus sa vûe se fortifiera, plus la netteté des objets se développera à ses yeux.

Je compte qu'on aura très-présens à l'esprit les principes contenus dans les Leçons où je viens de renvoyer, pour que je ne sois pas obligé d'y renvoyer encore à chaque fois que j'aurai occasion d'en parler.

Je compte aussi qu'on éprouvera tous les exemples en les accompagnant : l'oreille s'y formera aux différentes routes de l'harmonie, comme elle l'est déjà aux plus simples chez les personnes qui ont écouté la Musique pendant quelque temps. S'il falloit consulter la règle à chaque instant, les talens les plus précieux dans cette partie perdroient tout leur fruit : la moindre réflexion, comme je l'ai déjà dit, détruit toute fonction naturelle.

CHAPITRE VII.

CHAPITRE VII.

De la Basse fondamentale; titres & qualités des notes qu'on y emploie, & de leur succession.

ARTICLE PREMIER.

Principe de l'harmonie & de la mélodie.

LA Basse fondamentale doit guider en tout le Compositeur; elle ordonne également & de l'harmonie & de la mélodie: cependant, avant que de s'en occuper, on peut se livrer aux idées que dictent le génie & le goût: à mesure que l'expérience augmente, l'oreille en adopte confusément les produits; mais une habitude trop familière de certaines successions dont on voudroit s'écarter, sur-tout dans des expressions nécessaires, où le choix des *Tons* ou des genres ne se présente pas toûjours à propos: la crainte de se tromper, en un mot, tout cela doit engager à la consulter, cette B. F.

ARTICLE II.

Des Toniques, ou censées telles.

Il n'y a qu'une seule tonique dans chaque *Ton;* mais bien que le *Ton* ne change point, cette même tonique peut passer à d'autres, qui pour lors ne sont que censées telles, & cela par tous les intervalles consonans, savoir, $3.^{ce}$ $4.^{te}$ $5.^{te}$ & $6.^{te}$ tant en montant qu'en descendant.

Ces notes censées toniques ne reçoivent cette qualité que pour jouir des priviléges de la vraie tonique dans ce qui doit les suivre, de sorte qu'elles peuvent aussi se succéder entr'elles par les routes que je viens de dicter: elles peuvent d'ailleurs être soûmises aux loix du *Ton régnant;* & ce n'est pour lors qu'au cas qu'on puisse s'en dispenser dans le dessein de varier, qu'on les traite de toniques, pour leur donner une route opposée à celle qu'exige ce *Ton régnant*.

L'on ne passe de la vraie tonique à une autre pareille que lorsque quelques signes étrangers marquent dans le courant de la phrase que le *Ton* change; ce qui s'éclaircira par la suite.

ARTICLE III.

Des Dominantes & Sous-dominantes.

Il y a dans chaque *Ton* une dominante-tonique & une sous-dominante; l'une est la quinte au dessus de la tonique, l'autre est sa quinte au dessous.

Outre la dominante-tonique, il y en a de simples qui passent toûjours de l'une à l'autre jusqu'à ce qu'on arrive à cette dominante-tonique *(i)*.

ARTICLE IV.

Marche des Toniques.

Une tonique passe où l'on veut, toutes les routes lui sont ouvertes, consonantes & dissonantes, pourvû que ce soit des notes contenues dans son *Ton*.

Elle passe plus généralement, dans le début, à sa dominante ou à sa sous-dominante, qu'à aucune autre note: sa dominante la suit toûjours dans les airs de Trompette, de Cor, de Musette & de Vielle, ce que ne peut faire sa sous-dominante sans recevoir de fausses consonances des Trompettes & Cors, au lieu qu'en retranchant les bourdons des Musettes & Vielles, elle peut y augmenter l'agrément de l'harmonie & de la mélodie.

Outre ces deux premières marches de la tonique, elle peut aussi descendre de tierce, ou monter de seconde sur de nouvelles dominantes, qui seront simples en conservant le même *Ton*, au lieu que si l'on veut changer de *Ton*, on peut les rendre dominantes-toniques *(k)*.

(i) VIIe Leçon, *page 30.* | *(k)* XVIIe Leçon, *page 49.*

D'ailleurs, pour changer de *Ton*, la tonique peut monter ou descendre de tierce sur une sous-dominante ou dominante-tonique.

Au reste, selon l'énoncé de l'Article II, toutes les consonances où passe une tonique peuvent être toniques, ou censées telles: cependant, en les privant de la dissonance qui doit leur échoir par rapport à ce qui les suit, ce seroit quelquefois priver l'harmonie, & même la mélodie, de leur plus grand agrément *(l)*.

Jamais la tonique ne peut descendre de seconde que sur une dominante, mais c'est un renversement dont on ne doit s'occuper que lorsque toutes les autres connoissances sont acquises.

ARTICLE V.

Marche des Dominantes & Sous-dominantes.

Toute dominante doit naturellement descendre de *quinte*, & toute sous-dominante monter de même.

La dominante-tonique & la sous-dominante doivent toûjours passer à leur tonique, dès que le *Ton* ne change point: la sous-dominante peut cependant y devenir simple dominante pour entamer un enchaînement de dominantes *(m)*, qui finira dans le même *Ton*, ou dans un autre, selon que le dictera le goût: elle peut encore, comme simple dominante, former une imitation de *cadence rompue*, en montant de seconde sur la dominante-tonique, qui pour lors sera simplement censée tonique; mais c'est une licence que je rappellerai quand il en sera temps.

J'ai déja dit dans l'article précédent, que ces deux mêmes notes fondamentales pouvoient, à la suite de leur tonique, être rendues toniques ou censées telles, conséquemment à ce qui se trouve encore spécifié dans le deuxième Article de ce Chapitre au sujet des marches consonantes.

La dominante-tonique monte encore diatoniquement pour *rompre* une cadence, & descend d'une tierce mineure, en partant d'un *Ton majeur* seulement, pour en *interrompre* une autre,

---

(l) XV.ᵉ Leçon, *page 46*. | *(m)* VII.ᵉ Leçon, *page 30*.

qui va se terminer dans le *Ton mineur* relatif à ce *majeur* d'où l'on est parti. Il en sera bien-tôt plus amplement question.

Les dominantes simples entament toutes un enchaînement de dominantes, de même que la sous-dominante employée comme telle : elles peuvent imiter encore dans leur marche celles d'une cadence rompue & d'une interrompue, selon les explications des Articles suivans.

Toutes ces marches seront rappelées dans des exemples.

Article VI.

Des repos ou cadences qui font connoître leur B. F. & qui en occasionnent souvent d'arbitraires, dont le doute s'éclaircira par la voie du diatonique.

Exemple A, page 8.

Le plus sûr moyen de connoître le *Ton* & la longueur de la phrase, est de s'assurer de tous les repos d'un chant.

Ces repos ou cadences se font ordinairement de deux en deux mesures, mais ils sont plus sensibles encore de quatre en quatre.

Le premier des deux repos, si peu sensible qu'il soit, produit à peu près l'effet de l'hémistiche d'un vers, où le sens ne finit pas ordinairement.

La mesure par où commence une phrase, & qui ne débute point par le *temps bon*, n'est jamais comptée dans le nombre spécifié.

Toute phrase de chant commence toûjours d'abord après la tonique, ou censée telle, qui a terminé la sienne.

Tout repos ne se termine jamais dans la B. F. que sur la tonique, ou sur sa dominante, pour lors censée tonique.

Le repos se forme toûjours de deux notes fondamentales, dont l'une, qui est dominante ou sous-dominante, annonce ce repos, & l'autre, qui est tonique, le termine.

La dominante annonce une cadence parfaite en descendant de quinte, & la sous-dominante en annonce une irrégulière en montant de même; d'où il suit qu'une tonique peut annoncer une cadence irrégulière en montant de quinte à sa dominante, pour lors censée tonique.

Nous trouvons naturellement de nous-mêmes la B. F. de tous les repos d'un chant *(n)*, pourvû qu'après avoir chanté de mesure & sans s'arrêter tout ce qui précède le repos, on laisse tomber sa voix le plus promptement qu'il est possible & sans y penser, au moins une tierce au dessous de la note qui le termine. Exemple *A*.

Imitez l'exemple, choisissez un mot dont vous conserverez la dernière syllabe muette, pour tomber avec elle sur la B. F. si peu que vous soyez sensible à l'harmonie, cette B. F. ne vous échappera jamais. Point de réflexion sur-tout, point d'interruption entre la finale & la syllabe muette, point de choix volontaire; laissons agir la simple nature, & songeons à bien faire la différence d'un intervalle donné sans y penser, d'avec celui qu'on cherche, qu'on détermine en soi-même.

Les guidons placés dans le chant indiquent justement les notes où la voix se porte d'elle-même au dessous de chaque finale du chant. Quant aux B. F. arbitraires de la dernière mesure, dont l'une porte des notes, & l'autre des guidons, on doit se contenter à présent de se rencontrer avec l'une d'elles: c'est à la phrase qui précédera le repos à faire le reste, comme on le verra par la suite.

La B. F. sera toûjours la note où votre voix se portera à la tierce ou à la quinte au dessous de celle du repos du chant; au lieu que cette note du chant sera elle-même B. F. si votre voix se porte à la quarte, à la sixte, ou à l'octave au dessous.

Souvent la voix ne se porte qu'à la tierce au dessous lorsqu'elle pourroit descendre jusqu'à la quinte, qui seroit pour lors la vraie B. F. ce qu'il faut toûjours éprouver; car si cette tierce est la vraie B. F. jamais la voix ne descendra d'elle-même à la quinte: il faudroit la chercher en ce cas, la déterminer par réflexion.

La quinte où se porte la voix au dessous du repos du chant,

(n) Chapitre X du nouveau Système de Musique, *page 54*.

est généralement dominante-tonique ; la preuve en est dans la note sensible, qui se rencontre pour lors entre le chant & cette quinte au dessous; autrement celle-ci seroit tonique : mais laquelle que ce soit, on ne peut se tromper, d'autant que les *Tons* à la quinte l'un de l'autre ne diffèrent que dans le dièse ou béquare qui marque la note sensible de celui qui est à la quinte au dessus. Que l'on chante, par exemple, de mesure & sans s'arrêter tout ce qui précède le repos, & que prêt à y arriver on passe diatoniquement par les notes qui conduisent en montant à chacune des deux toniques douteuses, si c'est le *Ton* de la quinte au dessus, la voix passera par sa note sensible sans y penser, sinon elle sera simplement dominante-tonique.

Profitons de ce dernier avis dans tous les cas douteux, soit tierce, soit quarte, soit quinte, & passons rapidement tout le diatonique qui conduit de l'une des notes de l'intervalle à l'autre: après avoir chanté de mesure tout ce qui précède l'épreuve, on passera par tel dièse ou bémol qui déclarera certainement le *Ton*.

Si la tonique d'un *Ton majeur*, *c* de l'exemple, & sa médiante *d*, formant la médiante & la quinte de la tonique de son *mineur* relatif à la tierce *(o)*, peuvent donner des repos arbitraires dans l'un de ces deux *Tons*, c'est pour lors que l'expérience précédente est d'un grand secours, quoiqu'il y ait d'autres moyens, mais plus compliqués à la vérité, de ne pas s'y tromper.

Si dans le courant d'une phrase parcourue jusqu'au repos se trouve la quinte de la tonique du *Ton majeur*, plus de doute sur ce *Ton*: si au contraire cette quinte est diésée, plus de doute non plus sur son *mineur* relatif. Ce n'est donc plus que sur la privation de cette quinte, naturelle ou diésée, que peut s'établir le doute entre ces deux *Tons*: un autre moyen encore de vaincre ce doute se présentera dans l'occasion.

La note sensible du *Ton majeur*, qui est en même temps seconde de son *mineur* relatif, peut encore annoncer un repos arbitraire dans l'un ou l'autre *Ton;* ce qui se développera par la suite.

(o) Xe Leçon, *page 36.*

Tout nouveau dièſe, béquare ou bémol, ſoit qu'il ſe trouve dans le chant, ſoit qu'on en ſente la néceſſité en parcourant le diatonique d'une note à l'autre, eſt d'un grand ſecours dans les *Tons* douteux : qui plus eſt, c'eſt que ce nouveau dièſe, ſinon le béquare effaçant un bémol, eſt généralement note ſenſible ; & s'il s'en trouve plus d'un de ſuite, c'eſt le dernier dans ſon ordre *(p)* qui l'emporte toûjours.

De cette note ſenſible ſuit toûjours une cadence parfaite, qu'on peut rompre ou interrompre ; mais on verra dans la ſuite que ces deux dernières cadences ne ſe préſentent jamais naturellement au Compoſiteur, il n'y eſt d'abord affecté que de la parfaite, que ſon imagination lui fait *rompre* ou interrompre. Au reſte, cette cadence parfaite peut échapper quelquefois à l'oreille, lorſque la tonique ſe trouve dans un *temps mauvais*, où ſouvent elle en annonce elle-même une irrégulière ſur ſa dominante.

Article VII.

De la Cadence rompue.

On dit que la cadence eſt rompue, lorſque la dominante-tonique, au lieu de deſcendre de quinte, monte diatoniquement ſur une note cenſée tonique, qu'on peut néanmoins rendre dominante, ſoit tonique, ſoit ſimple, excepté dans le *Ton mineur*, où elle ne peut être que ſimple.

Une ſimple dominante peut imiter cette cadence, mais la note qui la termine ne peut jamais être tonique que par une licence dont il n'eſt pas encore queſtion. Voyez la XXIII.ᵉ Leçon, *page 61*.

Il n'y a point de cadence parfaite qui ne puiſſe être *rompue*, de même qu'il n'y en a point de *rompue* qui ne puiſſe être parfaite : le goût en décide ; j'en donnerai des exemples.

(p) Article IV du Chapitre I.ᵉʳ, *page 9*.

ARTICLE VIII.

De la Cadence interrompue.

On dit que la cadence est interrompue, lorsqu'une dominante-tonique descend de tierce sur une autre qu'on peut rendre simple si l'on veut: elle s'imite volontiers avec de simples dominantes.

Si l'on fait attention à la marche des doigts dans l'accompagnement de ces deux dernières cadences, elle fera connoître le nombre des notes qui doivent y descendre diatoniquement.

ARTICLE IX.

De la Cadence irrégulière.

Comme la cadence irrégulière n'est sujette qu'aux variétés expliquées dans la XI.ᵉ & dans la XVIII.ᵉ Leçon, *pages 38 & 50*, on peut les consulter sur ce sujet.

ARTICLE X.

Du double emploi.

EXEMPLE B, *page 8.*

Rien n'est plus simple que le *double emploi*, dès qu'on en fait l'artifice.

Si l'on se souvient de ces trois accords appliqués à la tonique, savoir, l'*ajoûté*, la *seconde* & le *sensible (q)*; si l'on remarque en même temps que la *seconde* de cette tonique forme l'accord de sixte-quinte sur la sous-dominante, & celui de septième sur la su-tonique, & que ces deux dernières notes sont fondamentales, l'une dans les cadences *(r)*, l'autre dans l'enchaînement des dominantes, où celle-ci, comme simple dominante, doit continuer l'enchaînement en passant au *sensible (s)*, on verra

---

(q) XV.ᵉ Leçon, *page 46.*
(r) Article VI, *page 84.*

(s) VII.ᵉ Leçon, *page 30.*

bien-tôt

DE MUSIQUE PRATIQUE. 89

bien-tôt que le *double emploi* ne peut avoir lieu qu'au moment que le chant exigera l'accord parfait de la tonique d'abord après cette fu-tonique, au lieu du *sensible* qui devoit la suivre dans l'enchaînement ; & c'est pour lors qu'on lui substitue la sous-dominante pour B. F. laquelle sous-dominante annonce forcément une cadence irrégulière, qui va se terminer effectivement sur la tonique. L'exemple *B* achevera de mettre au fait.

Jamais le *double emploi* n'a lieu qu'à l'occasion d'une fu-tonique, pour lors simple dominante, précédée de la sienne, & à laquelle se substitue la sous-dominante, qui est la tierce mineure qu'elle porte dans son accord ; car si elle y portoit la majeure, elle ne seroit plus fu-tonique : & dans la circonstance de cette substitution, l'on doit remarquer qu'il se trouve une B. F. & par conséquent un accord intercepté dans le premier ordre de l'harmonie, qui est celui de la cadence parfaite, imitée par l'enchaînement des dominantes ; puisque, si après la *seconde* de la tonique, qui, comme on doit le reconnoître, fait en même-temps l'accord de la fu-tonique & de la sous-dominante en question, doit suivre le *sensible* dont la dominante-tonique est B. F. pour passer au *parfait* ; on voit ce *sensible* intercepté, dès que la sous-dominante, qui doit être immédiatement suivie du *parfait*, est substituée à la fu-tonique. Il faut donc conclurre de là l'interception d'une B. F. dans toute cadence irrégulière, en se fondant, comme on le doit, sur la cadence parfaite ; ce qui autorise de nouvelles marches d'harmonie, qui jusqu'à présent ont passé pour licences, & qui seront déduites en temps & lieu.

Dans les deux premiers *B*, le *Ton* d'*ut* est connu ; mais dans le quatrième il peut être arbitraire avec celui de sa dominante, donnée comme telle, ou même comme tonique.

Si je puis commencer un enchaînement de dominantes d'*a* à *b*, marqué d'un guidon dans la B. F. on voit qu'il ne peut continuer à *c*, puisque la dominante *ré* où se trouve le guidon, devroit en ce cas passer à *sol*, dont l'harmonie se refuse dans le chant à *c*, qui demande pour B. F. la tonique *ut* ; par conséquent double emploi forcé, où l'on voit qu'après l'*ajoûté* & la *seconde* que portent successivement les notes de la B. F. *a*, *b*, cette

M

seconde doit être suivie de la tonique, selon la loi des cadences irrégulières. On pourroit cependant partager la note *b* du chant en deux valeurs égales, pour donner par ce moyen au guidon *b* de la B. F. le droit de suivre l'enchaînement des dominantes.

Dans le troisième *B*, le double emploi est encore nécessairement forcé pour arriver au *Ton* de *sol*, dont la médiante se présente à la finale *f*, & dont l'*ajoûté* & la *seconde* se pratiquent sur la B. F. *d, e:* quand même ce *sol* seroit reconnu pour dominante-tonique par le *si*, note sensible d'*ut* à *f*, il n'en seroit pas moins censé tonique, puisqu'on y termine une cadence irrégulière.

Quant au quatrième *B*, le double emploi devient arbitraire; car on peut le pratiquer en passant de *g* aux guidons *h, i*.

Les notes syncopées, en descendant diatoniquement, exigent toûjours un enchaînement de dominantes, comme on le voit dans les premières mesures du troisième & du quatrième *B*.

Article XI.

Des Basses fondamentales communes à un même accord, & à différens Tons.

Le double emploi vient de nous donner deux B. F. communes, savoir, la su-tonique comme dominante simple, & sa tierce mineure la sous-dominante, dont les accords se forment des mêmes notes; mais il y a plus, c'est qu'en donnant une tierce majeure à cette dominante simple, sa tierce majeure devient pour lors note sensible, moyen de passer d'un *Ton* à celui de sa dominante: qui plus est encore, c'est que si l'on pratique des *Tons mineurs*, cette note sensible peut y être rendue B. F. d'un accord de septième diminuée, comme on le verra par la suite.

D'un autre côté, une simple dominante peut appartenir à différens *Tons;* ce qui se reconnoît facilement par de nouveaux dièses ou bémols, à l'exclusion desquels le *Ton régnant* subsiste toûjours, sinon cela se reconnoîtroit du moins par un repos sensible dans un autre *Ton* que le *régnant*, selon les remarques de la XVIIe Leçon, *page 49*.

Article XII.

Des Notes communes à différens accords, & de leurs fondamentales arbitraires.

Toutes les toniques distantes d'une quinte ont une note commune dans leurs accords, la quinte de l'une fait toûjours l'octave de l'autre : celles qui sont à la tierce en ont deux, l'octave & la tierce de l'une sont toûjours la tierce & la quinte de l'autre, en n'envisageant ici que les *Tons* relatifs *(t)*.

Ces notes communes pourroient aisément tromper celui qui ne se guideroit que par le chant d'une seule partie ; mais c'est à quoi nous tâcherons de remédier.

Les dominantes qui se succèdent dans leur enchaînement, ont toûjours deux notes communes de l'une à l'autre ; mais leur succession obligée dispense de ne s'en occuper que relativement au *Ton* auquel elles peuvent appartenir.

Ce qu'il y a de plus compliqué, ce sont les notes communes aux accords des fondamentales dans un même *Ton*. Par exemple, l'octave & la sixte ajoûtée à la sous-dominante appartiennent également à la dominante-tonique comme septième & quinte ; de sorte que si cette octave d'un côté & septième de l'autre descend diatoniquement, ou bien si cette sixte ajoûtée d'un côté & quinte de l'autre monte de même, la B. F. en est arbitraire ; ce qui dépend absolument du goût, à moins que ce qui les précède & suit n'exige l'une préférablement à l'autre, selon l'ordre qui sera prescrit par la suite à la marche fondamentale.

Dans le *Ton mineur*, non seulement ces mêmes notes communes sont soûmises aux B. F. arbitraires annoncées, mais encore l'octave, la tierce & la sixte ajoûtée de la sous-dominante sont communes avec la fausse quinte, la septième diminuée & la

(t) XIIIe Leçon, *page 43*.

tierce d'une note sensible, qu'on peut rendre fondamentale *(u)*.

Outre les deux notes communes que doivent avoir entr'elles les fondamentales des deux *Tons* relatifs à la tierce mineure, comme ceux d'*ut majeur* & de *la mineur*, conséquemment à ce qui est d'abord annoncé dans cet article, on doit remarquer que la note sensible du *majeur* est en même-temps la su-tonique du *mineur*, & que dès que celle-ci monte, la dominante-tonique du *Ton majeur* aussi-bien que la sous-dominante du *mineur* y sont arbitraires; ce qui peut occasionner des surprises agréables, en appliquant au *Ton* non *régnant* la succession qui paroîtroit devoir tomber naturellement à celui qui *règne*. On en donnera des exemples lorsqu'il le faudra.

Article XIII.
Choix dans la succession fondamentale.

La plus parfaite consonance doit être préférée dans toutes les marches fondamentales, savoir, la quinte aussi-bien que la quarte qui en est renversée, & les consonances doivent y être préférées aux dissonances, le tout quand l'arbitraire y a lieu.

En conséquence de cette règle, les marches par quintes & quartes sont les plus parfaites, ensuite celles des *tierces*, sur-tout en descendant, puis celles de seconde qui ne se font en descendant qu'en conséquence de l'interception annoncée dans l'Article X.

Article XIV.
De la durée des notes fondamentales & de la syncope.

Plus la même harmonie a de durée, plus elle a le temps de pénétrer jusqu'à l'ame, & de l'affecter au point qu'on s'est proposé: on varie pour lors à son gré le chant des notes qui composent cette harmonie, ce qui dépend du sentiment, de l'esprit & du goût.

Une B. F. & par conséquent une succession harmonique trop

(u) XXVe Leçon, *page 65*.

précipitée, n'a d'agrémens que dans le seul mouvement, dont se repaissent bien des oreilles, ou peu formées, ou qu'on n'a point encore sû captiver assez par le seul endroit qui doit les charmer: la vraie Musique est le langage du cœur.

La B. F. ne doit jamais syncoper *(x)*, si ce n'est dans des cas forcés par un dessein dont on ne veut pas se départir; autrement elle indique toûjours une suspension.

Toute autre partie de l'harmonie qui syncope oblige au contraire la B. F. à changer de notes en passant du *temps mauvais* au *bon*.

Soyons donc exacts à donner à chaque note de cette B. F. toute la durée que peut offrir le chant sous lequel nous l'établirons; bien entendu que sa route déterminée par les règles qui paroîtront dans la suite, sera toûjours la première en date.

Une note du sujet pouvant appartenir à l'harmonie de quatre ou cinq notes fondamentales, comme octave, tierce, quinte, sixte ajoûtée, ou septième, on ne peut décider du choix que sur ce qui la suit. Conserver pour lors une même B. F. lorsqu'elle ne peut être suivie selon la règle, & continuer la même harmonie, seroit une faute irréparable.

ARTICLE XV.

Origine de toutes les variétés de la B. F. & par conséquent de l'harmonie & de la mélodie, où il s'agit des cadences.

La seule cadence parfaite, à peu de chose près, est l'origine des principales variétés introduites dans l'harmonie.

On renverse cette cadence, on la rompt, on l'interrompt *(y)*, on l'imite, on l'évite, & c'est en quoi consistent ces variétés.

On doit être au fait de toutes les cadences & de leur renversement; reste à savoir comment on les imite, & comment on les évite.

Une cadence est imitée, lorsqu'elle n'est annoncée que par

(x) XXIX. Leçon, *page 70*. | *(y)* XXIII.ᵉ Leçon, *page 61*.

une dominante simple, qui ne peut jamais être suivie d'une tonique que par une licence dont il n'est pas encore temps de parler.

Par exemple, la cadence parfaite est toûjours imitée dans un enchaînement de dominantes.

Une cadence est évitée, lorsqu'après une dominante-tonique on ajoûte la septième ou la sixte majeure à l'accord de la tonique qui doit la terminer.

En ajoûtant la septième à l'accord de la tonique, on la rend dominante, & presque toûjours dominante-tonique, comme dans le chromatique *(z)*, & en y ajoûtant la sixte majeure, on la rend sous-dominante; si l'on y ajoûtoit la sixte mineure, elle ne seroit plus fondamentale.

On ne peut ajoûter que la septième aux toniques, ou censées telles, qui terminent une cadence rompue.

Une cadence interrompue ne s'évite point, puisqu'elle se forme de deux dominantes-toniques ; mais elle s'imite en rendant simples ces deux dominantes, ou seulement l'une des deux. Souvenons-nous, au reste, que de ces deux dominantes-toniques, la première, qui est dans un *Ton majeur,* descend toûjours d'une tierce mineure sur celle de son relatif *mineur.*

Tant que la dominante & sa tonique se succèdent, on peut toûjours ajoûter à celle qui ne termine point de repos la dissonance qui lui convient dans leur succession, c'est-à-dire, la septième à l'une, & la sixte majeure à l'autre; ainsi cadence annoncée, & sur le champ évitée, dès que l'esprit de la chose peut le demander.

Après la dominante-tonique d'un *Ton mineur,* on ne peut que terminer la cadence parfaite ou la rompre.

Quand on est au fait de ces deux moyens d'éviter ou d'imiter les cadences, on peut les confondre par celui des deux termes que l'on veut.

Souvenons-nous de la marche des doigts, VIIe & XXIe Leçons, *pages 30* & *56*, au sujet de ces cadences, cela doit faciliter beaucoup l'arrangement des quatre parties.

(z) XXVIe Leçon, *page 66.*

La cadence irrégulière n'est sujette à aucune variété, puisqu'elle ne peut être annoncée par aucune dominante.

C'est en profitant de toutes les routes de la B. F. qu'on fait donner à la Musique cette grande variété dont elle est susceptible, laissant à part le *chromatique*, l'*enharmonique*, la *supposition*, la *suspension*, & les ornemens de la mélodie, qui néanmoins tirent leur source de ces mêmes routes, comme on le verra dans le VI.e Moyen.

Ne négligeons pas sur-tout les exemples déjà recommandés, en attendant ceux qui paroîtront dans la suite.

Article XVI.

Des intervalles nécessairement altérés dans la modulation.

Il n'y a pas un *Ton* qui ne reçoive dans sa marche une fausse quinte au lieu d'une quinte, de sorte qu'on n'en doit faire aucune différence, soit dans la route fondamentale, soit dans les accords, pourvû qu'on y emploie les notes diatoniques contenues dans l'étendue de l'octave du *Ton régnant*.

Dès que la sous-dominante d'un *Ton majeur* est rendue dominante, elle fait toûjours la fausse quinte de la note qu'elle domine: en supposant le *Ton majeur* d'*ut*, ce sera pour lors le *fa* qui devra passer à *si (a)*: la même chose arrive entre ces deux mêmes notes dans le *Ton mineur*, qui est ici celui de *la* par rapport au *majeur* d'*ut*.

Cette fausse quinte, qui se renverse en un *triton*, doit être préférée dans la B. C.

La même raison qui oblige de remplir les accords des notes comprises dans l'étendue de l'octave du *Ton régnant*, doit y faire prendre pour septième ordinaire la *superflue* qui se trouve encore sur le même *fa*, c'est-à-dire, sur toutes les sous-dominantes des *Tons majeurs*, qui sont en même-temps les sixtes mineures de leurs *Tons mineurs* relatifs: de cette septième superflue naissent, dans le renversement, d'autres intervalles altérés; mais la B. F.

(a) Gamme par quinte.

une fois donnée dans le *Ton régnant*, tout est dit, tout est parfait, & l'on ne doit plus s'arrêter à des altérations accidentelles qu'exige ce *Ton* sans aucune conséquence.

Article XVII.

Préparation & résolution de la Dissonance, où l'on parle de la suspension, des notes qui dans l'harmonie se comptent pour rien, & des cadences rompues & interrompues.

Exemple C, page 9.

Il n'y a qu'une seule dissonance dans l'harmonie fondamentale, savoir, la septième d'une dominante : toutes celles qu'on y ajoûte ne sont que renversées, excepté la note sensible & la sixte majeure ajoûtée à une sous-dominante, qu'on y a toûjours confondues, quoique dans leur origine ce soient des consonances. Cependant, comme ces consonances ont une marche décidée dans le cas présent, savoir, de monter diatoniquement, pour indiquer cette marche, je me servirai du même terme de *résoudre* ou *sauver*, qui ne convient qu'à la dissonance.

Ce que ces consonances censées dissonances ont de particulier, c'est qu'elles ne se *préparent* jamais ; la note sensible même dispense de *préparation* toutes les dissonances qui l'accompagnent, & la sixte majeure ajoûtée exige au contraire que la quinte qui l'accompagne soit toûjours préparée ; mais cela vient d'une cause première, savoir, du double emploi, comme on doit le savoir à présent. L'accord de la sous-dominante, qui reçoit cette note ajoûtée, est le même que celui de septième sur sa tierce au-dessous, apostillée su-tonique, comme on le voit à *b* de l'exemple *B*, où le guidon marque dans la B. F. cette su-tonique avec la septième, aussi marquée par le guidon du chant, & préparée à *a*, laquelle septième est quinte de la sous-dominante qu'indique la note fondamentale *b*.

La préparation d'une dissonance consiste en ce que la même note qui la forme soit comprise dans l'harmonie qui la précède,

&

DE MUSIQUE PRATIQUE.

& qu'à la rigueur cette note se répète ou syncope, pour former la dissonance : quant à sa *résolution*, elle doit toûjours descendre diatoniquement, la chose prise encore en rigueur.

Par-tout où la B. F. monte de tierce, de quinte, ou de septième, jamais la dissonance ne peut être préparée ; aussi n'y monte-t-elle guère que sur des dominantes-toniques, comme de *c* à *d* dans l'exemple *C*, où la note sensible marquée d'une ✛ pour chiffre de la B. F. dispense de cette préparation : qui plus est, la B. F. ne monte jamais de septième qu'en vertu d'un renversement peu usité, d'autant qu'il n'amène rien de nécessaire qui ne puisse être observé plus légitimement & plus agréablement.

Par-tout où la B. F. descend par les mêmes intervalles, la dissonance doit être préparée ; mais peut-on ne le pas observer, puisque sa préparation est nécessairement contenue dans l'harmonie qui la précède ? La septième *h* ne se trouve-t-elle pas dans l'harmonie de *g*, & ne peut-elle pas être sous-entendue, dès que toute consonance est sous-entendue dans la résonance du corps sonore ? Il est encore vrai que l'accord sensible dont elle fait partie, dispense de cette préparation ; cependant, dès que la possibilité s'y rencontre, comme aux deux *i*, où le premier prépare la septième, il en faut profiter, excepté dans des cas où le goût du chant peut s'y opposer.

Il en est de même de la *résolution* d'une dissonance, avec cette circonstance cependant, que si le goût du chant entraîne d'un côté opposé à celui qu'exige cette *résolution*, il faut au moins qu'une autre partie y supplée, comme de *h* du premier dessus à *k* du deuxième, où la septième *h* descend diatoniquement.

Lors encore que la septième *l*, & la note sensible *m*, se succèdent au dessus d'une même B. F. il n'importe laquelle des deux soit sauvée : *n* qui sauve la septième *l*, ou bien *o* qui sauve la note sensible *m*, est également bon.

Ajoûtons à cette remarque qu'il suffit que la consonance désirée sur une B. F. soit celle d'une autre B. F. amenée par une succession légitime, pour que l'effet en soit toûjours agréable ; ce qui ne peut arriver que par la suspension, dont la supposition tient souvent lieu : aussi voit-on à *q* du deuxième *C*, l'octave de la tonique *ut* dans la B. C. suspendue par la neuvième, se sauver sur la tierce de la B. F. *r*, de même que la tierce de la tonique *s*, toûjours dans la B. C. suspendue par la quarte, se sauve sur la quinte de la B. F. *t*, qui est aussi B. C. & qui auroit fait la tierce de la note *s* de cette B. C. si la note *s* eût continué.

La règle qui défend de faire syncoper la B. F. exige que de deux notes du chant, la première qui débute par un *temps mauvais (b)*, soit comptée pour rien, dès que la deuxième demande la même B. F. c'est-à-dire que pour lors cette première note est censée appartenir à la B. F. qui précède celle qu'exige la deuxième note.

Ne pouvant donner à la note sensible *u* du troisième *C* que la dominante-tonique pour B. F. je compte cette note *u* pour rien, & ne la considère légitime qu'à *x*, sinon la B. F. syncoperoit, lorsqu'il s'y agit d'un repos terminé sur *x*, & qui ne peut s'annoncer que par la tonique *u*, ou bien encore par sa sutonique, qui deviendroit pour lors dominante-tonique, en supposant qu'on voulût rendre effectivement tonique la note *x*.

Moins la marche est parfaite, plus la règle de préparer & de sauver doit être observée en rigueur; ce qui regarde principalement les cadences rompues ou interrompues.

Dès qu'une dominante annonce une cadence, & qu'on peut suspendre cette annonce par une quarte & sixte, ou quarte & quinte, & dès qu'on peut également suspendre la tierce de la tonique, ou censée telle, par sa quarte, pourvû que les consonances suspendues ne paroissent en même temps dans aucune partie, c'est toûjours bien fait : au reste, c'est au goût d'en décider. Voyez l'exemple *K* de la XIX.ᵉ Leçon, *page 54*, il est rempli de toutes ces suspensions.

Une note qui tient pendant quelques mesures, ou qui s'y répète, demande volontiers qu'on y varie l'harmonie par des chants agréables, & sur-tout analogues au dessein du sujet, encore plus à l'expression.

(*b*) Article XIV, *page 93*.

CHAPITRE VIII.

Moyens de trouver la Basse Fondamentale sous un Chant imaginé ou donné.

Premier Moyen.

Accords, repos, ou cadences.

Exemple D, *page 9.*

ON doit savoir qu'en partant d'une tonique, ou censée telle, les notes qui sont à sa tierce ou à sa quinte au dessus, de même que celles qui sont à sa quarte ou à sa sixte au dessous, appartiennent à son harmonie *a*, au lieu que sa quarte & sa sixte au dessus, aussi-bien que sa tierce & sa quinte au dessous, appartiennent à l'harmonie de sa sous-dominante *b*.

Ces mêmes intervalles entrelacés, comme *mi, fa, sol, la,* donnent du diatonique, où la B. F. doit changer à chaque note, en formant des repos possibles de l'une à l'autre. C'est sur le *temps bon* que la finale de chaque cadence se décide, en y reconnoissant celles qui tiennent à l'harmonie des trois notes fondamentales, la tonique, sa dominante & sa sous-dominante: ainsi la tonique termine sa cadence à *cc*, la sous-dominante à *dd*, & la dominante à *gg*.

La même chose arrive entre la tonique & la dominante, aux notes diatoniques *si, ut, ré, mi,* dont celles qui sont en tierces appartiennent à l'harmonie de l'une ou de l'autre; si elles marchent en montant: les repos se terminent sur la tonique *ff*, & en descendant sur sa dominante *gg*.

On voit par-là toutes les notes de l'octave, *si, ut, ré, mi, fa, sol, la,* susceptibles de repos ou cadences: si la B. F. de l'une de ces notes termine le repos, celle de l'autre l'annonce; non qu'une dominante au deuxième *c*, & une sous-dominante au deuxième *f*, ne puissent annoncer les repos, selon les guidons de la B. F. avec leurs chiffres, ce qui est une suite de l'énoncé dans l'Article XII, *page 91*; mais de meilleures raisons encore en décident, comme on l'apprendra quand il en sera temps.

IIe M o y e n.

Tierces, Quartes & Quintes.

E x e m p l e *E, page 10.*

Toute note où l'on descend de tierce dans un *temps bon*, est médiante, note sensible, quinte, ou même octave.

Lorsque cette note est médiante *d & o*, ou note sensible *m*, il s'y forme toûjours un repos plus ou moins absolu, l'un sur la tonique *d & o*, l'autre sur la dominante *m*.

Si cette même note est quinte, *b, g & q*, les repos y sont encore possibles, mais moins sensibles.

Il est presque toûjours libre de traiter effectivement le *Ton* de la dominante de *l à m*, en donnant la tierce majeure à la B. F. sous *l*, tierce qui sera pour lors note sensible: on pourroit également terminer un repos de *h à i* sur la sous-dominante, selon le guidon *i* qui descendroit de tierce sous *l*, pour rentrer dans le *Ton régnant*, même encore après avoir traité celui de la dominante de *l à m*.

La note *i* peut former également tierce, quinte ou octave; & si l'octave y est préférée, c'est pour ne point sortir du *Ton régnant*.

Toutes les difficultés qui semblent se présenter dans tant de différences, s'applaniront par la connoissance du *Ton* & par le sentiment des repos *(c)*, qu'on suppose au moins aux commençans, sinon ce seroit en vain qu'ils voudroient se livrer à la composition.

Sachant les dièses ou bémols qui caractérisent chaque *Ton (d)*, l'on ne peut jamais se tromper sur les médiantes ou notes sen-

---

(c) Article VI, *page 84.*
(d) XIIe & XIVe Leçons, *pages 39 & 45.*

fibles: voyez s'il est possible d'imaginer comme telles les notes *b* & *q*, puisqu'elles supposeroient pour lors des *Tons* armés de dièses qui ne paroissent point; donc ces notes sont quintes ou octaves.

Deux notes, dont la dernière descend de quinte dans un *temps bon*, font ordinairement l'octave, la quinte ou la tierce de leurs B. F. ce qui ne peut se décider que par la connoissance du *Ton*; ainsi nous n'en donnerons d'exemples que quand nous en serons là.

Si la dernière note de ces consonances, tierce, quarte ou quinte, tombe dans le *temps mauvais*, comme à *c*, à *f*, à *r*, à *t* & à *x*, elle appartient presque toûjours à la même B. F. de la première: c'est cette même note qu'on trouve de soi-même, en laissant tomber la voix au moins une tierce au dessous de la finale d'un repos *(e)*. Cependant, si l'on sentoit que la phrase dût recommencer avec ces notes *c*, *f*, *r*, *t* & *x*, soit par les paroles, soit par le seul esprit du chant, on feroit toûjours bien de leur donner une nouvelle B. F. soit en rendant dominante ou sous-dominante la tonique, ou censée telle, qui les précède, soit effectivement par une nouvelle B. F. possible, comme aux guidons *e*, *f*.

On est au fait du renversement des intervalles, on sait que quarte en montant, *s*, *t*, est la même chose que quinte en descendant, *q*, *r*; ainsi des autres.

On ne sauroit trop se rendre familiers ces deux premiers Moyens: on peut en chercher des exemples dans différens ouvrages de Musique: les plus beaux chants sont remplis des marches dont ils traitent; l'imagination les suggère volontiers aux moins expérimentés, & la B. F. ne peut guère leur en échapper, en suivant exactement les règles précédentes.

(e) Article VI, page *85*.

CODE

III.ᵉ Moyen.

Tenues d'Octaves & de Quintes, avec B. F. arbitraires.

Exemple *F*, *page 10*.

L'octave d'une tonique confervée pendant plufieurs mefures, peut avoir plufieurs B. F.

D'abord la tonique peut fubfifter avec fon octave; mais cela ne convient guère que dans certains cas, comme exclamations, &c. fur-tout pour des chœurs de Mufique, où la même harmonie en tenue produit fouvent de grands effets.

Cette octave d'ailleurs étant commune à la *tonique* & à fa fous-dominante, dont elle eft quinte, peut les recevoir alternativement pour B. F. & en conféquence une B. C. ou une autre partie, peut marcher diatoniquement pendant la tenue de cette même octave *a*.

Cette même octave encore peut faire fucceffivement auffi tierce, quinte & feptième d'une B. F. ou B. C. qui defcendra par tierces *b*, dès que cette feptième pourra fe fauver enfuite, comme à *c*; finon l'on abandonnera la B. F. qui la porte, pour lui fubftituer la fous-dominante *f*, qui peut être auffi cenfée tonique felon la B. F. le tout à volonté; arbitraire qui tient du *double emploi*, comme on peut à préfent s'en affurer par foi-même, & par le guidon fous *f*.

Les trois premières notes de la B. F. font toniques à *b*, & la première l'eft feule dans la B. C. de forte que les deux dominantes qui defcendent de tierce dans cette B. C. imitent pour lors la *cadence interrompue*, ce qui eft encore arbitraire.

Cette imitation de toutes les cadences eft ce qu'il y a de plus compliqué dans la compofition: celle de la cadence parfaite eft facile à concevoir & à pratiquer par l'enchaînement de deux ou de plufieurs dominantes: la *rompue* & l'*interrompue* peuvent encore s'imiter aifément par leurs marches connues.

Bien que toutes les notes foient toniques à *d*, *f* dans la B. F. il vaut mieux cependant ajoûter la fixte à la fous-dominante *f*,

DE MUSIQUE PRATIQUE.

comme dans la B. C. elle ajoûte des graces à l'harmonie, & même au chant dans le besoin: qui plus est, la note *d* de la B. C. peut être dominante du guidon qui la suit, & où le double emploi paroît évident.

On peut encore, sous cette tenue, former l'enchaînement des trois dominantes qui commencent par *l'ajoûté*, comme à *g*, & même passer au *Ton* de la dominante du *Ton régnant*, c'est-à-dire, au *Ton* de sa quinte au dessus, dont la *seconde* est commune avec *l'ajoûté* à la tonique. Ne voit-on pas effectivement à *g* que l'ajoûté à *ut* & la *seconde* de *sol* ont la même B. F? Il faudroit cependant, en ce cas, rendre la dominante *h* dominante-tonique.

Si au contraire la tenue est quinte de la tonique, & par conséquent octave de sa dominante, sa principale B. F. consiste dans la succession alternative de ces deux mêmes notes fondamentales, qui pour lors fournissent avec cette tenue différens accompagnemens par la variété de leur mélodie sur le même fond, dont on trouve des modèles dans quantité de chœurs de Musique, & presque dans toutes les Ariettes Italiennes & Françoises.

Remarquons que la tenue formant la quinte d'une note, fait par conséquent l'octave de cette quinte; si bien que toute la différence des exemples *F*, entre *a* & *i*, ne consiste qu'à savoir si cette tenue est octave de la tonique ou de sa dominante, ce qui est visible dès que le *Ton* est connu: aussi le même ordre diatonique formé par la cadence irrégulière entre la tonique & sa sous-dominante dans la B. C. *a*, peut-il également s'observer par la cadence parfaite entre la tonique & sa dominante, comme à *i*.

Dans ce diatonique, toutes les notes qui tiennent à la même B. F. peuvent être entrelacées au gré du Compositeur, de sorte qu'on n'y entretient ce diatonique qu'autant qu'on le veut.

Pour ce qui regarde la note fondamentale qui doit commencer & finir avec ces sortes de tenues, nous l'apprendrons dans la suite plus positivement que je ne pourrois l'expliquer à présent: il en est encore question à la fin du V.ᵉ Moyen.

Une autre B. F. encore possible sous cette quinte en tenue de la tonique, c'est que la tonique peut monter de tierce, & celle-ci encore de tierce sous cette même quinte, qui fait la tierce de l'une & l'octave de l'autre : ces deux dernières notes fondamentales ne peuvent être que censées toniques.

IVe MOYEN.

Diatonique avec B. F. arbitraires, où l'on parle des notes communes à différentes B. F.

EXEMPLE G, page 10.

Le *Ton majeur* formant les degrés diatoniques de son *mineur* relatif, dès que la quinte du *majeur* ne se trouve point dans le chant, soit naturelle, soit diésée, le *Ton* est indécis, de sorte que tout diatonique y peut appartenir également à l'un & à l'autre *Ton*, *a, b, c, d, e, f, g, h, i.*

Si le chant commençoit ou finissoit par la tonique du *mineur*, son *Ton* seroit pour lors déclaré ; mais comme sa tierce & sa quinte font aussi l'octave & la tierce de la tonique du *majeur*, ces dernières consonances laissent toûjours de l'arbitraire dans le cas spécifié, excepté que le rapport des *Tons* successifs ne décide pour l'un des deux, ce qui s'éclaircira par la suite.

Ne considérant à présent que le *Ton* d'*ut* pour tous les *majeurs*, & celui de *la* pour tous les *mineurs*, on doit y remarquer deux notes bien essentielles, savoir, *si* & *ré*, qui font en même-temps la tierce majeure & la septième de la dominante-tonique du *majeur*, & la sixte majeure avec l'octave de la sous-dominante du *mineur*. Or, dès que le *si* monte diatoniquement, comme l'exige toute note sensible, que représente cette note *si* dans le *Ton majeur* d'*ut*, & comme l'exige encore tout *ajoûté* à une sous-dominante, *ajoûté* que représente aussi cette même note *si* dans le *Ton mineur* de *la*, l'arbitraire entre ces deux *Tons* règne nécessairement, comme on le voit à *h, i* du premier *G*, & à *f, g* du troisième pour le *Ton majeur*, & à *h, i* du deuxième *G*, aussi-bien qu'à *f, g* du quatrième pour le *Ton mineur*, où la sous-dominante est pour lors marquée d'un guidon & chiffrée ⁶⁄₅.

D'un autre côté, si le *ré* descend, on le voit également appartenir à *f* du premier *G*, comme quinte de la dominante-tonique du du *Ton majeur*, & à *f* du deuxième *G*, non seulement comme octave de la sous-dominante du *Ton mineur*, mais encore comme septième de la dominante-tonique de ce dernier *Ton*.

Il y a plus encore : si l'on se rappelle l'accord de septième diminuée que peut porter toute note sensible des *Tons mineurs (f)*, combien n'y trouvera-t-on pas de notes communes avec les accords de la dominante-tonique & de la sous-dominante de ce même *Ton*, aussi-bien qu'avec l'accord de la dominante-tonique du *majeur*!

L'accord est le même entre les trois fondamentales qu'on vient de citer dans le *Ton mineur*, à une note près : dans l'accord de la septième diminuée se trouvent *sol dièse, si, ré, fa* ; dans celui de la dominante-tonique se trouvent *sol dièse, si, ré, mi* ; & dans l'*ajoûté* à la sous-dominante se trouvent *si, ré, fa, la* ; puis dans le *sensible* du *Ton majeur* se trouvent *sol, si, ré, fa*, où toute la différence d'avec la précédente septième diminuée consiste dans le *sol* naturel ou dièse : on voit par conséquent trois notes communes dans les accords de chacune des trois B. F. citées avec celui de la septième diminuée, sans rappeler les communautés précédentes ; choix qui doit paroître d'abord bien embarrassant pour un commençant ; mais attendons que d'autres moyens nous en rafraîchissent la mémoire, bien-tôt la chose ne nous paroîtra plus qu'un jeu.

J'ai déjà dit que souvent le choix du *Ton majeur* ou de son *mineur* relatif dépendoit du rapport que l'un des deux devoit avoir dans la succession des *Tons* ; mais on est souvent aussi le maître de choisir, sur-tout pour éviter de trop fréquentes répétitions de cadences dans un même *Ton*, comme on l'expliquera : d'ailleurs, ce n'est que dans les cas où la note du chant suit sa route décidée après avoir formé dissonance avec la B. F. qu'on peut lui supposer : sinon il est inutile de s'en occuper.

Au reste, lorsque le repos, du moins en apparence, demande la tonique pour B. F. dans un *Ton mineur*, il suffit que de toutes les notes communes aux trois B. F. qui peuvent la précéder, savoir, la dominante-tonique, la note sensible & la sous-dominante,

---

(*f*) XXV.ᵉ Leçon, *page 65*.

il suffit, dis-je, que l'octave de la dominante-tonique & la su-dominante ne paroissent point dans le chant, pour que l'arbitraire règne entre les deux premières B. F. de même qu'il régnera entre les deux dernières, lorsque la tonique & la note sensible ne paroîtront point dans ce chant.

L'exemple de ces derniers arbitraires paroît à f & à h du deuxième & du quatrième G, où tantôt les notes, tantôt les guidons marquent les trois B. F. possibles dans le *Ton mineur*.

En jugeant de ces arbitraires sur le nom des intervalles, savoir, su-tonique, su-dominante, &c. & sur celui des B. F. il est facile de les appliquer à quelque *Ton* que ce soit.

Si le chant du cinquième & du sixième G est le même, considérez l'arbitraire dont on y est maître entre les deux *Tons* relatifs, voyez comment la dominante-tonique & la sous-dominante peuvent se le disputer à h & à i; à h, puisque la quinte de la dominante peut être réputée sixte ajoûtée à la sous-dominante, dès qu'elle monte diatoniquement; à i, où l'octave de cette sous-dominante peut d'abord être tierce de la su-tonique, laquelle tierce prépare la septième de la dominante-tonique: ce qui est encore mieux que de faire commencer la mesure par cette dominante, comme cela se pourroit dans le besoin, attendu que l'accord sensible dispense de préparer toute dissonance qui en fait partie.

C'est sur-tout dans le sixième G que les guidons l, m, n présentent le *Ton majeur* relatif au *mineur régnant*, avec d'autant plus d'agrément qu'il fait éviter trois repos trop prochains l'un de l'autre sur la tonique de ce même *Ton mineur*.

Si les dominantes-toniques ne sont point chiffrées à f & à h du deuxième G, on sait assez que l'accord sensible leur tombe de droit.

Quant aux guidons sous d du troisième G, & sous k du cinquième, l'un marque une censée tonique possible, l'autre qu'on peut descendre de tierce en partageant la note du chant en deux valeurs égales, & que cela est toûjours mieux, excepté que le goût, l'esprit du chant de la basse, n'exige le contraire.

V.ᵉ MOYEN.

Diatonique tant en montant qu'en descendant, dont chaque note répétée dans la même mesure ou syncopée, peut recevoir deux Basses Fondamentales différentes, outre l'arbitraire qui peut s'y rencontrer.

EXEMPLE *H, page 11*, pour le Diatonique en montant.

Si le chant débute par la quinte d'une tonique pour monter diatoniquement sur une note qui se répète dans la même mesure, ou qui syncope, cette tonique peut toûjours descendre de tierce dans la B. F. & le doit même en cas de syncope, comme on le voit dans le début des trois premiers *H*.

Si le chant débute au contraire par l'octave de la tonique, celle-ci monte également avec ce chant, selon le quatrième *H*.

Dans les deux premiers *H*, on est forcé d'imiter une cadence interrompue à *c, d* du premier, ou de l'effectuer à *c, d* du deuxième, pour pouvoir donner deux B. F. différentes à la *note sensible* d'un *Ton majeur*; au lieu que dans le *mineur* cette note sensible n'a point d'autre B. F. qu'elle-même, ou du moins la dominante-tonique.

Toutes les dominantes du premier *H* sont simples, excepté celle du *Ton régnant* à *c* & à *g:* dans le deuxième, le chromatique possible en fait autant de dominantes-toniques depuis *b* jusqu'à *e*, où la tonique du *Ton mineur* retourne à celle du *majeur régnant* à *f*, pouvant d'ailleurs descendre de tierce sur une censée tonique, en conséquence de la liberté qu'on a de faire succéder des toniques par tous les intervalles consonans, dès que le chant le permet, pourvû cependant que l'une de ces toniques puisse rentrer dans le *Ton régnant*, ou qui va régner ensuite, par les routes dictées.

On voit à *b, c* du deuxième *H*, la liberté qu'on a de rendre une note dominante-tonique après son *sensible*, à la faveur du chromatique, ou d'en faire une tonique, pourvû que ce soit dans un *Ton* qui ait du moins quelque rapport au *régnant*.

Si les notes du chant syncopent, comme au troisième *H*, leurs B. F. seront celles du premier *H*, jusqu'à *e* pour le diatonique, & celles du deuxième pour le chromatique, toûjours jusqu'à *e*.

En observant le diatonique dans ce troisième *H*, la note *e* de la B. F. doit être simple dominante, & pour lors on est forcé d'imiter deux fois de suite une cadence interrompue d'*e* à *f*, & de *f* à *g*, pour changer de B. F. à chaque note syncopée ; au lieu que, dans le chromatique, la B. F. *e* rendue tonique passe à celle du *Ton majeur régnant* sous *f* dans la B. F. pour ne plus quitter son *Ton*.

Le chromatique introduit dans l'harmonie par la B. F. d'un chant diatonique, ajoûte même à la beauté de ce chant, quoique ne s'en doutent pas bien des personnes qui n'ont que la mélodie pour objet : ce chromatique donne d'ailleurs plus de facilité au Compositeur pour trouver des chants agréables dans ses accompagnemens ; il sert aussi le génie en inspirant souvent des changemens de *Tons*, qu'on ne soupçonneroit pas sans son secours ; mais nous n'en parlons encore qu'en passant.

Le quatrième *H* offre une B. F. pareille à celle du deuxième depuis *f* jusqu'à *i*, & à celle du troisième depuis *i* jusqu'à *l*; mais la note *l* syncopant à *m*, & le repos conduisant à la tonique, au lieu qu'il n'avoit été terminé jusque-là que sur la dominante-tonique, la B. F. suit pour lors une route plus régulière, où se voient de suite l'*ajoûté k*, la *seconde l*, le *sensible m, n*, & le *parfait o*.

Voyez cette septième *m* du quatrième *H*: si elle n'est pas *sauvée* immédiatement, la note *n* qui la suit n'appartient-elle pas toûjours à l'harmonie de la même dominante qui porte l'une & l'autre ? Donc rien ne presse pour quitter cette dominante, dont la succession légitime se présente à *o*.

Quand même il se trouveroit plusieurs notes de l'harmonie d'une dominante entre sa septième & ce qui doit suivre celle-ci, quand même la vraie note qui devroit la *sauver* ne paroîtroit pas après toutes les autres, il suffit souvent qu'il paroisse ensuite une note appartenant à l'harmonie de la B. F. qui doit suivre cette dominante, sur-tout si l'on y sent le moindre repos, pour

DE MUSIQUE PRATIQUE.

que le tout soit légitime; & c'est pour lors que dans la B. C. ou dans une autre partie, on a soin d'inférer la note même qui doit *sauver* la dissonance en descendant diatoniquement, comme je l'ai déjà dit.

Il y a licence à *k, l* du premier & du deuxième *H*, & à *l, m* du troisième dans la B. C. aussi-bien que dans la B. F. mais je n'en puis rendre compte qu'au IX.ᵉ Moyen.

Remarquons, au reste, que dès que la note sensible ne syncope pas, on peut se passer de lui donner deux B. F. différentes, & qu'en ce cas suit naturellement une cadence parfaite qu'on peut cependant *rompre* ou *interrompre* encore si l'on veut.

Tous ces différens moyens de varier l'harmonie d'un même chant, doivent ouvrir une grande carrière au Compositeur; mais je l'attends au chant chromatique donné pour sujet, c'est-là qu'il doit trouver encore de nouvelles ressources.

Les exemples donnés dans le *Ton majeur* servent également pour le *mineur*, excepté que la note sensible n'y doit jamais syncoper, attendu qu'elle n'y peut souffrir deux B. F. différentes.

EXEMPLE *I, page 12*, pour le Diatonique en descendant.

Le Diatonique en descendant, dont chaque note, syncopée ou non, peut recevoir deux B. F. différentes, n'est pas à beaucoup près susceptible d'autant de variétés qu'en montant: je n'y vois généralement que deux moyens, savoir, que la deuxième partie de la note du chant peut être septième ou quinte de la B. F. il est vrai qu'elle peut en faire aussi l'octave, mais beaucoup plus rarement.

Que les notes du chant soient syncopées ou non, l'on voit dans les exemples des quatre premiers *I*, que l'ordre de la B. F. est toûjours le même, aux finales près.

Le premier & le deuxième *I* terminent sur la dominante dans le *Ton d'ut;* le troisième & le quatrième terminent au contraire sur la tonique dans le *Ton de sol*.

Les deux premiers *I* peuvent former trio avec la B. C. du deuxième; ainsi des deux suivans avec l'une ou l'autre de leurs B. C.

La tonique *a* du premier *l* doit être naturellement conservée telle à *b*, puisqu'elle annonce un repos sur sa dominante *c:* cependant on peut imiter une cadence rompue de *b* à *c*, selon le guidon *b* de la B. C. sur-tout si les notes du chant *a*, *b*, & *d*, *f* du deuxième syncopoient.

La cadence n'étant annoncée qu'à *h* du troisième & du quatrième *l*, on ne doit non plus ne l'annoncer que là par la dominante-tonique: cependant on peut employer d'abord cette dominante aux deux *g*, en lui donnant la quarte par supposition; supposition qui, dans d'autres cas, n'est souvent qu'une suspension, l'une & l'autre préparant pour lors l'annonce du repos ou *cadence*.

Dans le cinquième *I*, la note *l* qui syncope ne peut former que l'octave, puisque le repos se termine ensuite sur la médiante *n* du chant.

La tonique qu'exige la médiante *n* pour décider le repos, veut être, en pareil cas, précédée de sa dominante ou de sa sous-dominante, entre lesquelles la note *m* du chant laisse l'arbitraire; mais la sous-dominante ne pouvant être précédée que d'une tonique, & la note *l* du chant ne pouvant recevoir cette tonique, puisque celle-ci se trouvant d'obligation sous *k*, syncoperoit pour lors, donc la seule dominante nous reste pour *l*, où son octave est suivie de sa septième *m*, sauvée à *n*.

Voilà le seul cas où la note syncopée qui descend diatoniquement, doive former l'octave d'une dominante précédée de sa tonique, & qui pour lors reçoit ensuite sa septième; succession dont j'ai déjà parlé dans le premier Moyen, *page 99*.

Il en est de cette octave suivie de la septième, pour descendre sur la tierce d'une B. F. comme de cette tierce dont la dernière note descend dans le *temps bon*, selon l'énoncé du II.ᵉ Moyen, *page 100*; car la note diatonique par laquelle on passe pour descendre de tierce sur une médiante ou note sensible, est toûjours la septième de la B. F.

On peut pratiquer avec cette octave une suspension de $\frac{6}{4}$, ou de simple quarte, selon le chiffre de la B. C. à *l* du sixième *I*, le tout à volonté.

Si la note syncopée peut appartenir à la tonique comme quinte (*o* du septième *I*) dès-lors la sous-dominante pourra le disputer à la dominante sous la note *p*, où descend cette quinte; & dans le *Ton mineur*, la note sensible (*g*) pourra le disputer encore à toutes les deux par les notes qu'elles ont de commun dans leur harmonie, ayant marqué les dernières de guidons à *p* de la B. F. pendant que la note sensible existe en leur place dans la B. C.

Le chant de ce septième *I* peut appartenir également aux deux *Tons* relatifs à la tierce mineure ; c'est à la modulation, dont il n'est pas encore question, d'en décider: on se souviendra d'ailleurs de ce qui a été dit sur ce sujet dans le quatrième Moyen, *page 104.*

VIe Moyen.

Entrelacement d'accords consonans & dissonans, tant en duo qu'en trio, par imitations, tiré des cadences & de l'enchaînement des dominantes, où la sixte superflue est employée.

Exemple *K*, page 12.

En employant la quarte par supposition dans les cadences irrégulières, on peut former d'agréables phrases de Musique en trio par imitations entre deux parties.

Quoique la B. F. présente à chaque *a* du chant une dominante sous la quarte que porte la B. C. on peut néanmoins regarder les cadences qui s'ensuivent dans cette B. C. comme irrégulières, en traitant la quarte de suspension sans conséquence: on regarde pour lors la B. F. comme un hors-d'œuvre, dès que la supposition ne fait que suspendre une succession naturelle & fondamentale dans la B. C. telle qu'elle se trouve par-tout entre les deux notes séparées par la supposition ou suspension de la quarte. Voyez le troisième *K*, où la B. F. est pareille à la B. C.

(*g*) XXVe Leçon, *page 65*, où la note sensible est reconnue B. F.

Si la B. F. a deux marches diatoniques d'*a* à *b*, & de *b* à *c*, elle y suit néanmoins les routes prescrites : la tonique *a* monte de seconde sur une dominante à *b*, & celle-ci monte de même sur une autre dominante à *c*, où pour lors la cadence rompue est imitée ; moyen propre à embellir le chant de plusieurs parties, & à entretenir des imitations, dont tout l'exemple est rempli, & que je traiterai plus à fond encore dans le IX.ᵉ Moyen. Remarquez, au reste, comment d'un *Ton* peu relatif au *régnant* on rentre dans celui-ci par le demi-ton d'*a* à *b*, dans la B. F.

Les dominantes-toniques de la B. F. sous les quatre premiers *a*, procurent une suite d'harmonie charmante, pourvû qu'on en évite les octaves dans les autres parties : par exemple, au lieu de descendre sur l'octave de cette B. F. à chaque *a*, le chant monteroit sur la note sensible chiffrée d'une croix ✚, & marquée d'un guidon dans ce chant où le *Ton mineur* exige un dièse sur la note qui y monte diatoniquement, & qu'il faudroit par conséquent ajoûter aux notes qui précèdent les guidons du troisième & du quatrième *a*. Mais prenons garde pour lors de ne pas trop nous éloigner du *Ton régnant*, ou du moins de celui dans lequel la phrase harmonique pourroit finir ; ce qui s'éclaircira lorsqu'il s'agira de la modulation.

Les parties du chant peuvent encore former entr'elles des imitations en montant diatoniquement de tierce l'une après l'autre, au dessus de ces dominantes-toniques, selon le deuxième *K* ; mais remarquons que pour faire évanouir le sentiment des *Tons* qui s'éloignent trop du *régnant* par le nombre de leurs dièses, on cherche l'occasion de contraster ces *Tons* par un ou plusieurs dièses de moins, pour ne pas dire par des bémols : aussi passe-t-on pour un moment dans le *mineur* de la su-tonique de ce *régnant* à *i*. C'est ainsi qu'en opposant un genre à l'autre, ou encore la marche qui augmente les dièses ou les bémols à celle qui les diminue, on efface le sentiment des *Tons* trop éloignés du *régnant*, pour le rappeler à l'oreille, comme s'il eût toûjours existé.

On voit à *f* du premier *K* la même cadence irrégulière qu'auparavant, où chaque tonique devient sous-dominante en y ajoûtant la sixte majeure, ce qui procure pour lors un chant agréable aux deux parties supérieures par imitations; mais au premier *g* la tonique, qui l'auroit encore pû recevoir ensuite, l'éloignant trop du *Ton régnant*, on ne lui donne plus qu'une tierce mineure, d'où elle n'est plus fondamentale, comme le prouve la B. F. du deuxième *g*, ce qui contrarie les dièses ou béquares d'auparavant, & rappelle par ce moyen l'idée du *Ton régnant*, qui n'a ni dièses ni bémols, selon ce qui en a déjà paru.

Remarquons bien que la suspension de l'octave de la tonique *h* par sa neuvième dans la B. C. du premier *K*, naît justement d'une imitation de la cadence interrompue terminée au même *k* dans la B. F. & forcée par la syncope du chant: si cette même tonique *h* de la B. C. ne continue pas sous son octave, comme elle l'auroit pû, c'est pour donner plus d'agrément à son chant, & plus de variété entre ce chant & celui du dessus. A quelque B. F. légitime qu'appartienne une consonance qui doit sauver la dissonance, ne sait-on pas à présent que l'effet en est toûjours bon?

Remarquons bien encore qu'on ne peut employer la note sensible que dans la B. C. comme on le voit avant *h*, dès qu'il s'agit de suspendre ensuite l'octave de la tonique par sa neuvième.

L'imitation des cadences interrompues de *l* à *k*, entrelacées avec celles des parfaites de *k* à *l*, procure d'agréables imitations entre les deux dessus; cependant, en approchant du repos annoncé à *n*, on les abandonne pour suivre les plus parfaites routes.

Dans le début du premier *K*, les imitations montent diatoniquement de tierce, en y sous-entendant les guidons; & si elles montent de même de *f* à *g*, remarquez bien que d'un côté ce sont des toniques qui montent diatoniquement sur des dominantes-toniques, auxquelles on substitue des suspensions dans la B. C. & que de l'autre ce sont des cadences irrégulières.

Pour que la B. C. annonce la cadence dès le *temps bon* à *n*, je lui donne la suspension de la quarte qu'indique la syncope de la B. F. toûjours dans le premier *K*; d'ailleurs, toute suspension est généralement indiquée par la syncope d'une dissonance dans le chant même, comme de *m* à *n*; ce dont il faut bien se souvenir, en remarquant encore que ce qui ne se trouve point effectué pour lors dans le chant, peut toûjours l'être dans le fond d'harmonie qu'il exige.

Quoique la plus basse note du chant *o* ne tienne point à l'harmonie de la B. F. remarquez que ne pouvant lui donner pour B. F. que la même note qui la suit dans le *temps bon*, c'est pour lors que je la compte pour rien, selon l'explication donnée à ce sujet dans l'Article XVII, *page 96 & suiv.*

Bien que cette note *o* soit octave de la B. C. remarquez encore qu'elle seroit mal reçue de l'oreille si elle faisoit corps avec l'harmonie, puisque la B. C. y est surnuméraire par la supposition de la neuvième qu'elle porte, sa note ne pouvant être admise qu'au dessous de la B. F.

Nous apprendrons plus particulièrement dans la suite les espèces de licences dans lesquelles nous sommes tombés jusqu'à présent: remarquez, en attendant, que la supposition dont il s'agit à *o*, ajoûte de l'agrément au chant de la B. C.

Voyez ensuite cet entrelacement de quartes de *p* à *q*, & de neuvièmes de *r* à *s*, avec des accords parfaits où la B. C. change rarement de route, dès qu'il s'y agit de trio ou de quatuor; ce ne sont par-tout que des suppositions avec lesquelles la B. F. suit un enchaînement de dominantes, de sorte qu'il est libre d'employer dans une quatrième partie telle note de l'harmonie de cette B. F. que l'on veut, parmi celles qui n'existent point dans les autres parties, en y observant le diatonique autant qu'on le peut.

Approchant de la fin, je ne me sers plus de la supposition après *t*, d'où suit l'enchaînement connu, savoir, le *parfait*, l'*ajoûté*, la *seconde*, le *sensible*, puis le *parfait*, d'abord après le dernier *p*.

De ce trio donné dans le premier *K*, se forme, quand on le veut, un simple duo, où néanmoins le trio se fait sentir, comme on le voit dans le troisième *K*; ce dont on peut tirer de nouvelles lumières.

La B. F. de ce troisième *K* est pareille à celle du premier,

DE MUSIQUE PRATIQUE.

à l'exception du début, où cette B. F. du troisième imite la B. C. de ce premier, d'autant qu'avec la B. F. de celui-ci le chant demande une autre route qu'avec celle du premier.

Concluons sans aucune restriction sur ce dernier duo, que toutes les notes d'un chant qui sont à la sixte & à la septième les unes des autres, peuvent rester jusqu'à celles où elles descendront ensuite diatoniquement, ayant expressément tiré une ligne depuis ces notes jusqu'à leurs secondes au dessous, pour qu'on les remarque plus aisément: qui plus est, en confrontant le duo avec le trio du premier K, on verra la chose rendue par les notes mêmes de chacune des deux parties du chant dans ce premier K.

Cette connoissance doit en donner une certaine du fond d'harmonie sous de pareils chants: on voit par la B. C. les occasions d'y faire valoir la supposition pour embellir le chant de cette B. C. on doit y reconnoître de plus, que les tierces & secondes du chant peuvent se renverser en sixtes & septièmes, lesquelles descendant ensuite diatoniquement, seront susceptibles des mêmes avantages que ces sixtes & septièmes.

Par exemple, les notes a, b, c du troisième K peuvent se renverser en celles du quatrième K, & par conséquent jouir du même privilége: a, b, c sont les mêmes notes de chaque côté; e du quatrième K présente par un guidon la note sur laquelle a doit descendre diatoniquement en même-temps que la note b du troisième K descendroit sur le guidon d; ce que le fond d'harmonie doit faire sous-entendre.

D'un autre côté, les notes qui sont à la quinte & à la sixte les unes des autres, ou, par renversement, à la quarte & à la tierce, comme celles du troisième K, o, p, q, r, s, t, u, peuvent également rester jusqu'aux notes où elles montent diatoniquement, comme l'indiquent les lignes tirées, de même que l'indiquent également les deux parties du chant k, l, k du premier K.

J'ai encore tiré une ligne, dans le troisième K, de la note f au guidon g, & de la note g à la note i, pour faire remarquer la même tenue entre les notes à la quinte & à la sixte les unes des autres, jusqu'à ce qu'elles descendent au contraire diatoniquement: il en eſt de même des lignes de *h* à *l*, & de *k* à *m*, *n*, où l'on peut également monter à *m* & deſcendre à *n*, parce que dans ces deux derniers exemples, *f*, *h* & *k* ſont des conſonances qui peuvent également monter ou deſcendre diatoniquement, l'arbitraire n'y étant conſidéré que pour ſe livrer à des imitations de chant, auſſi-bien qu'à l'agrément de ce chant.

La B. C. de la fin du troiſième *K*, qui commence à *x*, eſt généralement pareille à celle du premier *K*, qui commence immédiatement avant *p*; & l'on voit depuis cet *x* les tenues indiquées par les lignes tirées d'une note à une autre, comme l'indiquent les notes mêmes depuis *p* du premier *K*. Si les deux baſſes n'en font qu'une depuis *x*, c'eſt pour en faire remarquer la poſſibilité dans les ſuſpenſions, comme dans les ſuppoſitions qui peuvent paſſer pour ſuſpenſions.

Dans le cinquième *K* j'ai ſoûmis la B. F. aux ſuſpenſions *a* & *c*, au lieu que j'ai marqué dans cette B. F. la ſuppoſition à *d* & à *e*, parce qu'elle y fait voir l'enchaînement des dominantes depuis *d*, qui dans ſa route arrive à l'*ajoûté* de la tonique régnante à *e*, d'où ſuit ſa *ſeconde* à *f*, qui au lieu de ſuivre la même route en paſſant à l'*accord ſenſible*, paſſe au contraire à cette tonique même à *g*, pour y former une cadence irrégulière, où ſa tierce *h* eſt encore ſuſpendue par ſa quarte *g*.

Le double emploi ſe fait aiſément connoître par le guidon *f* de la B. F. qui, par les guidons qui ſuivent celui-là, prouve la liberté qu'on a d'y traiter un enchaînement de dominantes depuis *e*, lequel donnant l'*ajoûté* de la tonique, ſeroit ſuivi de ſa *ſeconde f*, de ſon *ſenſible g*, & de ſon *parfait h*; mais, à la faveur des ſuſpenſions, on peut paſſer de la *ſeconde* de la tonique à ſon *parfait* ſuſpendu par ſa quarte *g*; arbitraire qu'il faut avoir toûjours préſent à l'eſprit, & ſur-tout à l'oreille, pour ſavoir en profiter dans l'occaſion.

Dans le ſixième *K*, plus de tenues ſous-entendues, tout porte harmonie; on y ſuit, ſi l'on veut, un enchaînement de dominantes après la cenſée tonique *a* de la B. F. ou bien l'on y entrelace des imitations de cadences rompues & interrompues, ſelon a

B. C. où le guidon *c* marque la B. F. & où le chant se prête à l'arbitraire entre cette B. F. & celle d'au dessous, par les notes de ce chant communes aux deux B. F. *b*, *c*, dès que la marche prescrite ne s'oppose point à celle des deux différentes cadences qu'elles offrent.

Le septième *K* offre un chant qui répond au trio du premier, *k, l, k*, &c. & dont les différentes B. F. consistent en ce que de ce côté-ci les toniques passent à des dominantes-toniques, occasionnant du chromatique par ce moyen, au lieu que de l'autre *k, l, k* donnent des imitations de cadences parfaites & interrompues.

Le huitième *K*, qui répond encore en partie au trio *k, l, k*, &c. donne un chromatique moins commun que le septième, puisque les toniques y montent de tierce sur des dominantes-toniques : l'effet en est beaucoup plus agréable.

Ce huitième *K* est calqué sur un trio de l'Opéra d'Hippolyte & Aricie, *page 169*, où l'imitation règne dans chaque partie : la sixte superflue s'y trouve, comme à *b*. On rend raison de cet intervalle & de son accord dans le IXe Moyen.

Si l'on fait bien attention, l'on verra que toutes les variétés possibles en harmonie, & par conséquent en mélodie, naissent des différentes marches des toniques, & des différentes cadences, soit naturelles, soit rompues, soit interrompues, soit évitées ou imitées dans des enchaînemens ou entrelacemens, en y comprenant les suppositions, suspensions & renversemens, sans parler des nouveaux genres qui vont être exposés dans les Moyens suivans, & en y supposant une belle modulation, dont je ne donnerai connoissance qu'à la fin de cette Méthode.

On peut même dès-à-présent juger sur tous les exemples précédens, des différentes routes harmoniques que peut procurer un même chant, soit par les notes communes à différentes B. F. soit par les différens *Tons* dont ce chant est susceptible, & dont la juste application se dévoilera par la connoissance de la modulation.

Remarquez dans le cinquième *K*, que la tierce desirée sur *a* de la B. F. devient quinte de celle qui la suit à *b*, selon ce qui paroît déjà dans le IV.ᵉ Moyen, *page 104*, d'où suit l'heureux passage du *Ton majeur* dans son *mineur* relatif, à la faveur d'une cadence interrompue de *a* à *b*.

VII.ᵉ MOYEN.

Genre Chromatique.

EXEMPLE *L, page 16.*

Le chromatique annonce toûjours changement de *Ton*.

Une chose à remarquer d'abord, c'est que le chromatique, qui consiste dans le changement d'une note en son dièse ou en son bémol, ne change point l'intervalle, il en change seulement le genre.

C'est en conséquence de cette loi, que sans changer de tonique, on peut changer le genre de son *Ton*, en changeant celui de sa tierce, ce qui n'a pas besoin d'exemple.

Les seuls *Tons majeurs* à la quinte l'un de l'autre peuvent souffrir le chromatique, soit en faisant monter la sous-dominante de la plus basse tonique à son dièse, soit en faisant descendre la note sensible de la plus haute tonique sur son bémol; par conséquent cela regarde toûjours la note *fa* entre les *Tons majeurs* d'*ut* & de *sol*, ce dont on peut se faire des exemples dans différens *Tons majeurs* à la quinte l'un de l'autre; autrement, le *Ton majeur* passe au *mineur*; & quand on est dans celui-ci, son genre ne peut plus discontinuer en variant les *Tons*, si ce n'est dans des arbitraires entre les deux *Tons* relatifs à la tierce, comme on l'expliquera bien-tôt.

Chromatique en montant.

Lorsque le chant part de l'octave de l'une des trois principales notes fondamentales d'un *Ton majeur*, si cette octave monte sur son dièse, la B. F. descend pour lors d'une tierce mineure sur une dominante-tonique: *a* pour la tonique qui monte à son dièse: *b* pour sa sous-dominante qui monte au sien: & *c* pour sa dominante qui monte de même.

Si le chant part de la quinte, la B. F. du *Ton majeur* monte pour lors d'une tierce majeure fur une dominante-tonique: *d* pour la tonique: *e* pour fa fous-dominante: & *f* pour fa dominante.

La tonique *d* paffe dans fon *Ton mineur* relatif, où paffe fa dominante à *c;* la fous-dominante *e* paffe au *Ton mineur* de la fu-tonique, où paffe l'octave de la tonique à *a:* pour ce qui eft de la dominante *f*, elle paffe ici dans un *Ton* peu relatif, & qui l'eft cependant; car *ré* & *mi* font la fous-dominante & la dominante de *la, Ton mineur* relatif au *majeur d'ut régnant*.

On ne peut former du chromatique en montant de la tierce majeure à une autre note.

Il y a une efpèce de licence à *f* autorifée par le chromatique, qui ne change que le genre de l'intervalle; donc la feptième de la B. F. que donne la B. C. avant *f*, fe conferve dans la quinte de cette B. F. fous *f* même: c'eft toûjours *fa* quinte de *fi*, laquelle ayant auparavant formé la feptième de *fol*, fe fauve en defcendant fur l'octave de la tonique marquée d'un guidon dans la B. C.

Le dièfe où le chromatique engage de monter, fe faifant généralement fentir pour note fenfible, demande encore à monter; par conféquent, fi la note fenfible que donne le chant monte de droit à *f*, remarquez que le dièfe de la B. C. qui n'eft point note fenfible, defcend juftement fur la note qui doit *fauver* la feptième de la B. F. ce qui fuffit pour la fatisfaction de l'oreille, felon l'énoncé de l'Article XVII, *page 96*.

En partant d'un *Ton mineur*, le chromatique en montant ne peut débuter que par la médiante, ou par la fu-dominante; & lorfqu'on eft arrivé dans le *Ton* de la fous-dominante du *régnant*, comme à *g g*, ou *l l*, veut-on continuer le chromatique, l'arbitraire règne pour lors entre le *Ton mineur* de la dominante du *régnant, h h & i i*, & le *mineur* relatif à ce dernier comme à *m m:* fi bien que la fous-dominante en queftion, donnée comme tonique, defcend généralement de tierce fur une dominante-tonique, *g, h*, ou la devient elle-même, *l, m*.

Ce même arbitraire peut avoir lieu fur toutes les notes fenfibles de *Tons majeurs*, puifqu'elles font en même-temps les fu-toniques de leurs *mineurs* relatifs; mais dans le chromatique, le genre majeur ne pouvant fe continuer qu'une fois feulement, on ne peut le faisir dans un autre cas que dans celui-ci, où le chromatique se continue après la sous-dominante du mineur, sans trop s'écarter du *Ton régnant*.

J'ai mis différentes B. C. au dessus des mêmes B. F. pour y accoûtumer l'oreille, & pour qu'on sache en profiter dans le besoin, soit dans la B. C. soit dans une autre partie, soit pour en composer plusieurs ensemble : le chromatique s'y présente dans deux parties, comme à *i* & à *g, h;* ce dont on pourra profiter.

Chromatique en descendant.

Deuxième L, *page 16.*

Le chromatique en descendant ne commence guère qu'après la tonique régnante, & se recommence toûjours en descendant, soit après sa dominante, soit après sa sous-dominante, qu'on rend pour lors toniques, mais seulement en passant.

Si le chromatique annonce changement de *Ton*, il est donc impossible de le continuer autrement : est-on arrivé à la note sensible d'un *Ton* dont on veut continuer la phrase, plus de chromatique pour lors, sinon le *Ton* change.

Il n'y a dans ce dernier genre que la tierce majeure des trois notes fondamentales de quelque *Ton* que ce soit qui puisse descendre sur la mineure; mais abandonnant, si l'on veut, l'une de ces B. F. après avoir été employée, on fait de leur tierce mineure la septième d'une nouvelle dominante-tonique, d'où suit cet enchaînement déclaré dans la XXVIe Leçon, *page 66.*

Après avoir débuté par le *Ton mineur*, deuxième *L*, je rends sa dominante *b* censée tonique, en y montant de quinte; mais comme son *Ton* ne peut être *majeur*, eu égard au rapport qu'il doit avoir avec le *mineur régnant*, j'en fais une véritable tonique à *c*, en lui rendant sa tierce mineure à la faveur du chromatique; & voulant continuer son *Ton*, plus de chromatique.

Les guidons *dd* de la B. F. marquent cette B. F. possible; mais se trouvant nécessairement la même dans la mesure qui la suit, celle qui est copiée vaut mieux en ce cas, pour éviter la
monotonie

DE MUSIQUE PRATIQUE.

monotonie de deux cadences femblables trop voifines. Les autres guidons *d d* de la ·B. .C. font encore bons: la note fenfible, comme B. F. y repréfente la B. F. même, & lui difpute, auffi-bien qu'à la fous-dominante notée, par les notes qu'elles ont de communes dans leurs accords.

En débutant par ce même *Ton mineur*, d'où je defcends chromatiquement, il n'arrive pas un demi-ton chromatique que le *Ton* ne change; la tonique même, en changeant de tierce de *m* à *m*, ne paffe-t-elle pas du *Ton majeur* au *mineur*! Si l'on vouloit prendre un autre *Ton*, cette tonique pourroit être fur le champ dominante-tonique, pour paffer au guidon fous le deuxième *m* de la.B. C.

Je puis rendre *e* tonique à *f* même, comme de *b* à *c;* mais en les rendant dominantes-toniques, j'occafionne un nouveau chromatique dans d'autres parties, dont je ne pourrois jouir fans *ce* fecours.

Par l'enchaînement des dominantes-toniques, je prends à *i* le *Ton majeur* relatif au *mineur régnant*: ou bien je rentre dans le *régnant* par une note fenfible repréfentant, comme B. F, la dominante-tonique dont elle fait la tierce, felon les guidons de la B. C. fous *h, i*.

La tonique régnante, favoir, *la* marqué d'un guidon, peut tenir toute la mefure *i,* ou defcendre de tierce fur une dominante fimple à l'*i* de la B. F. qui donne pour lors une note de plus dans l'harmonie.

Je puis tenir la même dominante-tonique dans la B. C. depuis *u* jufqu'à *q*, en lui donnant la fuppofition de la quarte fous *m, n,* d'où la fyncope *o* reçoit une nouvelle B. F.

On peut auffi varier cette ·B. F. de *m, n, o, p, q*, felon ce qui paroît à *t, u, x, y*.

Au dernier *x* le chant ne donne aucune note de l'harmonie de fa B. F. mais ne fait-on pas que l'octave de la B. C. accompagne fa quinte & fa quarte, l'une étant la B. F. & l'autre fa feptième, dont fe forme la fuppofition de la quarte: il fuffit donc que cette octave paroiffe dans le chant, pour qu'une

Q

pareille supposition puisse être pratiquée, sur-tout dès qu'il s'agit de préparer l'annonce d'une cadence, selon ce qui en a été dit ailleurs.

Revenons à l'exemple *e, f, g, h,* &c. du deuxième *L,* examinons-le dans le troisième *L,* nous y trouverons encore de nouvelles B. F. possibles, où les guidons *h, i* de la B. C. du deuxième *L* sont notés dans la première B. F.

La note *e* du troisième *L,* première B. F. est effectivement censée tonique à *f,* puisqu'elle y est suivie de sa dominante à *g :* la note sensible du *Ton régnant* sous *h,* est rendue B. F.

Arrivé à la tonique *i* de cette première B. F. je monte continuellement de quinte jusqu'à *m,* & j'en fais autant de toniques, chacune pour son moment ; mais pour rentrer dans le *Ton régnant,* je prends la note sensible de sa dominante-tonique au deuxième *m* pour B. F.

Dans la deuxième B. F. au contraire, tout est enchaînement de dominantes, où règne continuellement le chromatique, à la réserve du moment où vient à *i* le *Ton majeur* relatif au *mineur regnant,* puis encore la dominante de ce *Ton majeur* à *n,* que je rends effectivement tonique, pour en faire sentir le rapport avec son *mineur* à la tierce, dans le *Ton* duquel je puis finir la phrase, selon la deuxième B. F. en ajoûtant un dièse à la note *p* du chant, qui pour lors montera au guidon *q.*

C'est uniquement pour faciliter l'intelligence des notes & des guidons insérés dans les basses du deuxième *L,* que je leur ai substitué, sous le même chant, celles du troisième *L.*

Il se trouve une tournure de chromatique assez singulière dans la première partie de ma Pièce de Clavecin, intitulée, l'*Enharmonique,* II.ᵉ Livre, *page 26,* depuis la quatorzième mesure jusqu'à la vingtième, dont les Curieux pourront tirer quelques lumières, pourvû qu'on y observe un petit silence à chaque repos.

DE MUSIQUE PRATIQUE.

VIII.ᵉ Moyen.

Genre Enharmonique.

Exemple *M, page 18.*

Je n'ai rien à ajoûter à ce que j'ai dit dans la XXVII.ᵉ Leçon, *page 68,* sur le genre enharmonique, si ce n'est l'Exemple que je viens de promettre, & qui tient également aux deux derniers genres.

En faisant marcher les notes sensibles, prises pour B. F. avec leur accord de septième diminuée dans le même ordre de l'enchaînement des dominantes-toniques qu'elles représentent, & dont elles forment la tierce majeure, s'il en suit un chromatique singulier qui a ses agrémens dans de certaines expressions, il en peut suivre aussi de l'enharmonique quand on le veut, puisque ce dernier genre ne tire sa source que de pareilles notes sensibles.

L'Exemple *M* offre quatre parties au dessus de la B. F. qui n'est là que pour la preuve : le chromatique règne tantôt dans une partie, tantôt dans l'autre; mais l'enharmonique peut y régner également. En transposant tel bémol qu'on veut en un dièse, ou tel dièse en un bémol, & choisissant pour note sensible celle qu'on veut de tout l'accord, on passe pour lors dans le *Ton mineur* qu'elle indique, comme à *b, b,* où *ré dièse* est substitué à *mi bémol,* ces deux notes étant la même sur tous les instrumens à touches; si bien que le *Ton mineur* de *sol,* annoncé par sa note sensible *fa dièse, c,* se change sur le champ en celui de *mi :* ce même *mi,* dont la cadence est rompue à *d,* & qu'indiquent les guidons, peut encore être rendu dominante-tonique, en suspendant son accord par celui de la quarte, pour passer dans le *Ton majeur* ou *mineur* de *la.* Ainsi des trois autres notes du même accord, pour changer de la même façon les tons qu'indiqueront les nouvelles notes sensibles qu'on s'y proposera; ce qui donne le moyen de choisir entre douze *Tons* celui qu'on veut.

Voyez la 9.ᵉ & la 10.ᵉ mesures de la reprise dans la Pièce de Clavecin où j'ai déjà renvoyé au sujet du Chromatique, vous y trouverez l'enharmonique dans un *ut dièse* changé en *ré bémol*, dont pour lors *mi* est B. F. comme note sensible.

IX.ᵉ M O Y E N.

Des Licences, où il s'agit encore de la Supposition, de la Suspension, de la Sixte superflue & de la Syncope.

EXEMPLE *N, page 18.*

Il se forme souvent une imitation de cadence parfaite sur des dominantes-toniques, où le repos paroît final dans le chant, surtout quand il y a des paroles, quoiqu'on sente bien qu'il n'est pas absolu.

Dans les cinq exemples *a, b, c, d, e* du premier *N*, tous les repos sont sur des dominantes-toniques, où la B. C. doit toûjours arriver diatoniquement, la B. F. n'y étant donnée que pour preuve du fond de l'harmonie.

a & *b* donnent le même chant dans le *Ton majeur* & dans son *mineur* relatif; ce dont on saura profiter dans l'occasion, selon ce qui en a déjà été dit, outre qu'il en sera question ailleurs.

e donne une sixte superflue, qui est justement la note sensible de la dominante-tonique sur laquelle se termine le repos; de sorte que pour éviter cette dissonance, il n'y auroit qu'à diéser le *fa* de la B. C. en donnant la quinte juste à la B. F. sous *e*; mais le *Ton mineur régnant* demandant qu'on descende à sa dominante d'un demi-ton, ne pourroit y recevoir ce *fa dièse* sans que son *Ton* ne changeât en celui de sa dominante. D'ailleurs, toute note sensible d'une finale, pour lors tonique, ou censée telle, a des droits sur l'oreille, qui lui sont toûjours agréables; si bien que le chant observé dans la B. C. conséquemment au *Ton régnant*, distrait de la discordance que forme avec elle la note sensible étrangère à ce même *Ton*.

En conséquence de cette dernière remarque, on peut terminer

tout repos fur une dominante, en y montant d'un demi-ton par fa note fenfible.

On s'eft beaucoup prévalu de cette liberté en pratiquant des notes fenfibles de pur goût, à la vérité fur des brèves paffagères, fans que l'harmonie y ait part, quoique cela ne convienne à aucune note fenfible harmonique, non plus même qu'aux médiantes d'un *Ton majeur.*

IIe N.

On traite mal-à-propos de licence toute dominante qui defcend fur une autre; c'eft un pur renverfement de la cadence irrégulière, où l'on doit voir qu'on intercepte pour lors la dominante qui, felon l'ordre de leur enchaînement, doit fe trouver entre deux.

On voit effectivement dans la B. F. du IIe *N*, qu'en donnant aux notes *b* de la B. C. la moitié de leur valeur de plus pour recevoir leur harmonie de la B. F. *c*, (valeur qu'on retrancheroit pour lors des notes *c*, de cette B. C.) tout s'accorderoit enfemble dans l'ordre le plus fimple de la B. F. Mais engagé, par quelque raifon que ce foit, à donner à la B. C. une valeur égale à celle du chant, je fubftitue pour lors à la note *c* de la B. F. celle que défigne le guidon au deffous, & qui donne une fucceffion diatonique de deux dominantes en defcendant, où la feptième fe fauve par une autre; ce qui fe trouve fuffifamment expliqué fur la fin de la XXIIIe Leçon, *page 62*, où je renvoie pour qu'on en prenne une parfaite intelligence, & pour qu'on y profite en même-temps de quelques autres fucceffions bonnes à connoître.

IIIe N.

Plus d'un Muficien féduit par la durée d'une note qui, dans la B. C. ne fait que fufpendre l'harmonie d'une dominante, qui reparoît immédiatement enfuite, chiffre pour lors cette note de manière à n'y rien comprendre, comme, par exemple, $\frac{7}{6}$ fur la médiante *b* du IIIe *N*, où l'on voit la même diffonance continuer pendant *a, b, c*, & ne fe *fauver* qu'à *d*. Or, fi la même diffonance fubfifte, la même B. F. fubfifte par conféquent.

Pourquoi donc en changer l'harmonie dans ſa route, ou du moins paroître vouloir la défigurer!

Quel eſt le ſentiment qu'on éprouve pour lors, ſi ce n'eſt celui de la diſſonance, dont on eſt toûjours préoccupé juſqu'à ce qu'elle ſoit *ſauvée!* le deſir d'une telle *réſolution* eſt le ſeul objet de l'oreille en ce cas.

Il en eſt de ceci comme de la ſuſpenſion de la quarte, dont tout l'accord n'eſt compoſé que de la B. F. & de ſa ſeptième, avec une note de B. C. ſurnuméraire & ſon octave: auſſi n'eſt-ce que ſuſpenſion de part & d'autre. Ce $\frac{7}{6}$, dont la B. C. eſt chiffrée ſous *b*, ſuſpend la *réſolution* de la ſeptième donnée à *a* & ſauvée à *d:* la même B. F. y ſubſiſte toûjours juſqu'à *d*, de même que lorſqu'elle ſyncope pour la ſuſpenſion; & ſi l'on donne une tierce à cette note *b* de la B. C. c'eſt pour que pendant ſa durée on ne ſoit pas choqué de la diſcordance que formeroient avec elle les notes auxquelles cette tierce eſt ſubſtituée; de même que dans la ſuſpenſion de la quarte on ſubſtitue l'octave de la B. C. aux notes de l'accord fondamental, qui choqueroient avec cette B. C.

Même moyen de part & d'autre, où reſtent ſeulement la B. F. & ſa ſeptième; & dans l'accompagnement du Clavecin, il n'y a qu'à conſerver l'accord fondamental, en cas de $\frac{7}{6}$, pour ne le répéter qu'avec la B. F. ou l'une de ſes harmoniques.

Si l'accord ſenſible diſpenſe de préparation toute diſſonance qui l'accompagne, il s'enſuit qu'il n'exige aucune liaiſon avec ce qui le précède. En effet, lorſque la note ſenſible eſt priſe pour B. F. il ne ſe trouve aucune liaiſon entre ſon accord & celui de la tonique qui peut le précéder, même le ſuivre, d'où naiſſent des eſpèces de licences dont l'effet ne peut qu'être agréable, parce que les diſſonances y ſont exactement bien ſauvées.

Dans le IV.ᵉ *N* paroît une nouvelle rupture de cadence entre *a* & *b*, à la faveur de la note ſenſible *b*, où tout eſt exactement ſauvé.

Le VII.ᵉ *N* prouve que cette licence peut ſe porter juſque ſur une dominante, ſuivie de la ſienne à la faveur du chromatique, où l'on voit que les notes *a, b, c* du ſecond deſſus étant censées les mêmes, puisqu'elles y changent seulement de genre *(i)*. la dissonance *a, b, c* se trouve par conséquent sauvée à *d*, pendant que la note sensible *a* du premier dessus monte à *b*, comme elle le doit, & pendant que celle du second dessus descend chromatiquement à *c*. On vient de voir une suspension à peu-près pareille dans le III.ᵉ *N*, entre *a, b, c, d*.

Revenons au IV.ᵉ *N*, & remarquons dans la B. F. ces trois notes sensibles *c, d, e*, se succéder sans aucune liaison entre leurs accords, & cela dans l'ordre de l'enchaînement des dominantes. Tel est le droit du chromatique entre des notes sensibles données pour B. F.

Voyez enfin dans ce même IV.ᵉ *N* ces deux notes sensibles, *f, g* & *h, i*, dont l'une monte diatoniquement à l'autre, formant entr'elles une espèce de cadence rompue sans liaison, d'où peut suivre l'enharmonique à volonté, puisqu'on peut y substituer *mi bémol*, (*i* de la B. C.) à *ré dièse g*, ou à *i* de la B. F.

Je ne vois presque de vraies licences que dans les suspensions, dont le goût du chant est certainement l'origine: toutes les autres se trouvent autorisées de façon ou d'autre. En effet, on appuie un *tril* par une note supérieure, & un *port de voix* par une inférieure, qui ne sont ni l'une ni l'autre du corps harmonique, & c'est justement dans ces sortes de cas que pour s'accorder avec le chant on suspend la chûte de la dissonance. De-là on a supposé le possible par-tout, &, comme je l'ai déjà fait remarquer *(k)*, on peut suspendre toutes les notes d'un accord de septième dans un enchaînement de dominantes, où pour lors la B. F. descendroit continuellement de tierce. Il en seroit de même encore de la suspension de la neuvième sur une tonique précédée de son accord sensible, c'est-à-dire, de sa dominante-tonique; mais la succession harmonique n'ayant aucune part à toute suspension, où pendant qu'existe une B. F. on conserve son principal fond d'harmonie, c'est-à-dire, du moins cette B. F. & sa septième. On voit assez, comme on le sent, que ce n'est qu'un simple retardement d'un effet desiré, qu'une simple

(i) VII.ᵉ Moyen, *page 118.*
(k) XXI.ᵉ Leçon, *page 56.*

suspension en un mot, dont on peut toûjours se dispenser de chercher la B. F.

Il est bon d'avertir que la suspension de la quarte sur une tonique précédée de son accord sensible peut avoir lieu sur sa médiante & sur sa dominante, lorsqu'après un pareil accord sensible le goût du chant de la B. C. fait employer cette médiante ou cette dominante au lieu de leur tonique ; de sorte que le même accord de quarte qu'on feroit sur cette tonique peut se pratiquer sur sa médiante, formant pour lors sa sixte, sa tierce & sa neuvième, ou sur sa dominante, formant son octave, sa septième & sa quarte. Mais comme l'harmonie n'offre jamais de pareils intervalles ensemble, c'est ce qui m'a fait imaginer de traverser d'une ligne horizontale le chiffre qui, dans le IIIe N, suspend la consonance. On trouve dans la XXIe Leçon, *page 56*, l'exemple d'un pareil renversement pour la suspension de neuvième sur la tonique.

Une certaine suite diatonique d'accords parfaits, renversés en accords de sixte, dont il est mention dans la XXIVe Leçon, *page 64*, doit encore être mise au nombre des licences, en ce qu'il n'y a point de liaison ; elle est cependant très-agréable en trio, pourvû qu'on évite les quintes de suite dans ce renversement.

VIe N.

On peut en dire autant d'une succession enharmonique, où manque la liaison, tantôt d'un côté, tantôt de l'autre, & à laquelle le sentiment a fait donner le nom de *pleureuse*.

Cette succession consiste à diminuer d'un demi-ton la su-tonique d'un *Ton mineur*, pour passer à sa note sensible, soit immédiatement, soit enharmoniquement par les deux demi-tons majeurs qui s'y trouvent pour lors de suite. Le VIe N offre un exemple des différentes manières d'accompagner cette *pleureuse*, où le Compositeur peut choisir les notes de son goût pour le chant de chaque partie. On rompt souvent la cadence qu'annonce en ce cas la note sensible, comme d'*a* à *b* ; & quand la tonique du *Ton régnant* la termine, elle peut être rendue sur le champ dominante-tonique, comme à *c*.

Pour tout dire enfin, non seulement la dissonance peut tirer sa préparation d'une note sous-entendue dans l'harmonie qui la précède, non seulement encore cette dissonance peut se sauver en descendant diatoniquement sur une note de l'harmonie qui la suivra, quelle qu'en soit la B. F. pourvû que sa succession soit légitime ; mais on peut se passer encore d'y arriver diatoniquement, à la faveur de cette note sous-entendue dans l'harmonie qui la précède, selon ce qui se dit à ce sujet dans l'Article XVII, *page 96.*

Remarquez la différence entre la suspension & la supposition ; celle-ci reçoit la dissonance toûjours préparée par une consonance ; l'autre reçoit au contraire sa dissonance par la même dissonance qui la précède, excepté $\frac{6}{4}$, sur une dominante, où l'accord de sa tonique est censé se répéter, bien qu'on puisse l'employer quand on veut au lieu de $\frac{5}{4}$, où la B. F. syncoperoit pour lors ; le tout sans parler de ces suspensions de fantaisie que je viens de citer.

Il y a des syncopes de fantaisie sur toutes les notes d'un même accord, où chaque partie peut également syncoper ; ce qui n'a pas besoin d'exemple, puisque l'harmonie n'y varie point.

X.ᵉ MOYEN.

Imitations, Desseins, Fugues & Canons, où il s'agit encore de la Sixte superflue.

EXEMPLE O, page 20.

Tous les chants s'imitent d'une mesure à l'autre, ou de deux en deux, quelquefois plus, formant ordinairement les mêmes intervalles au dessus de leur B. F. dans chaque imitation ; & bien qu'ils puissent recevoir d'autres B. F. celle par imitation est généralement plus agréable ; ce qui peut souvent aider dans des cas où la meilleure B. F. trouvée naturellement sous une des imitations du chant, détermine celle des autres imitations qui pourroient être équivoques ou embarrassantes.

Par exemple, des deux B. F. qui se trouvent sous les notes *a, b, c, d* du premier *O*, celle qui doit être la *continue* est la meilleure ; & dans ce cas, il vaudroit mieux la faire débuter par la médiante que par la tonique, ayant noté l'une & l'autre.

Les guidons de la B. F. sous *h, i, k, l*, font trop souvent répéter la même cadence parfaite dans le *Ton régnant;* donc les notes y valent mieux: qui plus est, pour éviter encore la répétition de cette cadence, par laquelle on va finir, j'emprunte le secours du chromatique de *m* à *n*, pour rentrer sur le champ dans le *Ton régnant*, & pour y pouvoir rompre la cadence de *n* à *o*.

Tous les chants qui s'imitent en descendant de seconde, de tierce, de quarte ou de quinte, & qui recommencent leur imitation un degré, c'est-à-dire une seconde au dessous de la note par laquelle a commencé le chant imité, ont généralement pour B. F. un enchaînement de dominantes, comme on le voit dans la B. F. tenant lieu de B. C. sous *b, c, d*, & dans la vraie B. F. sous *k, l, m, n;* après quoi la cadence parfaite, qui devroit paroître, se trouve rompue, pour en éviter la monotonie avec celle par laquelle on va finir.

On peut rendre indifféremment censée tonique ou dominante la note *o*, sur laquelle se rompt la cadence dès que la suite le permet.

On trouve dans l'exemple des quatre premiers *I* une B. F. presque toûjours la même, pendant que le chant descend diatoniquement sur des notes, dont chacune reçoit deux B. F. différentes.

Le deuxième *O* présente des imitations qui montent de quarte & descendent de tierce, & que la B. C. contrarie ordinairement par les mêmes routes, comme on le voit dans l'exemple. Cette B. C. peut être B. F. elle-même, en y rendant dominantes les notes *a, b*, conséquemment aux septièmes chiffrées au dessous, où pour lors se forme un entrelacement de cadences parfaites & interrompues jusqu'à *c;* lequel *c* offre l'interception dont on parle à la *page 125*, avec son exemple dans le deuxième *N*.

Tout chant qui, partant de la médiante d'un *Ton majeur*, descend de seconde & monte ensuite de tierce, diatoniquement ou non, pour recommencer la même route depuis cette tierce, qui devient médiante à son tour, ce chant, dis-je, peut recevoir par-tout des cadences irrégulières qui s'imitent également entre elles, comme on le voit au III.ᵉ *O*; & souvenons-nous que ces cadences ne peuvent s'éloigner du *Ton majeur régnant* que jusqu'à celui de la dominante de son *mineur* relatif; laquelle dominante, de tonique qu'elle est d'abord au premier *c*, devroit prendre au deuxième *c* sa qualité de dominante: & si elle y prend celle de sous-dominante, ce n'est que pour alonger la phrase, où sa dominante *d*, censée tonique, y retourne, en lui rendant sa vraie qualité, qui lui fait annoncer une cadence parfaite dans le *Ton mineur* relatif au *majeur*, par lequel le III.ᵉ *O* a débuté.

Reconnoissez par les guidons de la B. F. dans ce III.ᵉ *O*, le change qu'on peut prendre entre différentes cadences dans le même *Ton*, ou entre les mêmes cadences dans des *Tons* différens, eu égard aux notes du chant, communes à différentes B. F. dont la marche peut toûjours conduire à des *Tons* relatifs au *régnant*, & dont la dissonance qu'elles portent suit sa route décidée.

a, a donnent, au dessus de la B. C. une cadence irrégulière dans un *Ton mineur*, où la sixte ajoûtée monte comme elle le doit; ils donnent en même-temps une cadence parfaite dans le même *Ton* au dessus de la B. F. & une pareille dans le *majeur* relatif à ce *mineur*. Selon les guidons, *a, a, b, b* & *c, c* donneront la même variété.

Tout l'exemple *K* n'est rempli que d'imitations.

Le chant qui, après avoir syncopé, descend diatoniquement de tierce, pour s'imiter ensuite à la seconde au dessus, peut s'imiter aussi dans la B. C. au dessus d'une B. F. où les toniques montent diatoniquement sur des dominantes-toniques, comme on le voit dans le IV.ᵉ *O*.

Donnez le chant de la B. C. à une autre partie, en ne le faisant commencer qu'à la troisième ronde, cette B. C. pourra prendre celui de la B. F.

Quant aux deux accords arbitraires sur la dernière note de ce IV.ᵉ *O*, cela dépend du *Ton* où l'on veut passer.

On trouve dans le V.ᵉ O la même imitation que dans le IV.ᵉ avec la même B. F. pendant que de son côté la B. C. donne un chant particulier qu'elle imite aussi.

On peut rendre sous-dominantes toutes les toniques où l'on monte de tierce, dès qu'elles montent ensuite de quinte, comme l'indique la B. C. du VI.ᵉ O, où se pratiquent des imitations entre le chant & la B. F. formant aussi B. C. pendant lesquelles une autre partie, qui pourroit être aussi B. C. descend, selon ce qui en a déjà été dit, outre qu'il en sera question ailleurs.

Le VII.ᵉ O présente des imitations fondées sur un enchaînement de dominantes, lequel enchaînement peut procurer une infinité d'autres imitations.

L'imitation dans le dessein n'a que le bon goût, le sentiment & l'esprit pour règle : le sentiment fait choisir un chant convenable à l'expression ; l'esprit & le bon goût engagent à répéter à propos ce même chant dans différens *Tons*, non pas même toûjours avec exactitude, les principaux traits qui peuvent en rappeler l'idée suffisent, sur-tout lorsqu'on veut conserver un beau chant dans une autre partie.

La Fugue demande beaucoup de précaution ; mais comme elle n'attire guère l'attention que des gens de l'Art, on peut voir ce que j'en dis dans le Traité de l'Harmonie, *page 332* ; d'ailleurs c'est le champ de bataille de tous les Musiciens qui jusqu'à présent ont cru savoir la Composition.

Le Canon consiste en une phrase de Musique, à deux, à trois, à quatre & à cinq parties, dont chaque partie puisse continuer le même chant ; de sorte qu'autant de parties, autant de phrases en apparence. Voyez les Canons donnés dans le Traité de l'Harmonie.

Il s'en faut bien que j'aie épuisé toutes les imitations ; mais l'expérience, secondée des connoissances qui pourront s'acquerir chaque jour, y suppléera bien-tôt : les notes d'ornement ou de goût, dont nous parlerons à la fin, y ajoûtent beaucoup, non pas cependant quant au fond : toutes les Musiques d'ailleurs en sont remplies.

CHAPITRE IX.

Réflexions.

Ai-je bien tout dit? du moins j'ai pouſſé les principes de l'Art beaucoup plus loin qu'on ne l'a fait encore. Ne les trouvera-t-on pas un peu compliqués? Il y a bien des choſes à ſavoir; les pourra-t-on retenir toutes? cela ſeroit bien difficile, ſi l'oreille n'y entroit pour rien: auſſi vous ai-je recommandé l'accompagnement du Clavecin, & d'exécuter ſur cet inſtrument tous mes exemples: j'en ai donné de toutes les façons, avec différentes B. C. ſur les mêmes fonds d'harmonie; l'oreille s'y accoûtume inſenſiblement, & ſe forme aux routes les plus extraordinaires à peu près comme l'aiguille d'une montre arrive à l'heure deſirée, ſans qu'elle paroiſſe marcher.

Croyez-vous qu'il faille vous occuper de tous les moyens donnés? non ſans doute. Repaſſez-les de temps en temps, faites-y des remarques à votre portée; attendez avec patience le ſecours de l'oreille, il ne vous manquera pas.

La ſeule expérience, la ſeule oreille a formé juſqu'à préſent tous ces grands Muſiciens, dont les Ouvrages nous rendent témoignage: vous avez de plus aujourd'hui une connoiſſance certaine du principe, ſavoir, la B. F. dont les produits ne leur ſont devenus ſenſibles qu'après un travail de quantité d'années, même ſans les poſſéder tous, ni ſans en connoître la ſource; vous avez, dis-je, ce principe de plus & le moyen de former votre oreille en peu de temps. Tout vous aſſure donc un ſuccès favorable, pour peu que vous ſoyez ſecondé des talens qu'on vous ſuppoſe.

Commençons d'abord par reconnoître les routes les plus ſimples de la B. F. celles des cadences, par exemple, nous n'imaginerons guère de chants qui n'y ſoient ſoûmis: déjà tout le diatonique s'y prête; & ſi nous y joignons quelques dièſes ou bémols, voyons quels ils ſont; la règle nous dira bien-tôt dans quel *Ton* ils conduiſent. Mais c'eſt ici la grande affaire, que j'ai juſtement réservée pour la dernière, & j'espère qu'on la concevra bien-tôt, après quelques réflexions sur mon Exposé.

Rien n'est plus simple que l'enchaînement des dominantes & celui des cadences irrégulières, où la B. F. descend toûjours de quinte d'un côté & monte de l'autre. Une tonique peut passer là ou là ; une dominante de même. Une sous-dominante ne peut monter de quinte que pour y terminer la cadence qu'elle annonce : après cela on s'occupe de la suspension qui prépare cette annonce, & bien-tôt on est plus avancé que je ne puis le dire ; mais c'est toûjours en ne se pressant point, en ne voulant point embrasser trop de choses à la fois. Suivons dans nos chants imaginés la route que nous prescrit le peu que la Nature nous inspire : plus nous y serons bornés, plus cette route sera simple, & plus elle s'accordera avec la simplicité de la B. F. Attendons que notre goût se perfectionne, qu'il nous conduise, sans y penser, par des routes moins communes ; pour lors nous aurons recours aux moyens qui pourront nous mettre sur la voie. Mon chant est-il diatonique, chromatique, ou consonant ? les intervalles qui peuvent me guider se trouvent-ils dans la même mesure ? marchent-ils en montant ou en descendant ? Que dit-on en ce cas des tierces, des quintes, &c. où se porte ma voix comme d'elle-meme immédiatement après la finale d'un repos ? quelle en doit être la B. F ? Le *Ton* est-il douteux ? parcourons le diatonique d'une note à l'autre, pour voir si je n'y insérerai pas naturellement un dièse ou un bémol qui me le fera connoître. Tous ces moyens sont développés : s'il y a de l'arbitraire ou de l'impossible en apparence, faute de tout savoir, on se dit, n'y auroit-il pas ici des notes communes à différentes B. F ? au lieu de celle-ci, celle-là ne me conduira-t-elle pas mieux jusqu'au repos ? car c'est-là où se terminent les routes, & c'est toûjours d'un repos à l'autre qu'elles doivent être exactement observées. Passons à la Modulation.

CHAPITRE X.

De la Modulation en général.

Exemple *P, page 21.*

ON appelle *moduler* l'art de conduire un chant & son harmonie, tant dans un même *Ton*, que d'un *Ton* à un autre.

Il faut d'abord se représenter le *Ton* majeur d'*ut*, où il n'y a ni dièses ni bémols. On pourroit également se représenter son relatif, le *mineur* de *la*; mais comme il est susceptible de plus de variétés, tenons-nous en d'abord au plus simple.

Il ne faut pas encore s'occuper de l'étendue des voix ni des instrumens, cela viendra par la suite.

Pour peu que l'oreille soit formée, on scande naturellement un chant à peu près de même que le vers; les repos s'y font toûjours sentir de deux en deux mesures, du moins de quatre en quatre *(l)*; & le plus souvent, en s'arrêtant aux deuxièmes mesures, on y sentira une possibilité de repos qui doit suffire pour se conduire avec plus de certitude.

Ces repos se terminent toûjours sur la tonique ou sur la dominante, dans quelque *Ton* que ce soit: vient-il un nouveau dièse ou bémol? le repos se terminera par conséquent sur la tonique ou sur la dominante du *Ton* déclaré par l'un de ces accidens, qui cependant laissent souvent de l'arbitraire entre les deux *Tons* relatifs à la tierce.

Le repos sur la tonique peut se former en cadence parfaite ou irrégulière, au lieu que sur sa dominante il ne peut se former qu'en cadence irrégulière, sinon le chant passeroit dans son *Ton* sans qu'on s'en doutât. Il y a cependant une licence possible à ce sujet *(m)*.

Il y a deux demi-tons naturels dans chaque *Ton;* l'un monte de la note sensible à la tonique dans le *majeur*, & de la su-tonique

---

(l) Page 84.   *(m)* IX.ᵉ Moyen, *page 124.*

à la médiante dans son *mineur* relatif, comme de si à ut dans le *majeur* d'*ut* & le *mineur* de *la*, que nous prendrons pour modèles; l'autre monte de la médiante à la sous-dominante dans le *majeur*, & de la dominante à la su-dominante dans le *mineur*, comme de *mi* à *fa* dans les deux *Tons* spécifiés.

Quand les deux notes de ces demi-tons se suivent, si la dernière des deux, soit en montant, soit en descendant, tombe dans le *temps bon*, elle y termine volontiers un repos plus ou moins sensible, du moins une cadence qu'on peut regarder comme un repos.

Dans le *Ton majeur*, le demi-ton en montant de *si* à *ut*, ne peut donner qu'une cadence parfaite; & dans son *mineur* relatif, il peut en donner une parfaite & une irrégulière. Ce même demi-ton en descendant donnera, dans le *majeur*, une cadence irrégulière sur sa dominante, ou même parfaite, supposé qu'on veuille faire régner le *Ton* de cette dominante; & dans le *mineur* relatif, il ne pourra donner qu'une cadence irrégulière sur sa dominante.

Celui de *mi* à *fa*, en montant, donnera une cadence parfaite possible sur la sous-dominante de chacun des deux *Tons*, pour peu que le chant y rende le repos sensible; & s'il marche en descendant, il fournira les moyens d'une cadence parfaite ou irrégulière dans le *Ton majeur*, & seulement celui d'une irrégulière dans le *mineur*, à moins que la note sensible, comme B. F. n'y annonce l'imitation d'une cadence parfaite.

Si la dernière note de ces deux demi-tons tombe au contraire dans le *temps mauvais*, on aura seulement égard à ce qui les suivra pour déterminer la marche fondamentale, où l'arbitraire pourra toûjours régner entre le *Ton majeur* & son *mineur* relatif.

Quant au choix de cet arbitraire, c'est au rapport des *Tons* successifs d'en décider d'abord, outre le goût de variété, pour éviter la monotonie, comme on l'a déjà déclaré plus d'une fois.

Nous avons après cela les chûtes en descendant de tierce, de quarte ou de quinte, selon l'énoncé du II.e Moyen, *page 100*, où les repos sont plus ou moins décidés par la différence des *temps* de la mesure, outre la B. F. naturellement inspirée par

toutes

DE MUSIQUE PRATIQUE.

toutes les notes qui terminent un repos; Article VI, *page 84*.

N'employez dans vos chants que des notes qui vaillent au moins un *temps*, pour qu'elles puissent toûjours former harmonie avec la B. F. vous pourrez cependant vous y permettre les brèves, comme croches après une noire pointée, immédiatement avant la finale du repos sur le même degré, où pour lors cette brève sera comptée pour rien; ce qui regarde la syncope de la B. F. dont on parle dans le VIe Moyen, *page 111*.

Il n'y a guère de notes où le chant exige de faire monter de seconde la B. F. qui ne puissent aussi permettre que cette B. F. descende de tierce, en donnant pour lors deux B. F. différentes à la même note répétée, ou partagée en deux valeurs égales. Par exemple, bien que la tonique puisse monter d'abord de seconde sous *b* de l'Exemple *P*, quoiqu'elle puisse, au lieu de cette seconde, passer à la dominante, selon la IIe B. F. on voit qu'en partageant chaque note du chant en deux valeurs égales, la première, *a*, permet qu'on descende de tierce pour passer à la dominante de la dominante-tonique sous *b*, qui pourroit recevoir d'abord cette dernière dominante après sa tonique, selon la IIe B. F. Même observation à *c*, *d* & à *e*, *f*.

Le guidon *f* de la IIe B. F. indique encore une cadence irrégulière possible, terminée sur la dominante-tonique, & annoncée par sa tonique même.

Ces observations procurent des variétés qu'il ne faut pas négliger. Observer la plus parfaite marche fondamentale, en donnant deux valeurs à une même note, cela varie non seulement l'harmonie & la mélodie, mais la succession en est encore toûjours plus agréable: l'on ne doit se refuser à cette ressource qu'en faveur de la briéveté des *temps* de la mesure, d'un certain goût de chant, d'un dessein ou d'une imitation.

CHAPITRE XI.

Du rapport des Tons, *de leur entrelacement, de la longueur de leurs phrases conséquemment à leurs rapports, du moment de leur début, & de la marche fondamentale.*

EXEMPLE Q, *page 22.*

ON rappelle dans ce titre des questions déjà traitées, du moins en partie, mais dont il faut nécessairement se rafraîchir la mémoire, parce qu'il s'agit maintenant de réunir le tout dans un seul point de vûe.

Chaque *Ton* en a cinq autres relatifs, ceux de sa dominante & de sa sous-dominante, puis son relatif à la tierce mineure également avec ceux de sa dominante & de sa sous-dominante.

Ces six notes, *ut, ré, mi, fa, sol, la*, donnent tous les *Tons* relatifs au *majeur* d'*ut* & au *mineur* de *la*; exemple qu'on peut se prescrire dans tous les *Tons régnans*.

On ne s'y trompera jamais lorsqu'on ne passera que dans des *Tons* qui n'aient qu'un dièse ou un bémol de plus ou de moins que le premier *régnant*, en se souvenant que le *Ton mineur* est censé n'avoir de légitimes que les dièses ou bémols de son *majeur* relatif, & que les deux accidentels, qui s'y trouvent en montant à la tonique, n'y font point loi; d'ailleurs les *Tons* à la quinte l'un de l'autre sont de même genre, au lieu que ceux à la tierce sont d'un genre différent.

Un *Ton* n'en a de vraiment relatifs que ceux de sa dominante & de son relatif à la tierce mineure, en conséquence de quoi leurs phrases peuvent être les plus longues après celles du *régnant*: quant aux autres, leurs phrases ne doivent être que passagères & courtes.

La phrase du *Ton régnant* doit être généralement la plus longue, & peut reparoître de temps en temps après celles de l'un de ses relatifs, mais non pas deux fois après le même, à moins que les phrases de l'un & de l'autre ne soient très-brèves dans l'une des deux fois, sinon la monotonie s'y fait toûjours sentir: tel est le défaut des Airs de Trompette, de Cor, de Musette & de Vielle.

Les plus longues phrases sont ordinairement de huit mesures, qu'on peut néanmoins doubler, selon la vîtesse du mouvement; & les plus courtes sont de deux, quelquefois d'une seule quand le mouvement est lent, ou de quatre quand il est vif: c'est à quoi l'on doit faire grande attention en repassant sa Musique après l'avoir, *pour ainsi dire*, oubliée, comme pour la critiquer; & c'est pour lors qu'on s'aperçoit de sa monotonie, s'il y en a.

Toute phrase ne commence que dans le *temps bon*; ainsi le nombre de ses mesures ne se compte que depuis le *temps bon* qui suit celui par lequel la phrase précédente a fini.

Toute Musique débute généralement par la tonique, non qu'on ne puisse faire précéder celle-ci de sa dominante ou de sa sous-dominante; ce qui est cependant très-rare, & ne peut guère arriver que dans un air donné comme suite d'un autre.

Toute phrase qui succède à une autre, doit y tenir généralement par quelques liens: la tonique qui termine sa phrase passe à celle du nouveau *Ton*, soit sur le champ, soit par une suite de quelques toniques passagères, soit en lui servant de dominante ou de sous-dominante, soit par la dominante ou sous-dominante de la nouvelle tonique, soit enfin par une simple dominante qui commence un enchaînement pour y conduire; ce qui n'exclut point la suspension de la quarte d'une tonique à une autre, suspension qui pour lors n'est souvent qu'une supposition, toute vraie suspension n'arrivant jamais qu'après une dissonance, excepté celle de $\frac{6}{4}$, où la tonique syncope le plus souvent; car il y a bien des cas où cet accord de $\frac{6}{4}$ peut se pratiquer sur la dominante-tonique au lieu de celui de $\frac{7}{5}$, qu'on pourroit lui substituer sans que la tonique l'eût précédée immédiatement, comme le permet le double emploi, dans le seul cas où la su-tonique passant à la dominante-tonique, peut tenir lieu de la sous-dominante, bien que cela ne produise que l'effet d'une suspension au lieu de $\frac{7}{4}$.

Le chromatique peut s'introduire d'une dominante-tonique à une autre, lorsque du *Ton* qu'annonce la première on veut passer sur le champ dans celui de sa sous-dominante, c'est-à-dire, de sa quinte au dessous.

Entre plusieurs dièses accidentels dans une phrase où rien ne se décide par une cadence, le dernier, dans l'ordre donné, est toûjours note sensible. Soient, par exemple, de suite les dièses *sol, ré, ut*, &c. *ré* sera le sensible, quelque rang qu'il y tienne.

On doit se souvenir encore des marches *(n)*, où la dernière des deux notes tombe dans le *temps bon* ou *mauvais*, l'induction qu'on en doit tirer est souvent différente.

Excepté le passage d'une tonique à quelque note que ce soit, tout est cadence, parfaite, rompue, interrompue ou irrégulière, en y comprenant leur imitation.

La marche des dominantes & des sous-dominantes, dans la B. F. n'est autre que celle des cadences qui leur sont propres, parfaites, rompues ou interrompues pour les premières, & la seule irrégulière pour les dernières.

Tous les intervalles consonans où la tonique peut passer, sont, ou toniques, ou censés telles, ou dominantes, ou encore sous-dominantes. Une tonique, aussi-bien qu'une dominante, peut monter ou descendre diatoniquement sur une dominante, selon l'énoncé du IXe Moyen, *page 124*.

On a vû ce que le chromatique, l'enharmonique & les licences peuvent produire en leur particulier dans l'harmonie ; ainsi ce détail des marches fondamentales, rassemblé dans ce petit précis, doit en donner, à ce que je crois, une idée bien distincte.

Quant au choix d'une note rendue tonique, dominante ou sous-dominante, c'est le rapport des *Tons* successifs qui en décide ; & pour ne pas s'y tromper, il faut s'arrêter d'abord à tous les repos du chant, aux moins sensibles comme aux autres, appliquer un signe au dessus des notes qui les terminent, & tâcher de connoître, sur-tout de sentir, en quel *Ton* ils peuvent être ; ce que le signe peut également indiquer. Cela étant fait, on voit si les repos voisins ne sont pas trop souvent les mêmes sur la même tonique dans le chant, si les notes communes à différentes B. F. ne pourroient pas faire changer la nature de la cadence sur la

(n) IIe Moyen, *page 100*.

même tonique, ou procurer le moyen d'en former une dans le *Ton* relatif à la tierce, bien entendu que la diffonance qui pourra s'y trouver fuivra fa route légitime, comme on l'a déjà dit ; ce qu'on marque encore d'un figne, puis on chante tout l'air en mefure une fois, deux fois, trois fois; & dans l'une des dernières fois, ou dans plufieurs, on effaye de trouver de foi-même la B. F. de chaque repos *(o)* : bien-tôt la Nature, fecondant les connoiffances, éclairciffant même les doutes, fait plus qu'on n'ofe en attendre.

Ce n'eft pas tout, il faut voir encore fi le rapport des *Tons* fucceffifs eft bien obfervé, & fi la longueur des phrafes eft bien proportionnée au plus ou moins de rapport entre ces *Tons*. Un chant que l'imagination produit & fait continuer fans réflexion, pèche rarement contre ces rapports; tel eft l'empire de la Nature. Il y régnera tout au plus une monotonie, dans laquelle le défaut d'expérience aura pû faire tomber, mais qui deviendra bien-tôt fenfible, & dont les connoiffances données pourront aifément relever.

Les phrafes de Mufique dans chaque *Ton* tiennent volontiers à celles des vers qui ont un hémiftiche. Des deux premiers repos qui fe rencontrent dans un *Ton*, le dernier eft toûjours le plus abfolu : fi cependant il s'en trouvoit un troifième, un quatrième, dans le même *Ton*, encore plus abfolu que les autres, fuppofé que les cadences y fuffent également fenfibles, on conferveroit la marche fondamentale pour la dernière cadence dans la B. C. & l'on romproit ou renverferoit les autres, felon que pourroit le demander le plus beau chant de cette B. C.

Le repos le plus abfolu fe fait-il fur la tonique; celui qui le précède immédiatement fe fait ordinairement fur fa dominante ou fur fa fous-dominante, mais beaucoup plus rarement: fe termine-t-il fur l'une des deux dernières B. F. c'eft pour lors celui de leur tonique qui le précède. Ce qui fe fuppofe ici dans le commencement d'un air, peut n'être plus obfervé dans le courant en vertu des différens *Tons* qui pourront s'y fuccéder.

Souvent la fuite d'un chant offre des repos arbitraires, mais fimplement paffagers & fans conféquence, foit fur la dominante,

(o) Article VI, *page 84.*

soit sur la sous-dominante, dont on peut sous-entendre la note sensible dans l'harmonie qui les précède. Or, dès que l'oreille en est garante, comme cela se peut par le secours du diatonique recommandé en pareil cas *(p)*, il n'en peut naître qu'une agréable variété, bien entendu que cette même dominante, ou sous-dominante, reprendra sur le champ sa première qualité ; sinon il s'agiroit de traiter son *Ton* dans les formes, mais ce n'est pas ici le cas.

Ce ne doit être qu'après avoir bien établi le *Ton régnant* dans les huit premières mesures au moins, excepté quand le mouvement est bien lent, qu'on le quitte pour passer dans un autre.

C'est généralement le *Ton* de la dominante qui se présente après le *régnant* dans le début : un peu d'expérience y fait quelquefois préférer son relatif à la tierce, même celui de sa sous-dominante, même encore celui de sa su-tonique pour les *Tons majeurs* seulement ; mais une exposition des possibles, secondée d'exemples en pareil cas, achèvera de mettre au fait. Une tonique, en passant à sa dominante, peut toûjours recevoir l'*ajoûté*, pourvû que celle-ci ne porte pas d'abord la quarte, comme de *a* à *b*: elle peut y passer encore par un enchaînement de dominantes, qui commencera, ou par sa sous-dominante, ou par sa tierce mineure au dessous, comme de *g* à *h*, sinon en montant d'abord diatoniquement sur une dominante-tonique, comme elle l'auroit pû faire de *g* à *i*, en conservant à *g* une note de son accord dans le chant. Si ces deux dernières marches sont celles de l'*ajoûté h* & de la *seconde i* sur la tonique régnante, elles deviennent ici la *seconde* & le *sensible* de sa dominante, pour lors rendue tonique.

Toute tonique qui passe à une autre, soit en montant de tierce, soit sur-tout en descendant de même, produit souvent un effet agréable, comme de *b* à *c*. Moins les *Tons* y sont relatifs, pourvû qu'ils le soient cependant, plus le passage en est piquant, comme, par exemple, en donnant la tierce majeure à la note *b* au lieu de la mineure ; ce qui regarde toute dominante-tonique d'un *Ton mineur* qui termine un repos.

(p) Article VI, *page 84.*

On peut former des phrases très-courtes, dans le milieu d'un air, sur trois *Tons* qui se succéderont immédiatement à la seconde l'un de l'autre, & cela par le moyen d'un chromatique effectif ou sous-entendu, tant en montant qu'en descendant. Si le *Ton régnant* est *mineur*, les trois en question seront ceux de sa dominante *m*, de sa sous-dominante *n*, & de sa médiante *o*, qui est son *majeur* relatif; & s'il est *majeur*, ce sera ceux de sa su-dominante, qui est son *mineur* relatif, de sa dominante & de sa sous-dominante.

Remarquons que le *Ton mineur* relatif au *majeur*, supposé *régnant*, est à la tête des trois *Tons* à la seconde en descendant; & que le *majeur* relatif au *mineur*, supposé *régnant*, commence la même marche en montant.

IIe Q, page 22.

Outre le passage immédiat d'une tonique à celle de son relatif à la tierce, la tonique du *majeur* peut y passer par des cadences irrégulières, comme le prouvent les notes *a, b, c, d* dans la B. C. l'on pourroit y doubler les *temps* de la mesure ou les partager en deux, pour donner la suspension de la quarte à chaque tonique, ou pour l'orner de l'*ajoûté* après son accord parfait.

La B. F. conserve le même *Ton majeur* dès le début jusqu'à la fin sous le même chant, où l'on remarquera que la tonique *a* peut monter de seconde au guidon *b*, au lieu de passer d'abord à sa dominante, & qu'en conséquence celle-ci peut recevoir sa suspension.

Les brèves *e, f* sont de pur ornement : ce sera le sujet du Chapitre suivant.

Le *Ton mineur* ne peut passer à son *majeur* relatif par la voie des cadences irrégulières, attendu qu'elles ne peuvent se perpétuer dans des *Tons* d'un même genre au-delà de la dominante sans un défaut de rapport; mais le *Ton majeur* a cela de particulier, que la tierce de sa dominante peut se changer de majeure en mineure, comme l'indique le bémol suivi du béquare au dessus de la note *b (q)* pour passer au *Ton* de sa su-tonique *c*, & de-là à son *mineur* relatif *d*; lequel *Ton mineur* auroit pû se porter encore

(*q*) XVIIIe Leçon, page 50.

jusqu'au *Ton* de sa dominante, celle-ci prenant ensuite la route que prend sa tonique *d* pour rentrer dans le *majeur régnant*.

On doit savoir d'ailleurs que par l'enchaînement des dominantes, un *Ton* quelconque peut passer non seulement à son relatif à la tierce, mais encore à tous ses rapports *(r)*, en prévenant à propos celui dans lequel on veut passer par le dièse ou le bémol qui le fait distinguer, comme à *h* & à *o* du premier *Q*.

Rien n'empêche encore de s'arrêter au *Ton* que l'on veut, en y arrivant par quelque cadence que ce soit, & de le continuer, supposé que la variété des rapports y soit bien observée sans monotonie, & que sa phrase soit d'autant plus courte, que son rapport est éloigné du *régnant*.

La cadence rompue est une affaire de goût; elle se présente d'abord à l'oreille pour parfaite. On sait quand & comment on peut l'employer; mais elle est susceptible de renversemens, dont l'usage n'est pas trop fréquent, & qui peuvent cependant être très-favorables pour certaines expressions. *Voyez* les dernières pages de la méthode pour le prélude, qui renvoient à l'exemple *V*.

IIIe *Q*, page 22.

Le chant *a*, *b*, *c*, *d* n'est répété dans le IIIe *Q* que pour faire remarquer les différentes B. C. dont il est susceptible, & les différentes façons d'y renverser la cadence rompue, pouvant également pratiquer ce renversement dans la partie supérieure, comme dans les autres aux notes *c*, *d*, *e*, *f* & *g*, *h*.

IVe *Q*, page 23.

A l'égard de la cadence interrompue, un peu d'expérience peut l'inspirer dans le chant, sans qu'on l'y reconnoisse pour cela: cependant plus d'un moyen empêche qu'on ne puisse s'y tromper. Elle ne se pratique jamais que dans le passage de la dominante-tonique d'un *Ton majeur*, *a* de la B. F, à celle de son *mineur relatif b*, pendant que la quinte de la première *c*, *d*, où sa tierce *f*, *g* syncope dans le chant, pour conduire à un repos qui ne peut appartenir qu'à ce *Ton mineur*, en supposant une oreille assez

(r) XVIIe Leçon, *page 49*.

formée

formée pour sentir l'insipidité qui naîtroit de la continuation du *Ton majeur* entre les notes *c, d, f, g* & *n, o* du chant, sinon, qu'on éprouve, du moins en pareil cas, d'en trouver de soi-même la B. F. dans l'un & l'autre *Ton*, l'oreille y sera bien-tôt d'accord avec le jugement: d'ailleurs, la longue monotonie qu'on éprouveroit de *c* à *h* seroit une raison bien forte pour chercher à l'éviter. Quant au *fa dièse i*, le *Ton mineur* de *mi* qu'il annonce, & dont on ne peut douter à sa cadence *l, m*, fait voir & sentir son rapport bien plus lié au *mineur* de *la* qu'au *majeur* d'*ut*. Je laisse à part le repos *p, q*, d'autant que c'est à la suite d'en décider, quoique la tournure du chant penche plustôt vers le *mineur* que vers le *majeur*: c'est pourquoi j'ai mis un *&c.* à la fin, pour avertir que le chant doit être continué pour rentrer & finir dans le *Ton régnant*.

Il faut se familiariser, autant qu'il est possible, avec les suspensions & suppositions que j'ai employées exprès dans le total de l'Exemple *Q:* elles servent beaucoup à l'embellissement du chant de la B. C. & de l'harmonie.

Voir la B. F. au dessous de la note par supposition dans la B. C. cela ne doit point surprendre, dès qu'on sait qu'elle représente son octave au dessus.

Il est inutile de rappeler ici les différens entrelacemens de cadences, l'Exemple *K, pages 12, 13, 14 & 15*, en fournit suffisamment: disons-en autant du chromatique & de l'enharmonique donnés dans les Exemples *L, M & N, pages 16, 17, 18 & 19*, & dans ceux de *Q & R*, pour l'Accompagnement, *pages 6 & 7*. Reste le rapport des *Modes* ou *Tons* à observer dans le courant d'un air; c'est-là le grand nœud qu'on ne sauroit trop souvent remettre sur le tapis.

V.ᵉ Q, page 24.

Ne sentez-vous pas beaucoup plus d'agrément dans la variété qu'offre la première B. F. à laquelle répond la B. C. que dans l'espèce de monotonie dont la II.ᵉ B. F. est susceptible? Cette seule tierce mineure donnée à la dominante *a*, qui devient sur le champ sous-dominante pour annoncer le *Ton mineur* qui la suit, n'a-t-elle rien ici qui vous prévienne en sa faveur? en est-il de même de cette cadence irrégulière de *e* à *f* dans la II.ᵉ B. F. qui mène à un *Ton* éloigné du *régnant*, lorsqu'il n'est pas encore bien établi dans l'oreille ? au lieu que par les premières cadences irrégulières de *a* à *b* & de *b* à *c* de la première B. F. on passe au *Ton* relatif à la tierce, qui, par une pareille cadence, ramène le *régnant* de *d* à *e*.

Le doute, dans quelque arbitraire que ce soit, ne peut guère régner que sur des oreilles encore trop peu formées ; d'un côté la plus parfaite marche fondamentale & le plus de rapport entre les *Tons* successifs, de l'autre ce goût du chant & de variété qui doit toûjours nous occuper, sont de sûrs moyens pour ne point se tromper dans le choix.

Accompagnez de mesure les différentes successions harmoniques qu'offrent les B. F. arbitraires de ce V.ᵉ Q, bien-tôt vous découvrirez en vous ce germe de perfection que vous cache un défaut d'expérience, & dont l'accompagnement accélère le progrès, dès qu'on y observe la plus parfaite succession entre les consonances & les dissonances ; ce qui n'est guère que du ressort de la méchanique des doigts, secondée des connoissances qu'on en peut tirer.

Cette méchanique, par exemple, ne fait-elle pas connoître sur le champ la licence prétendue *f*, *g* dans ce V.ᵉ Q, où la première B. F. descend diatoniquement d'une dominante sur une autre, lorsqu'il faut faire descendre pour lors ensemble les quatre doigts, qui ne le doivent que de deux en deux ? ne fait-elle pas connoître en même temps, par cette nécessité, la dominante interceptée entre *f* & *g*! *(ſ)* N'y voit-on pas la possibilité de partager en deux valeurs la note *g* du chant, pour que le tout soit régulier ? & cette régularité-même ne peut-elle pas s'observer dans la licence, en suivant l'ordre naturel de la méchanique, où les deux derniers doigts à descendre suivroient promptement les deux premiers en forme d'harpégement ? ce qui peut se pratiquer, même dans la Composition, par des brèves, comme suspension, appui, coulé ; & ce qui ne pourroit ajoûter que de l'agrément, en ce que ces brèves feroient justement sentir, en passant, l'harmonie de la dominante interceptée.

(ſ) IX.ᵉ Moyen, *page 124.*

DE MUSIQUE PRATIQUE. 147

Le goût du chant de la B. C. son contraste avec celui du dessus, la variété qui s'en suit, ce sont-là des véhicules bien séduisans pour autoriser une pareille licence, où d'ailleurs la dissonance suit sa route naturelle.

Cette licence prétendue va nous faire rappeler une première règle, qui doit en quelque façon la suggérer. En effet, si la note syncopée du chant à *f* doit engager à lui donner deux B. F. différentes *(t)*, si sa dernière valeur, qui est dans le *temps bon*, doit la faire augurer dissonante, & si elle descend ensuite diatoniquement, tout concourt à la faire juger telle: de-là, voyant & sentant un petit repos sur la médiante *h* du chant, où la note *f* descend de tierce dans le *temps bon*, la tonique qu'exige en ce cas cette médiante, engage à l'annoncer par sa dominante sous *g*, où l'on ne peut faire autrement, à moins qu'on ne voulût y pratiquer les cadences irrégulières indiquées par les guidons de la première B. F. sur *sol, ré, la*.

Dans tout autre cas, la cadence rompue, donnée dans la II.ᵉ B. F. sous *g, h*, viendroit à propos pour éviter la monotonie avec la parfaite qui la suit immédiatement à *i*.

Il est tout naturel qu'en partant du *Ton régnant*, lors même qu'il ne fait que se déclarer, on attribue le dièse *k* du chant au *Ton* de sa dominante; cependant il est bon d'en examiner la suite avant que de décider.

Ce dièse qu'on voit à *k* & à *m*, est également note sensible d'un *Ton majeur*, & su-tonique du *mineur* relatif à ce *majeur*. Or, si d'abord après le repos à *i* venoit la note *l* & sa suite, le choix entre ces deux *Tons* seroit très-arbitraire, & feroit même pencher pour le *mineur*, attendu que la phrase, qui pour lors commenceroit à *l*, termine sur la tonique de ce *mineur* à *o*, & qu'il n'est pas moins naturel que le repos possible à *n* appartienne à la dominante du *Ton mineur* relatif, aussi-bien qu'à celle du *régnant*. Souvenons-nous donc, comme on l'a déjà remarqué *(u)*, que si ce même dièse *m*, où l'on descend de tierce dans le *temps bon*, doit être naturellement médiante, il peut être aussi quinte

---

(t) Article XIV, *page 92*. | *(u)* II.ᵉ Moyen, *page 100*.

de fa B. F. comme il l'eft effectivement ici. Souvenons-nous encore, que de deux repos dans une même phrafe, le premier doit être dans un *Ton* des plus relatifs à celui qui la termine, lui fervant comme d'hémiftiche *(x)*; de forte que fi le repos après le dièfe *k* fe lie au *Ton* qui le précède par fon grand rapport avec lui, il doit fe lier de même avec celui qui le fuit.

Voulant rappeler le fentiment du *Ton régnant*, dont la trace s'eft perdue par le long temps où de nouveaux dièfes lui ont été oppofés, on tâche de leur oppofer des bémols qui rendent, pour ainfi dire, l'équilibre à ce *Ton régnant*, auquel on ne peut plus fe refufer pour lors. En effet, ce contrafte entre bémols & dièfes ne permettant pas qu'on fe détermine en faveur d'aucun des *Tons* auxquels ils appartiennent, fait qu'on n'entend pas pluftôt le *Ton régnant* à leur fuite, qu'il le devient plus fortement que jamais par le plaifir qu'on a de le fentir reparoître fi à propos. Telle eft la magie muficale dans fa modulation, dont il a déjà été queftion il n'y a qu'un moment.

Occupé de cette oppofition entre dièfes & bémols, j'imagine des phrafes de *Tons* fans liaifon, comme lorfque dans le difcours on paffe d'un fujet à un autre; & pour lors ces *Tons* fans liaifon, qui fe fuccèdent toûjours à la feconde l'un de l'autre, n'ont que des rapports éloignés du *régnant:* ici, par exemple, les *Tons* des repos *o* & *q* ne tiennent à ce *régnant* que parce que leurs toniques font la dominante & la fous-dominante du *mineur* relatif à ce même *régnant (y)*. On voit, au refte, qu'il n'y a point de notes communes entre les accords parfaits de *o* & de *p*, non plus qu'entre ceux de *q* & *r:* il y a des cas où de pareils défauts de liaifon font très-heureux, quoiqu'il foit facile ici d'interpofer une dominante entre *o* & *p* & entre *q* & *r*, quand même les notes *o* & *q* ne vaudroient qu'un *temps*, ayant pour lors la liberté de les partager en deux valeurs égales, felon les guidons de la B. F. fous *o* & *q*.

Non content d'avoir ramené le *Ton régnant* de *r* à *s*, après deux autres qui fe contrarient par leurs dièfes & bémols, je rappelle encore pour un moment le dernier, du moins fon relatif

(x) Article VI, page *84*. | *(y)* Chapitre IX, page *133*.

t, *u*, *x*, crainte que les dièses qui ont dominé pendant quelque temps ne prennent encore trop d'empire, & je termine ce *Ton régnant* à la satisfaction de l'Auditeur.

Il reste à déclarer, plus généralement que je ne l'ai encore fait, cette communauté de notes & d'accords à différentes B. F. pour qu'on en sache profiter, soit pour varier à propos les *Tons*, soit pour éviter la monotonie de leurs cadences pareilles & trop voisines, soit pour embellir le chant de quelque partie que ce soit, sur-tout quand elle domine, comme fait généralement la B. C.

VIe Q, *page 26.*

Tous les passages qui vont être cités peuvent appartenir également aux deux *Tons* relatifs à la tierce mineure, excepté ceux où la dominante du *majeur* & la note sensible du *mineur* ont lieu, & qui ne sont propres qu'à leurs *Tons* : c'est au Compositeur de savoir profiter du change qu'il y peut donner, bien entendu que l'intervalle dont il sera question arrivera dans le *temps bon*.

Le passage diatonique du chant à la su-tonique d'un *Ton majeur* annonce toûjours une cadence irrégulière sur sa dominante-tonique, où la tonique peut recevoir l'*ajoûté*, si l'on veut, sur-tout dès qu'on peut y sous-entendre le moindre repos *a*, *a*. Ce passage peut aussi donner, dans le *Ton mineur* relatif à ce *majeur*, celui d'une tonique à sa sous-dominante *b*; au lieu que s'il s'agit effectivement d'un *Ton mineur*, ce même passage pourra fournir, dans son *Ton majeur* relatif, une cadence parfaite *c*, *c*, ou irrégulière *d*, *d*, sur la dominante-tonique de ce *Ton majeur*.

Le passage diatonique à la médiante peut également donner dans chaque *Ton* une cadence parfaite *e*, *e*, ou irrégulière *f*, *f*. Quant au repos sur la médiante du *Ton mineur*, le *majeur* n'y pourra recevoir qu'une cadence parfaite *g*, *g*.

Le passage diatonique à la sous-dominante du *Ton majeur* a pour B. F. dans chaque *Ton*, la tonique qui passe à sa sous-dominante, en la rendant même tonique, si l'on veut, par son *sensible*, que recevra pour lors sa tonique prétendue jusque-là. Dans le *Ton mineur*, ce passage ne peut y former cadence, mais il pourra en former une irrégulière sur la dominante de son *majeur* relatif; ce qui revient au paſſage diatonique à la ſu-tonique de ce *Ton majeur*, qui pour lors eſt ſous-dominante du *mineur*. Voyez *a, a* pour celui-ci, & *b, b* pour ſon *mineur* relatif.

Un pareil paſſage à la dominante donne, dans chaque *Ton*, une cadence irrégulière ſur la tonique.

Quant au paſſage diatonique à la ſu-dominante il forme volontiers une cadence parfaite ſur la ſous-dominante, pourvû que dans le *Ton mineur* cette ſu-dominante ne ſoit pas diéſée, comme en prenant *kk* pour être dans celui de *la*: ſinon, dès qu'elle eſt diéſée, c'eſt pour monter enſuite à la note ſenſible *p*; autrement on paſſeroit dans le *Ton* de la dominante, comme à *ll*, qui donne le *Ton mineur* de *mi*, dominante de *la*.

Si l'on veut employer le *Ton majeur* dans ce même paſſage du *mineur* ſans dièſe, il y ſuivra la route que demande celui de ſa ſous-dominante *kk*, en y prenant le chant pour être dans le *Ton mineur* de *la*, & qu'on voudra inférer dans le *majeur* d'*ut*.

Paſſe-t-on diatoniquement à la note ſenſible, on ne le peut qu'avec les dièſes accidentels en montant dans le *Ton mineur*, & la B. F. du premier dièſe ne peut être que la dominante ſimple de la dominante-tonique; dominante ſimple qu'on peut néanmoins rendre dominante-tonique à la faveur du chromatique, ſelon le chiffre de la B. F. *p*; mais on n'y deſcend guère ſur la note ſenſible que pour remonter au *Ton*, ou bien le chromatique peut y être admis pour changer de *Ton*, en la faiſant deſcendre ſur ſon béquare ou bémol, comme au 2.ᵉ *p*.

D'ailleurs, la marche en deſcendant dans ce *Ton mineur*, où pour lors le bémol ou béquare de ſa note ſenſible a lieu, peut former cadence irrégulière dans ſon *majeur* relatif, comme à *x*.

Cette même marche en deſcendant dans le *Ton majeur*, forme généralement une cadence irrégulière ſur ſa dominante *r* ou ſur celle de ſon *mineur* relatif, comme à *y*; le tout à volonté, ſelon l'occurrence dans le rapport des *Tons* qui ſe ſuccèdent, ſelon la variété qu'on veut y introduire, ſur-tout pour éviter de trop fréquentes cadences pareilles dans le même *Ton*.

Pour ſe rendre ces ſortes de variétés bien familières, il ſuffit de conſidérer que les marches données ſont preſque par-tout les mêmes dans les deux *Tons* relatifs à une tierce mineure l'un de l'autre, à la différence près, que si elles partent de la tonique du *Ton mineur*, elles partent au contraire de la su-dominante du *majeur*, ainsi du reste à proportion.

Il faut bien se souvenir que les cadences proposées ne peuvent d'abord être telles, qu'aux conditions que la note qui les termine tombera dans le *temps bon;* sinon toute dominante-tonique, en ce cas, changeroit sa tierce majeure en mineure, ou bien ne recevroit point la septième. Les repos plus ou moins sensibles doivent en faire décider, aussi-bien que le dessein qu'on a de continuer le même *Ton* ou d'en changer.

Pour profiter de ces routes données, lorsqu'on passe à quelques-unes des notes spécifiées par des consonances, on examine si la première note de ces consonances fait partie de l'accord où se trouve dans le même *Ton* l'une des voisines de celles sur lesquelles on doit monter ou descendre diatoniquement, & certainement elles seront susceptibles de la même B. F.

De pareilles routes peuvent conduire à différens *Tons*, qui seront toûjours ceux de la dominante ou de la sous-dominante du *majeur*, sinon du *mineur*. Il faut s'en faire des exemples particuliers de toutes les façons, pour en prendre connoissance, & les Accompagner sur le Clavecin pour y accoûtumer l'oreille. D'ailleurs tout ceci se trouve déjà expliqué d'une autre manière dans les précédens Moyens.

CHAPITRE XII.

Notes d'ornement ou de goût, où l'on traite encore de la Modulation.

Exemple R, page 27.

L'HARMONIE ne porte généralement que sur chaque *temps* de la mesure; & de toutes les brèves qu'on peut inférer d'un *temps* à l'autre en marche diatonique, il n'y a généralement d'harmoniques que celles qui sont à la tierce les unes des autres, excepté qu'elles ne forment $\frac{6}{5}$ d'une sous-dominante, $\frac{4}{3}$ d'une su-dominante, ou $\frac{8}{7}$ d'une dominante : au reste, c'est toûjours la marche fondamentale obligée ou possible qui en décide.

Dès que les notes du chant marchent par des consonances, quel qu'en soit le nombre dans un seul *temps*, elles tiennent toutes à l'harmonie.

Rien ne constate mieux la vérité de la B. F. que le besoin qu'on a de son secours pour juger des notes harmoniques parmi plusieurs autres qui s'y trouvent entrelacées pour le seul goût du chant. Soyons donc bien attentifs à suivre exactement la marche fondamentale prescrite, examinons toutes les possibles, recherchons celles qui peuvent occasionner plus de variété, & empêchons sur-tout la monotonie, s'il s'en trouve, soit dans une trop longue continuité du même *Ton*, soit dans une trop fréquente répétition des deux mêmes *Tons* qui se succèdent, soit enfin dans les mêmes cadences trop voisines.

On doit remarquer d'abord toutes les phrases dans lesquelles le chant peut être réduit, puis examiner s'il n'y auroit pas repos possible dès la deuxième mesure de chaque phrase ; possibilité qu'autorise le diatonique, aussi-bien que toutes les chûtes en descendant de tierce & de quinte dans le *temps bon ;* & c'est pour lors que si l'un de ces moyens menace le *Ton* de la dominante ou de la sous-dominante, il faut éprouver si leur note sensible seroit agréable en y montant diatoniquement.

Le dièse, celui-là même qui donne le sentiment de note sensible, ajoûte souvent un grand agrément dans la mélodie ; & si plusieurs Musiciens en abusent, il ne faut pas moins profiter des occasions d'en faire usage, sur-tout dans de certaines expressions qui peuvent le demander, & je n'en vois guère à éviter en pareils cas que la note sensible de la tierce majeure d'une tonique & celle d'une note sensible même.

Voyez l'Exemple *R*, & vous jugerez, par le *Ton régnant*, que tous les dièses *a, b, c, d* sont de pur goût ; les faux intervalles qu'ils amènent avec l'une & l'autre Basse, n'étant donnés que par des brèves, ajoûteront toûjours quelques agrémens à la mélodie, sans que l'harmonie en souffre. Quant aux dièses *e, f*, ce sont les

accidentels

accidentels du *Ton mineur régnant :* le premier dièse *l* est encore ornement.

Souvenez-vous de la règle des imitations en descendant diatoniquement, vous reconnoîtrez bien-tôt la nécessité de l'enchaînement des dominantes sous le chant, malgré ses brèves *a, b, c, d;* vous jugerez de la possibilité du chromatique dans la B. C. à la faveur de la septième diminuée, que favorise le *Ton mineur régnant;* vous souffrirez par conséquent les quintes superflues de la B. F. sous *a* & *c.* Quant au dièse sous *e,* s'il forme une octave superflue avec la B. C. remarquez que chaque partie y suit sa route-naturelle dans le *Ton,* & que l'une des deux est brève ; ce qui suffit pour la satisfaction de l'oreille.

Les repos à *i* & à *k* sont assez sensibles pour juger de la route fondamentale *h, i, k,* sans égard pour les brèves depuis les croches pointées *h* & *i :* les notes d'harmonie s'y trouvent du moins de deux notes l'une.

Ce n'est pas toûjours la première des deux notes diatoniques qui porte harmonie, mais bien celle des deux qui se prête le mieux à la parfaite succession fondamentale, comme les dernières notes de *h,* de *k* & de *p.*

m, n, & *o, p* offrent de chaque côté une pleureuse ; la première, *m, n,* sans intermédiaire, où pour lors chaque note doit avoir sa B. F. qui forme ensuite une cadence rompue de *n* à *o.* Quant à l'intermédiaire de *o* à *p,* on y voit assez que le seul *p* est en harmonie, bien qu'on pût la faire porter à chaque note, selon les guidons de la B. F.

Au deuxième *l,* les deux *Tons* relatifs à la tierce sont arbitraires, comme le prouvent les guidons de la B. F. ayant préféré le *Ton majeur* dans la B. C. pour rendre sa mélodie plus chantante.

Ayez toûjours égard à la marche fondamentale prescrite dans les *temps* principaux de la mesure, rarement les notes de goût vous y arrêteront, comme vous pourrez en juger déjà dans tout le premier Exemple, & comme la suite va le confirmer.

II.ᵉ R, page 28.

Les notes de la B. F. répondent à la première B. C. où l'on voit la même tonique rester pendant les deux premières mesures, bien qu'on puisse y saisir des brèves pour harmoniques, selon la II.ᵉ B. C. qui répond aux guidons de la B. F. on pourroit même donner une B. F. à chaque croche du chant, dont le mouvement seroit supposé lent, & qui seroit pour lors contrarié par celui de la B. C.

Quand la B. F. commence une mesure & continue dans l'autre, elle ne syncope jamais, comme de *a* à *b* de la B. F. cependant le chant pourroit exiger un changement de B. F. entre *a*, *b*, selon la II.ᵉ B. C. ce qui dépend du goût.

On ne doit presque jamais examiner les croches qui passent rapidement dans un *temps*, excepté qu'il n'y arrive quelques signes qui marquent changement de *Ton*, comme à *d*; & c'est pour lors qu'après avoir terminé le *Ton* d'auparavant, on cherche une route fondamentale qui, de la tonique qui a terminé ce *Ton*, puisse amener agréablement le nouveau *Ton* annoncé : aussi la plus parfaite route possible, dans le cas présent, engage-t-elle à descendre de tierce sur la dominante-tonique *f* dans la B. F. Les dièses du *Ton régnant* paroissant ensuite, on a la même attention qu'auparavant, & l'on remarquera seulement aux notes *g*, *h* de la B. F. qu'on peut faire monter de seconde la tonique *g*, ou la faire descendre de tierce selon le guidon.

III.ᵉ R, page 29.

Nous allons mêler à présent des notes de goût avec des suspensions, formées en partie de suppositions, & cela sur différentes cadences ornées d'imitations & de desseins, dont on pourra tirer de nouvelles lumières.

Le même chant donné à deux & à trois *temps* dans ce III.ᵉ R, est pour faire connoître que toute idée de chant peut se transposer d'un mouvement dans l'autre, en plaçant d'un côté les notes d'harmonie dans les mêmes *temps* de la mesure où elles se trouvent de l'autre, & en y augmentant ou diminuant le nombre des notes de goût à proportion des *temps*.

Quel que soit le nombre des notes employées dans un, deux, trois & quatre *temps* de la mesure, la même B. F. y pourra toûjours subsister, tant qu'elle pourra recevoir dans son harmonie l'une des deux notes qui s'y trouveront à la seconde; bien entendu cependant qu'elle n'y seroit pas forcée pour lors de changer, pour suivre sa route légitime.

On voit assez que la première des deux noires du chant sur le même degré *a*, *b*, est de pur goût, puisque la B. F. seroit forcée d'y syncoper; & si elle syncope au guidon du dernier *c*, ce n'est que pour indiquer la suspension de la note même placée au dessus de ce guidon, comme cela se trouve également dans le début de la B. C. au dessus des notes *c*, *d* de la B. F. suspension justement indiquée par les guidons de la B. F. sous ces mêmes notes *c*, *d*.

Il se forme à *e*, *f* une suspension singulière de la quinte *f* par la sixte *e*, laquelle seroit toute simple selon les guidons de la B. C. où la note *b* du chant, se partageant en deux valeurs égales, recevroit deux dominantes, dont la dernière passeroit à sa tonique *e*, recevant la suspension de la quarte; mais voulant éviter la monotonie, je profite de la possibilité d'admettre dans le *Ton mineur* ce qui paroît de droit naturel dans son *majeur* relatif. *Voyez* la deuxième noire du second dessus sous le 3.e *b*; si elle est note sensible du *Ton majeur*, n'est-elle pas aussi su-tonique de son *mineur* relatif? n'y peut-elle pas jouir du droit de sixte ajoûtée, aussi-bien que de note sensible, puisqu'elle monte diatoniquement? la sous-dominante, qui la reçoit dans son harmonie, ne trouve-t-elle pas la quinte de sa tonique à *f* pour pouvoir y passer? &, selon l'esprit du chant, la noire *e* n'est-elle pas suspension dans ce *Ton mineur* comme dans le *majeur*! Ainsi la sixte, quoique consonante, devient ici suspension de la quinte, comme elle l'auroit été de la tierce dans le *Ton majeur*, en formant la quarte au guidon de la B. C.

La dominante-tonique du *Ton majeur* se placera sous *e*, ou bien sous la deuxième valeur de la blanche *b*, pour former ensuite une suspension sur sa tonique. Or, comme tout l'esprit du chant roule sur les suspensions jusque-là, c'est à l'Auteur de sentir & de juger ce qui vaut le mieux, comme aussi ce qui regarde la monotonie.

Au reste, si l'on ne suspend ici que la quinte par la sixte, on peut y suspendre en même-temps la tierce par la quarte & la seconde, c'est-à-dire que l'accord de la tonique *e* peut être suspendu par l'accord total qui le précède, soit comme *sensible* dans le *Ton majeur*, soit comme *ajoûté* dans le *mineur*, auquel le second dessus se prêteroit pour lors, en conservant la même note de *b* à *e*; arbitraire qui peut avoir lieu dans toutes les suspensions où la quarte peut suspendre la tierce d'une tonique.

La cadence parfaite simplement imitée de *l* à *m* dans la B. F. ne l'est qu'en conséquence de la licence citée dans le IXe Moyen, *page 124*.

Même idée de chant à *c*, *d* qu'à *a*, *b*, où *d* sauve les suspensions *c*, de même que *b* sauve les suspensions *a*; suspensions qui naissent, en partie, de la supposition.

Ces mêmes suspensions peuvent se former par-tout en accords de $\frac{5}{4}$ ou de $\frac{6}{4}$, à volonté.

La B. C. peut imiter le chant de *p* à *q*, en y répétant la note indiquée par un guidon : ce même chant est doublé de *r* à *s* & triplé de *q* à *r*; le second dessus y dessine d'une manière qui peut être variée en plusieurs autres, soit par la succession variée des notes que fournit la B. F. soit par la multiplication ou diminution des brèves, tantôt ici, tantôt là.

On peut rendre dominante la B. C. qui rompt la cadence à *s*, selon la B. C. ou tonique selon la B. F. Ici le double emploi est évident ; si la sous-dominante est B. F. dans la B. F. à *t*, la su-tonique l'est au contraire dans la B. C. de sorte que l'accord de $\frac{6}{4}$, que porte ensuite la dominante-tonique *u*, suspend simplement son accord de septième *x*, qui auroit pû paroître d'abord après *t*, avec un nouveau chant.

IV.ᵉ R, page 30.

Remarquez aux notes *a*, *b*, *c*, *d* & *k*, *l*, *m*, *n* du 4.ᵉ R, les différentes B. F. que peut souffrir le chant *c*, *d* du 3.ᵉ R, & voyez la variété qu'elles peuvent procurer aux parties dont on accompagne ce chant. Si dans le 3.ᵉ R se trouvent des suspensions de quarte à tous les *c*, c'est ici suspension de sixte-quarte à *k*, puis celle de septième superflue à *n*; pendant que si la suspension des *d* du 3.ᵉ R est une quarte, elle est neuvième ici, de sorte que l'accord sensible employé d'un côté ne peut l'être de l'autre.

Examinez la B. F. des brèves *f*, *g*, *h*, vous verrez qu'elles doivent avoir chacune leur B. F. ne pouvant arriver à la tonique que demande la médiante *g*, qu'en la faisant précéder de sa dominante *f*, qui doit reparoître à *h* pour la même raison. Dans un mouvement vif cependant, *f* & *g* pourroient passer pour le goût du chant, en attendant *h* pour lui donner l'accord sensible qui suit de droit celui de seconde.

Il faut encore remarquer ici qu'à la faveur du double emploi, l'harmonie de la su-tonique *e* dans la B. F. pareille à celle de la sous-dominante dans la B. C. peut supposer cette sous-dominante; d'où naîtroit une cadence irrégulière de *e* à *g*, dont l'effet, qui ne pourroit être que très-bon, dépend de l'Auteur.

Si le chant conduit forcément à la note *i*, l'octave qu'en forme la B. C. quoiqu'en montant également, ne peut qu'être agréable en faveur du chant de cette B. C. sinon l'on peut substituer à la note *i* du chant celle qu'indique le guidon au dessus.

Remarquez, au reste, que la suspension de la quarte, donnée au pénultième *c* du 3.ᵉ R, est un peu hardie, attendu qu'elle y est accompagnée de la fausse quinte, au lieu de la quinte; ce qui cependant est nécessaire, dès qu'on y veut conserver le sentiment du *Ton régnant*, qui subsiste auparavant & immédiatement après.

Je ne vois pas qu'après de pareils exemples on puisse se tromper sur les notes de goût, en y joignant les réflexions suivantes.

N'ayant principalement égard qu'à chaque *temps* de la mesure, y eût-il seize triples croches dans un *temps*, dès que l'ordre en est diatonique, suivez les loix de la B. F. vous marcherez toûjours bien.

Si parmi le diatonique se trouvent quelques intervalles consonans, ce sont-là vos guides, à plus forte raison encore si tout est consonant. Il y a seulement une chose à remarquer, savoir, que la dernière note d'une consonance, passant diatoniquement à une autre note qui annonce ou termine le repos, peut quelquefois ne pas appartenir à l'harmonie dont il paroît qu'elle doit faire partie, attendu que le repos & son annonce doivent avoir par-tout la préférence.

Il y a des cas où l'on peut donner, sans nécessité, une B. F. à des brèves, comme on l'a remarqué au 2.ᵉ *R*.

Généralement les brèves, suivies sur le même degré dans le *temps bon*, ne tiennent à l'harmonie qu'autant que la B. F. ne peut autrement suivre la route prescrite pour arriver au repos.

On ne peut guère se tromper sur les notes d'ornement, lorsque les règles que je viens d'en donner seront secondées du soin qu'on doit prendre à ne point faire syncoper la B. F. & à conserver dans toute la mesure, ou du moins dans sa dernière moitié, la note qui annonce une cadence, sans s'y occuper d'une brève, dont la B. F. pourroit changer la nature de cette cadence, sur-tout si la cadence n'est qu'imitée : une consonance, même donnée dans un *temps mauvais* & répétée dans le *bon* qui vient ensuite, doit être comptée pour rien, dès que la B. F. seroit forcée d'y syncoper & dès qu'on termineroit la cadence dans le *temps mauvais*, au lieu de la terminer dans le *bon*.

Quelquefois cependant se termine un repos sur une note précédée d'une brève sur le même degré, ou d'une longue qui paroîtroit syncoper ; mais le repos étant une fois sensible, cette longue ou brève doit toûjours être l'octave de la dominante qui annonceroit un pareil repos sur sa tonique, ou bien la quinte d'une tonique qui l'annonceroit sur sa dominante.

CHAPITRE XIII.

De la Composition à plusieurs parties.

EXEMPLE *S, page 31.*

LA marche la plus régulière & la plus agréable de toutes les parties harmoniques, existe dans l'accompagnement-même. Qu'on juge par-là combien cet Art est nécessaire au Compositeur, & de quelle importance lui doit être en ce cas la méchanique des doigts, puisque dans cette méchanique les plus rigoureuses règles de la Composition se trouvent renfermées avec ce qu'il y a de plus agréable.

Si la marche consonante nous est offerte la première pour celle de la B. F. nous voyons néanmoins toutes ses parties harmoniques marcher diatoniquement, ou se lier en répétant la même note d'un accord à l'autre : aussi le diatonique prime-t-il dans tous les chants, le consonant n'y étant amené que de temps en temps. Voulez-vous de la syncope ? la liaison des harmoniques vous enseigne les notes qui en sont susceptibles, & cela toûjours dans la méchanique des doigts. Il ne tient qu'à vous, pendant qu'existe une même note fondamentale, de former votre chant de toutes ses harmoniques par octaves, tierces, quartes, par suspensions, quintes, sixtes ajoûtées, & septièmes s'il y en a, même encore de passer d'un accord à un autre par un intervalle consonant entre les consonances de l'un & de l'autre, d'autant que leur marche est arbitraire, & doit toûjours céder à la volonté du Compositeur : tout ce qu'il y a, c'est que pendant qu'une partie, qui sera sans doute le sujet, embrasse successivement toutes les harmoniques d'une même B. F. on ne peut que les redoubler dans les autres, soit en tenues, soit en contrariant leur marche.

Cette contrariété de marche est très-recommandable entre les parties, mais ce n'est guère qu'après des unissons, octaves ou quintes ; encore, lorsque celles-ci passent à des tierces ou sixtes, la marche y est-elle arbitraire.

Le goût de variété demande qu'on s'interdise, autant qu'on le peut, deux unissons, octaves ou quintes de suite, non qu'on ne puisse s'en dispenser en faveur du beau chant, aussi-bien qu'en faveur d'un dessein qui ne pourroit s'exécuter autrement.

La méchanique des doigts nous apprend que dans la suite des accords se trouve au moins une note commune entre ceux qui se succèdent immédiatement, souvent deux, quelquefois trois, si bien qu'il y paroît toûjours des syncopes à volonté: le contraire n'arrive guère que dans l'accord sensible d'un *Ton* peu relatif à celui qui le précède, & qui ne se pratique sans doute qu'en faveur d'une certaine expression, ou bien dans plusieurs occurrences de l'accord de septième diminuée, ou encore lorsqu'on rend tonique la note qui termine une cadence rompue; car, en la rendant dominante, sa septième forme pour lors liaison.

Le renversement occasionne une grande variété dont on doit profiter, sur-tout pour éviter la monotonie de semblables cadences trop voisines: non seulement la B. C. peut rompre ou interrompre une cadence parfaite, mais elle peut les renverser toutes, en empruntant pour son chant celui qui est possible dans telle partie de son harmonie qu'il plaît. De même aussi l'une de ces parties peut suivre en ce cas la route fondamentale, & l'on peut faire de ce change un très-heureux usage; savoir, par exemple, placer à propos la B. F. d'une cadence rompue dans une partie supérieure d'un *Ton mineur* sur-tout; cela peut quelquefois pénétrer jusqu'à l'ame.

Moins il y a de parties, plus le beau chant est recommandable: s'agit-il d'un récitatif, d'un air? toutes les routes, & fondamentales & harmoniques, doivent y être sacrifiées; c'est à la B. C. à s'y prêter. Dans le récitatif, il faut prendre pour notes de goût tout ce qui peut s'y soûmettre, de sorte qu'une même note de la B. C. puisse continuer pendant une ou plusieurs mesures; non que bien des tournures de chant ne le permettent pas toûjours, étant forcé quelquefois d'y suivre chaque syllabe, sur-tout dans de certaines cadences qui ne sont annoncées que par des brèves; mais en même-temps une seule note de basse peut tenir à différentes B. F. ici comme B. F. là comme harmonique, ce dont il faut profiter dès que l'on peut. A l'égard des airs, la B. C. doit un peu chanter, mais toûjours avec diſcrétion, crainte qu'elle n'offuſque le ſujet; la ſimplicité lui conviendra toûjours mieux, en ce cas, qu'une broderie trop continuelle, à moins que quelques deſſeins d'imagination n'en ſoient l'objet principal, comme, par exemple, les Baſſes contraintes, & autres à peu près ſemblables, dont on eſt déjà revenu, & dont on reviendra bien davantage encore, dès qu'on ſentira que l'expreſſion eſt l'unique objet du Muſicien.

Dans le duo, vraiment duo, tout doit chanter agréablement: ſi ce ſont deux parties accompagnées d'une B. C. pour lors les tierces ou ſixtes doivent être les plus uſitées entr'elles; mais ſi c'eſt deſſus & baſſe, celle-ci a ſes droits de baſſe, à cela près que les tierces, les ſixtes, & ſur-tout les quintes entre cette baſſe & le deſſus, doivent contribuer à leur mélodie.

Le trio demande preſque toûjours une tierce ou ſixte entre deux parties, la troiſième formant en même-temps quinte ou quarte avec l'une des deux, quelquefois ſeconde, ſeptième, neuvième même, lorſque l'accord eſt diſſonant.

Tous les accords fondamentaux ſont compoſés de tierces, dont les ſixtes ſont renverſées. Deux tierces font une quinte, trois font une ſeptième; il eſt donc impoſſible que trois parties puiſſent s'accorder entr'elles, ſans que deux, au moins, ne faſſent tierce ou ſixte entr'elles. Il n'y a que dans la ſeule ſuppoſition où les trois parties puiſſent ſe trouver à la quinte l'une de l'autre, & c'eſt à la beauté du chant que doit céder le choix des tierces ou des quintes en pareil cas.

Pour la facilité de l'opération, tout doit ſe réduire aux moindres degrés. Quelques octaves qu'il ſe trouve entre *ut* & *mi*, entre *ut* & *ſol*, par exemple, on doit toûjours les juger tierce & quinte, quant au fond de l'art, non quant à l'effet: la dixième plaira plus que la tierce, la dix-ſeptième encore davantage, & la douzième plus que la quinte; mais l'étendue des voix, & quelquefois même des Inſtrumens, ne permet pas toûjours qu'on puiſſe amener ces grands intervalles doublés ou triplés.

On ſait que dans le renverſement, la tierce devient ſixte, la quinte devient quarte, & la ſeptième, même la neuvième, devient

X

seconde; si bien qu'il est libre d'employer entre les parties tel de ces renversés que l'on veut. Par exemple, des sixtes de suite sont souvent plus agréables que des tierces, sur-tout entre la Basse & une autre partie: des quartes & sixtes de suite en trio *(z)* plairont, au lieu que leurs renversés donneront une monotonie peu satisfaisante. Quant à la supposition, quoique la neuvième paroisse seconde, il faut bien prendre garde à ne jamais l'employer que relativement à la Basse, au moins une neuvième au dessus.

Dans le quatuor, on prend pour sujet telle partie qu'on veut, tantôt l'une, tantôt l'autre, selon qu'il est dessiné par fugues ou par simples imitations; mais le chant de la Basse ne doit pas être négligé pour cela: aussi dit-on communément, une Basse bien chantante annonce une bonne Musique, pour ne pas dire belle.

Il y a différence entre quatuor, proprement dit, chœur à quatre parties, & récit accompagné de trois autres parties.

Le quatuor demande que chaque partie chante le mieux qu'il est possible, & certainement la méchanique des doigts dans l'accompagnement en fournit bien les moyens; à cela près, que si le sujet emploie dans son chant plusieurs intervalles d'un même accord, il en prive d'autant les autres parties, qui cependant peuvent les employer aussi, soit par mouvement contraire, soit en remplaçant d'un côté celui qu'on quitte de l'autre, soit dans la tenue de l'un de ces intervalles, dont la succession pourra se contrarier entre les deux parties qui le feront entendre, comme on l'a déjà dit.

Dans les chœurs, le sujet s'applique ordinairement aux voix les plus agréables, qui sont celles des femmes: la Basse y répond du mieux qu'il est possible, & les autres parties qui se trouvent entre deux n'y sont presque que pour accompagnement, sans s'y désister pour cela du plus beau chant que le fond d'harmonie peut y permettre.

Les plus beaux chœurs sont souvent traités en quatuor; chaque partie s'y distingue à tour de rôle, & cela par des fugues ou simples imitations.

Un récit n'exige, dans la symphonie qui l'accompagne, que

(z) XXIV.ᵉ Leçon, *page 64.*

ce que l'on veut: ou cet accompagnement forme simplement un fond d'harmonie en tenuës, ou il marche syllabiquement avec les paroles, ou il saisit quelques traits du chant de ce récit, quand l'harmonie le permet, ou l'un des instrumens le suit à l'unisson, dès que le mouvement en est vif & sans agrémens arbitraires *(a)*, ou bien on lui donne un dessein particulier qui soit pour lors analogue à la situation.

Ces sortes d'accompagnemens n'exigent qu'autant de parties que l'on veut; il suffit qu'une y dessine, les autres remplissent l'harmonie.

Il est presque inutile de composer à cinq parties, quant au fond d'harmonie, puisqu'il ne s'y trouve jamais cinq sons différens que dans la supposition ou dans quelques suspensions, qui se réduisent toûjours à quatre ensuite, puis à trois. Il est vrai que dans un enchaînement de dominantes on peut aisément faire marcher cinq parties, y compris la B. F. mais après cela il en faut doubler quelques-unes, & bien-tôt le chant pèche d'un côté ou de l'autre.

L'art de diminuer à propos le nombre des parties, pour en faire rentrer une, puis une autre, & cela par un chant de fugue ou d'imitation sur des paroles convenables, s'il y en a, cet art, dis-je, a ses agrémens: c'est au goût, au sentiment, à l'esprit d'en ordonner, & ce n'est qu'à force d'entendre les beaux morceaux de Musique dans tous les genres qu'on parvient enfin à pouvoir faire valoir ces dons de la Nature.

Tous mes Exemples sont ou duo ou trio; l'on peut examiner encore tous les chœurs & quatuor en musique: mais, au fond de l'art près, c'est à nous de savoir en tirer avantage, pour faire valoir des dons sans lesquels nous demeurerions toûjours en arrière.

Quelque recommandable que soit la plénitude de l'harmonie, le goût du chant doit l'emporter; c'est pourquoi l'on doit savoir que lorsqu'on est forcé de doubler un intervalle, soit en faveur

---

(a) Par-tout où le sentiment ordonne, rarement deux personnes peuvent s'y accorder; c'est pourquoi le chant d'un Acteur ne peut guere être secondé à l'unisson que dans des mouvemens vifs, où pour lors les agrémens sont de convention.

de la mélodie, soit parce que l'on compose à plus de parties que n'en contient un accord, l'octave de la B. F. doit être préférée, ensuite sa quinte.

Ne doublons les tierces que par force, & que ce ne soit du moins que dans un *temps mauvais*, non qu'on ne puisse transgresser cette règle en faveur de la mélodie, comme, par exemple, quand il se trouve une médiante dans la B. C. pourvû que ce ne soit pas une note sensible: le sujet-même, fût-il seul avec cette B. C. peut en former l'octave. Pour ce qui est des dissonances, elles ne se doublent jamais.

Dans l'Exemple S se trouvent des tierces où chaque mesure peut n'avoir qu'une note fondamentale, selon la 2.ᵉ B. F. mais si le mouvement est lent, la variété d'harmonie y convient mieux, selon la première B. F. Dans tout le reste, les repos ou passages forcés à la tonique par la rigueur du chant, font distinguer les notes de goût de celles d'harmonie. Par exemple, bien que l'harmonie commence dans le *temps bon* de la mesure *a*, le repos par où débute la mesure *b*, demande que les notes au dessus de *a* soient pour ornement, non seulement parce qu'elles ne s'accordent pas avec la première B. F. mais encore parce qu'en leur donnant une B. F. particulière, selon la 2.ᵉ B. F. la même cadence se trouveroit trop voisine, dans le *temps mauvais*, de celle qui ne doit produire son effet que dans le *bon* qui la suit; considération qu'il faut avoir toûjours devant les yeux, dès que de deux brèves, dans quelque temps de la mesure qu'elles se trouvent, on peut en supposer une pour ornement, dans le dessein de faire sentir le repos ou son annonce dès le commencement d'une mesure, comme on auroit pû le faire, à l'égard de l'annonce, dans la mesure *a*, si le goût de variété, par la syncope de la B. C. n'en ordonnoit autrement. Tout le reste porte sur le même principe: si, par exemple, les notes *f, g* ne sont point en harmonie, c'est pour y observer l'égalité des *temps*, en faisant commencer l'annonce du repos dans un *temps bon*, à la faveur de la suspension de la quarte, par laquelle débute la mesure *f, g;* ainsi des notes *h, i, k, l, m, n* & *o, p*.

En faisant porter harmonie à toutes les noires du chant

depuis *f*, *g*, selon la 2.ᵉ B. F. où se trouvent des imitations de cadences interrompues entre *q*, *r*, *s*, *t*, *u*, *x* & *y*, *z*, non seulement le chant de la B. C. en souffriroit, mais cela détruiroit encore tout l'agrément des imitations entre les deux dessus du chant.

CHAPITRE XIV.

De l'Expression.

EXEMPLE T, page 32.

ON peut dire que la Musique, simplement considérée dans les différentes inflexions de la voix, laissant le geste à part, a dû être notre premier langage jusqu'à ce qu'on ait enfin imaginé des termes pour s'exprimer. Il naît avec nous ce langage; l'enfant en donne des preuves dès le berceau.

Notre instinct ne se borne pas là, il s'étend jusque sur l'harmonie, comme je l'ai déjà prouvé *(b)*, & comme je vais tâcher de le prouver encore mieux; du moins les Exemples pourront-ils avoir plus de force auprès des personnes qui ne veulent rien approfondir.

L'Harmonie, dans son état primitif & naturel, tel que la donnent les corps sonores, dont notre voix fait partie, doit produire sur nous, qui sommes des corps passivement harmoniques, l'effet le plus naturel, & par conséquent le plus commun à tous. De-là vient que celui qui, faute d'une oreille exercée, est peu sensible aux différentes successions de l'harmonie, l'est au moins par instinct au son d'un corps parfaitement sonore, comme une belle cloche. Or, dès que ce son lui plaît, il est bien certain qu'en lui faisant entendre, sur trois corps différens, les trois sons qui résonnent dans cette cloche, bien qu'il croie n'y distinguer que le plus grave, il ne pourra qu'en être aussi agréablement affecté. Qu'on prenne ensuite pour son grave le plus prochain du premier grave, en lui faisant entendre au dessus la même harmonie, ces deux mêmes

(b) Observation sur notre instinct pour la Musique.

sons graves, qui lui auront plû ensemble, lui plairont sans doute également à la suite l'un de l'autre, puisque la même harmonie de chaque côté ne pourra produire sur son ame que le même effet: bien-tôt après, pour ne pas dire dans le même instant, l'ordre diatonique, qui naît de la succession harmonique de ces deux corps sonores, lui deviendra tout aussi familier qu'il l'est presqu'à tous les hommes, & même généralement plus que le consonant dont il dérive, parce qu'il est le plus fréquent *(c)*.

Comment peut-on être insensible à de pareilles successions, lorsque la Nature elle-même les a imprimées dans des Instrumens artificiels, savoir, Cors & Trompettes, où il faut que le souffle de celui qui les sonne se soûmette, par plus ou moins de force, aux degrés naturels à ces sortes d'Instrumens? Comment se pourroit-il, après cela, qu'elle les eût refusées à des corps qu'elle a formés elle-même? N'en croyons donc pas ceux qui se piquent d'insensibilité sur cet article, ils ne se connoissent pas eux-mêmes; j'en ai fait l'épreuve plus d'une fois, & de toutes les façons, sur-tout à Paris.

Le singulier de ceci, c'est qu'il n'y a de justes dans les sons qu'on peut tirer de ces Instrumens artificiels, que ceux qui composent l'harmonie des deux graves en question. Ne soyons donc plus étonnés que si l'on passe à l'un de ceux qui s'y trouvent faux, l'oreille n'en soit surprise, & surprise de différentes façons, selon qu'il y aura plus ou moins de rapport dans cette succession. Sans doute que la Nature agit sur nous de même que sur ces corps; nous en donnerons bien-tôt la preuve.

Tant que le même *Ton* n'est entrelacé que de son premier rapport, savoir celui qui s'y trouve imprimé par la Nature, l'ame demeure toûjours dans l'état tranquille où sa sympathie avec le corps sonore doit la tenir naturellement; la différence des mouvemens, du doux & du fort, & l'action du Chanteur seront seuls capables de l'en tirer. Comment donc remuer l'ame sans ces secours? c'est en franchissant les bornes du corps sonore, sans en enfreindre néanmoins les loix.

(c) L'antiquité la plus reculée nous apprend que l'ordre diatonique, quoique produit par l'harmonie, s'est principalement emparé de l'oreille.

Appelons *ut* le premier son qu'on entonnera, sans autre pressentiment que celui qui sera naturellement inspiré, dès-lors il agira sur nous comme générateur de tous les sons qu'on lui fera succéder ; ce sera notre tonique ; on sera dans le *Ton majeur d'ut*, sans que la réflexion s'en mêle. De-là, toûjours sans réflexion, l'on chantera son accord parfait en montant, *ut, mi, sol, ut,* ou en descendant, *ut, sol, mi, ut.* Telle est la manière dont la pluspart des Chanteurs essaient leurs voix en préludant. Voudra-t-on suivre l'ordre diatonique, on s'arrêtera sur *mi*, sur-tout sur *sol* plustôt que sur *fa*, d'autant que *ut* ne peut donner aucun sentiment de *fa* : si *ut* est le générateur de sa quinte *sol*, *fa* l'est par conséquent de sa quinte *ut* ; le générateur, pour lors censé le plus grand corps sonore, ne peut jamais faire naître le sentiment d'un plus grand que le sien, excepté son octave, à la faveur de l'identité des octaves. Aussi peut-on s'apercevoir qu'en laissant tomber la voix après *ut*, toûjours sans réflexion, sans y penser, elle tombera sur sa quarte au dessous *sol*, jamais sur sa quinte au dessous *fa* ; la voix-même sera plustôt entraînée vers cette quarte au dessous que sur un degré diatonique, qui n'y seroit jamais préféré que par une habitude acquise, encore faudroit-il que la réflexion s'en mêlât. La chose doit s'exécuter comme dans le même moment, sur-tout pour prononcer sur cette quarte la syllabe muette qui termine un mot, comme *me* dans le mot *j'aime (d)*. Écoutez les gens qui chantent ce qu'ils crient dans les rues, rien ne vous prouvera mieux les purs effets de la Nature en pareil cas : aussi le *sol* est-il juste dans les Trompettes, au dessous de *ut* comme au dessus, pendant que *fa* y est faux par-tout. De-là vient qu'une Musique continuellement composée dans un *Ton* qui n'est varié que par celui de sa quinte, comme sont les Airs de Trompette, Cor, Musette & Vielle, ne produisent aucun effet sur l'ame, si ce n'est par la variété des mouvemens. Veut-on la sortir de son premier état naturel, ce ne peut être qu'en lui présentant un *Ton* à la suite d'un autre qui lui en a refusé le sentiment, & c'est justement ce *fa* étranger à *ut* ; son harmonie n'a qu'à se faire entendre après celle de la tonique *ut*,

(d) Article VI, page 85.

pour nous surprendre jusqu'à nous jeter dans une espèce de tristesse, en ce que l'ame, privée pour lors de son point d'appui, est dans l'embarras jusqu'à ce qu'on le lui rende, encore faut-il le lui rendre promptement : aussi n'ai-je pas manqué de recommander des phrases courtes dans le *Ton* de la quarte, qui est la quinte au dessous. Ne se sent-on pas naturellement frappé de componction avec l'Actrice qui chante *tristes apprêts*, &c. dans l'Opéra de Castor & Pollux, au moment de la quinte au dessous, savoir *fa* qui succède à *ut* sur la dernière syllabe ? & ne se sent-on pas un peu soulagé quand l'*ut* revient immédiatement après sur la dernière syllabe de ces autres mots, *pâles flambeaux*, sans néanmoins qu'il ne reste en nous quelques vestiges de la première impression *a* & *b* de l'Exemple *T* ? Qu'on substitue $\genfrac{}{}{0pt}{}{c\ \text{à}\ a}{sol\ \text{à}\ fa}$, l'on en sentira bien-tôt la différence ; l'ame y restera pour lors dans sa même assiette, rien ne la remuera, tout lui deviendra indifférent tant que le même *Ton* subsistera ; il n'y aura plus que le mouvement qui pourra l'y préoccuper, comme en y joignant des paroles joyeuses *c*. Rappelons-nous cette parenthèse de Lulli dans son Opéra d'Armide, *si quelqu'un le peut être* : cet Auteur y substitue justement le *Ton* de la quarte au *régnant*, qui commence & finit la phrase. Le seul sentiment lui a dicté cette substitution, capable de remuer l'ame au point de faire sentir la situation de l'Actrice : aussi la mémoire s'en rafraîchit-elle chaque jour parmi les personnes qui en ont été une fois frappées. Le même effet se présente encore dans ce vers, *Le charme du sommeil le livre à ma vengeance*, du monologue du même Opéra, qui commence par, *Enfin il est en ma puissance* : tout y est compassé dans le véritable ordre que peut inspirer la Nature. Quel goût ! quel génie ! quel sentiment ! Le monologue débute par le *Ton mineur* de *mi*, & passe à son *majeur* relatif à la tierce, qui est celui de *sol*, pour donner plus de force aux épithètes dont Armide caractérise son héros ; de-là, pour faire sentir sa réflexion sur l'accident qui le met en sa possession, *Le charme du sommeil le livre à ma vengeance*, vient immédiatement *sol dièse*, qui donne justement le *Ton* de la quarte du *régnant*, savoir le *mineur* de *la* ;

puis

DE MUSIQUE PRATIQUE. 169

puis se livrant à son transport, c'est par ce *Ton régnant* qu'elle exprime, *Je vais percer son invincible cœur*. On sent tous les effets de cette belle modulation, sans en savoir la cause, même sans s'en être jamais occupé: quelle est heureuse! Que l'on continue le *Ton majeur de sol*, qui précède celui de la quarte en question, sur ces paroles, *le charme du sommeil*, &c. comme cela se peut, selon l'Exemple à *e*, on en éprouvera un effet tout opposé à celui que doivent inspirer les paroles *(e)*. Faites fonds, après cela, sur la simple mélodie, lorsqu'elle change de nature au seul changement d'harmonie dont elle est susceptible. Il y a bien d'autres cas à citer de différens Auteurs sur le même sujet, mais la mémoire ne me les fournit pas. Au reste, en voilà bien assez pour quiconque voudra réfléchir sur ses sensations, par les différens mouvemens qu'excitera en lui la même mélodie, produite par différens fonds d'harmonie, sans s'y laisser séduire par l'art de l'Acteur, non plus que par les raisonnemens de gens qui s'érigent en Législateurs sur cet art, dont ils n'ont encore que de foibles notions.

On ne se prête point assez aux différens effets de la Musique; on les éprouve sans croire les tenir du fond de l'harmonie; on est content, sans se mettre en peine de la raison: on n'est guère encore susceptible que de l'imitation des différens bruits; mais c'est à l'ame que la Musique doit parler: le moyen en est dans tous les *Tons* que refuse le premier, donné comme *régnant*; *Tons* qui prennent leur source du côté de sa quinte au dessous, dite sous-dominante, par où commencent les bémols, au lieu que sa génération marche du côté de sa dominante, de la quinte au dessus, par où commencent les dièses.

(e) Le chant de Lulli, qui est à *d*, se continue à *g* depuis *f*, où la B. C. reprend sa marche de *f* à *g*, & c'est à *e* que l'on doit sentir la différence de l'effet du même chant *d, e*, par la seule différence de l'Harmonie. On trouve encore des exemples sur le même sujet dans les Réflexions sur notre instinct pour la Musique, & dans le *prospectus* de ce Code.

Il faut être bien peu sensible aux effets de l'harmonie, & n'en connoître guère les causes, pour avoir osé critiquer ce Monologue: le premier qui l'a osé donne effectivement des preuves de cette insensibilité au mot *accord*, dans l'Encyclopédie. Pourrions-nous taxer des mêmes défauts les personnes qui sont encore de son sentiment!

Y

La diſſonance encore, ſans oublier celle qui accompagne la note ſenſible, les dièſes accidentels, qui peuvent former autant de notes ſenſibles paſſagères, ſont de nouveaux moyens pour bien rendre une expreſſion, dès qu'on ſait choiſir dans le rapport des *Tons* celui qui a le plus d'analogie avec le rapport du ſens entre les phraſes qui ſe ſuccèdent. En un mot, l'expreſſion de la penſée, du ſentiment, des paſſions, doit être le vrai but de la Muſique. On n'a guère encore ſongé qu'à s'amuſer de cet Art; l'oreille s'y contente de quelques fleurs ſemées par ci, par là, de la variété des mouvemens, de l'action du Chanteur, qui fait quelquefois valoir un ſentiment nullement rendu par la Muſique, & je ne vois guère de Connoiſſeurs, ſoit diſant, qui ne s'attachent pluſtôt à l'exécution qu'à la choſe. On a ſouvent lieu d'admirer l'exécution d'une Cantatrice, d'un Joueur d'Inſtrumens; mais qu'en réſulte-t-il du côté de l'expreſſion? c'eſt de quoi l'on ſe met peu en peine.

N'oublions pas que l'expreſſion d'un ſentiment, & ſur-tout de la paſſion, ne produit aucun effet qu'en altérant la meſure *(f)* & en changeant de *Ton*. Le moment de l'expreſſion demande un nouveau *Ton;* le grand art y dépend non ſeulement du ſentiment du Compoſiteur, mais encore du choix qu'il doit faire entre le côté des dièſes ou des bémols, relativement au plus ou moins de joie ou de triſteſſe qu'il s'agit d'exprimer; ſi bien que, entre les *Tons* relatifs à celui que l'on quitte, il doit ſe trouver, autant qu'il ſe peut, une analogie du plus ou moins de rapport avec le plus ou moins de joie ou de triſteſſe; ce qu'une heureuſe veine a quelquefois produit chez certains Muſiciens, mais bien rarement; au lieu qu'avec de grands talens, ſecondés des connoiſſances dont je crois être ici le premier diſpenſateur, on peut eſpérer qu'inſenſiblement la Muſique deviendra pour nous quelque choſe de plus que le ſimple amuſement des oreilles.

(f) Vouloir faire l'éloge de la Muſique italienne, en ce que la meſure y eſt toûjours obſervée, c'eſt lui refuſer l'expreſſion, qu'il ne faut pas confondre avec les images & imitations.

CHAPITRE XV.

Méthode pour accompagner sans chiffres.

JE suppose que qui veut accompagner sans chiffres, possède déjà parfaitement l'Accompagnement avec chiffres, aussi-bien que les règles de composition qui y répondent, & qu'il a sur-tout l'oreille consommée en harmonie; sinon ce seroit en vain qu'on croiroit pouvoir se passer de chiffres, même ayant une Partition sous les yeux, & sachant assez bien lire la Musique pour y distinguer à temps plusieurs parties. A moins que l'harmonie ne soit toûjours complète dans une Partition, l'on peut souvent se tromper sur des arbitraires, où régneront les harmoniques de différentes B. F. & dont la suite, qui doit faire connoître laquelle demande la préférence, pourra n'être pas assez tôt aperçûe. Il est bien vrai que sans une parfaite connoissance des règles, qu'avec une pratique & une oreille un peu formées, on peut accompagner sans chiffres des airs de Trompette, de Cor, de Musette, de Vielle, & même les *Dacapo* de la plûpart des Ariettes italiennes, vû que le tout ne roule ordinairement que sur les deux *Tons* de la tonique & de sa dominante, bien que dans les Ariettes il arrive quelquefois des passages dans les *Tons* de la sous-dominante & du relatif à la tierce mineure : mais seroit-on bien avancé, quand on ne se tromperoit dans aucun de ces rapports ?

Pour faciliter l'art dont il s'agit maintenant, je me vois dans la nécessité de rappeler une partie des principes fondamentaux, que je suppose être déjà présens à l'esprit.

C'est principalement sur la route qu'observe la B. C. que l'harmonie doit se régler : tantôt cette route est fondamentale, tantôt elle en est renversée, & c'est ce dernier point qui en fait toute la difficulté.

Commençons par nous mettre d'abord au fait de toutes les cadences, dont la B. C. suit le plus souvent la route fondamentale.

CODE

Première Observation.

Des Cadences en général, de leurs Renverfemens, & de leurs Imitations.

Toute cadence parfaite defcend de quinte ou monte de quarte; elle paffe de la dominante à fa tonique; elle fournit dans fes imitations des enchaînemens de dominantes plus ou moins longs, dont généralement la fin eft annoncée par un accord fenfible, où l'oreille fent qu'on arrive au repos: quelquefois, à la faveur du *double emploi*, au lieu de paffer de l'accord de *feconde* au *fenfible (g)*, on paffe à celui de la tonique, où pour lors la cadence eft irrégulière; & fi l'on n'y aperçoit pas la fin de la phrafe, foit par la tonique, foit par fa médiante, foit par fa dominante, qui porteront pour lors fon même accord dans le *temps bon*, du moins l'oreille le fentira.

Cette cadence parfaite & fes imitations jouiffent d'un plus grand nombre de renverfemens dans la B. C. que toute autre; mais remarquons que fon fondement confiftant dans une marche par quintes en defcendant, il fuffira de voir defcendre la B. C. foit diatoniquement, foit en fyncopant, foit de tierce, foit de quinte, pour peu qu'il y ait encore d'imitations de chant dans cette marche, pour s'y affurer de celle de la cadence parfaite, ou imitée par un enchaînement de dominantes, en fe fouvenant encore que la fixte & la quarte en montant repréfentent la tierce & la quinte en defcendant. Souvent, lorfque la dominante-tonique du feul *Ton majeur* defcend de tierce, on peut imaginer qu'elle defcend fur la médiante, & qu'en conféquence la cadence eft parfaite: mais quelquefois il peut s'y former une cadence interrompue; ce qui fe reconnoît d'abord, en ce que la médiante n'arrive pas dans le *temps bon*, qu'on fent le repos interrompu, & que cette médiante va tomber, dans le *temps bon*, de quarte ou de feconde; de quarte, pour former une cadence parfaite

---

(g) Souvenons-nous que les termes d'*ajoûté*, de *feconde* & de *fenfible*, prononcent des accords relatifs à la tonique, qui doit toûjours être préfente à l'efprit. *Voyez* la XV.ᵉ Leçon, *pages 47 & 48.*

dans le *Ton mineur* relatif au *majeur* d'auparavant; ou de seconde, pour rompre cette dernière cadence parfaite, supposé qu'on y sente un repos possible. Dans ces sortes de cas, on sent une suspension de la quinte ou de la note sensible dans le chant des parties, qui annonce certainement l'interruption de la cadence. Souvent de pareilles interruptions, suivies de cadences parfaites ou imitées, se succèdent par imitation; le chant y forme aussi souvent des imitations de son côté, & généralement ces imitations marchent dans la B. C. jusqu'à la note sensible.

On doit reconnoître, dès ce début, combien le secours de l'oreille est nécessaire pour accompagner sans chiffres, puisqu'une même marche de la B. C. peut appartenir à différentes B. F. Si la dominante-tonique, en effet, descend de tierce, il n'y a que le sentiment d'une continuité de phrases dans le même *Ton* qui doive la faire traiter de médiante; car cette médiante peut fort bien ensuite monter de quarte sans changer de *Ton*: mais l'œil n'y devient pas moins nécessaire, en regardant quelques mesures en avant, pour voir où peut se terminer le repos, & s'il n'y a pas quelques dièses ou bémols qui fassent décider pour le *Ton* qui pourroit le disputer au *régnant* dans de pareilles marches.

Au défaut de Partition, il faut écouter les chants des autres parties dont on accompagne la B. C. pour juger, sur les repos annoncés ou retardés par des suspensions forcées, ou de goût dans le chant même, sur les imitations qui peuvent s'y former d'une mesure à l'autre, ou d'un certain nombre de ces mesures à un nombre pareil, pour juger, dis-je, quelle route cela peut regarder lorsque ces imitations se reprennent au dessus ou au dessous du premier chant imité.

Si ces imitations se prennent au dessous dans le chant, on en conclut de même que dans la B. C. dont la marche pourroit alors ne pas indiquer aussi précisément le fait; la suite de l'harmonie y tiendroit certainement toûjours de l'enchaînement des dominantes.

Si au contraire les imitations se prennent au dessus du premier chant imité, elles tiennent généralement à la cadence irrégulière, où la B. C. monte généralement de quinte, de même que la

B. F. bien qu'elle puisse y tenir aussi d'autres routes, mais toûjours soûmises à la même cadence; de sorte donc qu'on ne doit pas être moins attentif au chant de toutes les parties qu'à celui de la B. C. pour s'assurer de la qualité des cadences.

Seconde Observation.

De l'Ordre diatonique.

L'ordre diatonique d'une B. C. a généralement deux repos, le premier sur la dominante, l'autre sur la tonique. Si le repos va chercher la dominante, dès-lors sa tierce doit être traitée comme sa médiante, & non comme note sensible, sinon le repos appartiendroit à la tonique: d'ailleurs dans une pareille marche tout n'est que cadence.

Dans cet ordre diatonique, l'accord de la sous-dominante est arbitraire: s'il doit être généralement la *seconde* en montant & le *sensible* en descendant, le contraire peut arriver au choix du Compositeur, & c'est à l'oreille d'en décider sur le chant des autres parties.

Cette sous-dominante peut encore recevoir l'*ajoûté* avant la *seconde*, & même le *sensible* ensuite; de sorte qu'elle est, en ce cas, susceptible de trois accords, qui se font reconnoître ordinairement quand elle débute dans le *temps mauvais* & continue dans le *temps bon* suivant. Quelquefois elle n'y doit porter que deux accords; quelquefois celui de la *seconde* doit être le dernier; ce qui se reconnoît par la note qui suit, en remarquant si cette note appartient à l'harmonie de la dominante ou à celle de la tonique, se trouvant assez ordinairement un repos peu après ces sortes de marches. Autant en peut arriver à la su-tonique, dont l'accord ordinaire est le sensible, dès qu'elle n'en a qu'un. Les autres notes du même *Ton* ne peuvent avoir que deux accords; mais remarquez que le premier des deux accords, comme aussi des trois, n'est guère employé pour lors que comme suspension, quoiqu'il puisse tenir de la supposition: le deuxième accord, quand il y en a trois, peut encore être pratiqué sous cette idée; ce qui est d'une grande ressource pour les momens douteux: car si le premier

& le deuxième accords ne font pas de l'harmonie exigée par le chant des autres parties, ils ne produifent pour lors que l'effet d'un coulé, qui ne détruit point à l'oreille celui de l'harmonie préfente, pourvû que l'Accompagnateur fache couler promptement fes doigts dans l'ordre de leur méchanique *(h)*.

Les cadences rompues & leur imitation tiennent toûjours du diatonique; mais en ce cas il fuit généralement un repos qui les fait diftinguer pour ce qui en eft.

Une dominante qui defcend diatoniquement fur une autre, marque fimplement l'interception d'un accord dans l'ordre de la méchanique, où il ne s'agit que de faire fuccéder promptement, aux deux premiers doigts qu'on fait defcendre, les deux qui complètent l'accord de cette autre dominante *(i)*.

Troisième Observation.

De l'entrelacement des Tons.

On eft fans doute au fait des dièfes, bémols & béquares, par lefquels les *Tons* font connus, dès qu'on veut entreprendre d'accompagner fans chiffres; finon l'entreprife feroit téméraire, à moins que la Mufique ne roule pour lors fur trois *Tons* à la quinte l'un de l'autre, dont l'un a un dièfe & l'autre un bémol de plus que le *régnant*.

Ce dernier fecours n'eft cependant pas fuffifant pour reconnoître un nouveau *Ton*; fouvent même le figne dont cela dépendroit n'exifte point dans la B. C. mais en même-temps il eft rare que ce figne ne fe faffe entendre dans une autre partie. Suppofons cependant la nullité de ce figne; n'avons-nous pas des repos, au moins à la quatrième mefure? & la B. C. n'y fuit-elle pas le plus fouvent la route de la B. F? Cela ne fuffit pas encore; c'eft fouvent au chant des autres parties qu'il faut avoir recours, pour s'affurer, par leurs marches, du repos auquel elles tendent: une dominante peut defcendre de tierce ou refter fur le même degré

(h) XXI.ᵉ Leçon, *pages 57 & 58.*
(i) IX.ᵉ Moyen, *page 124;* & dernier à lineâ de la XXIII.ᵉ Leçon, *page 61.*

pour terminer le repos, ou bien encore monter diatoniquement pour rompre la cadence. Ainsi, malgré toutes vos connoissances, sans le secours de l'oreille, vous risquerez souvent de vous tromper. N'y a-t-il pas d'ailleurs le *Ton majeur* & son *mineur* relatif à la tierce mineure au dessous, dont tout le diatonique est le même, tant que la dominante du *majeur*, ou la note sensible du *mineur*, ne paroît dans aucun chant? Il n'y a pour lors que le plus prochain repos qui puisse faire sortir de doute; encore est-il bon d'être toûjours attentif au chant des autres parties, pour peu que l'on craigne de se tromper.

Nous avons dans tout ceci une petite ressource, savoir, que, comme la dissonance n'est qu'une addition à l'accord parfait, excepté dans les suspensions, on peut, dans l'incertitude, ne donner que cet accord parfait à toute note dont on ignore l'harmonie complette; ressource dont plusieurs Accompagnateurs, qui passent néanmoins pour habiles, font un grand usage: mais pour lors la méchanique des doigts, soûmise à la plus parfaite succession de l'harmonie & de la mélodie, perd tous ses droits, & même le Chanteur à livre ouvert en souffre, en ce que le plus souvent certaines dissonances sont capables de lui faire sentir ce que ses yeux ne font qu'apercevoir à demi, en le laissant dans l'incertitude.

Les dièses accidentels du *Ton mineur* sont encore d'un grand secours pour faire reconnoître ce *Ton*, sur-tout à la suite d'un autre *Ton majeur* ou *mineur*. On sait que ces dièses sont toûjours à la seconde l'un de l'autre en montant, comme de *fa* à *sol*, ou de *si* à *ut*, où souvent le *si* n'a qu'un béquare, parce qu'il est bémol à côté de la clef; ce qui suppose cependant une Musique dont la clef est régulièrement armée: car il s'est trouvé, & il s'en trouve encore, des Compositeurs assez ignorans pour s'y tromper.

Dans les *Tons mineurs*, l'accord de la septième diminuée & le *sensible* ordinaire sont arbitraires; il faut toûjours écouter les autres parties, pour savoir à quoi s'en tenir. Il en est de même du chromatique & de l'enharmonique.

Si le chromatique ne règne point dans la B. C. il peut régner dans d'autres parties, sans que cette B. C. puisse en donner le moindre soupçon. Quant aux *Tons majeurs*, ce chromatique ne

peut

DE MUSIQUE PRATIQUE. 177

peut régner généralement qu'entre deux *Tons*, où la tonique du *majeur* monte sur son dièse pour passer au *mineur* de sa su-tonique, ou bien encore où sa note sensible descend sur son bémol pour passer au *Ton* de sa sous-dominante: mais dans les *Tons mineurs* tout est presque incertain; on croit ne voir que du diatonique, lorsque le chromatique s'y présente. Jugeons par-là de quel secours doit être l'oreille en pareil cas *(k)*.

L'enharmonique a de bien plus grands inconvéniens encore. Si le hasard ne fait point naître une succession immédiate de dièses ou de bémols dans la B. C. qui dépaysent tellement, qu'on ne puisse juger par-là que l'enharmonique doit avoir lieu, il est bien rare qu'on ne s'y trompe; il n'y a guère que les moyens suivans qui puissent mettre l'Accompagnateur sur la voie.

Dans tout enharmonique, le repos du nouveau *Ton* généralement *mineur*, que ce genre produit, suit immédiatement l'accord de septième diminuée qu'on tient déjà sous les doigts, où se trouve nécessairement la note sensible de la nouvelle tonique. Il est donc à supposer d'abord qu'on tient un accord de septième diminuée sous les doigts, relativement à une note sensible connue; si bien que toute la difficulté ne consiste plus qu'à pouvoir se représenter laquelle des quatre notes ou touches qu'on a déjà sous les doigts, devient note sensible du nouveau *Ton* qu'amène l'enharmonique: mais elle est assez grande cette difficulté, parce que la nouvelle note sensible ne peut guère se deviner par la marche de la B. C. où la note qu'on pourra croire telle, ne sera peut-être que sa tierce mineure, au lieu de sa seconde superflue, ainsi des autres, & où d'ailleurs cette B. C. marchera diatoniquement sans certitude des intervalles qu'elle forme dans le nouveau *Ton*. De quelles précautions le jugement & l'oreille ne doivent-ils donc pas se munir en pareil cas! souvent le plus habile est forcé d'attendre, & de ne faire résonner l'harmonie qu'après coup. Au reste, ce genre de Musique est très-rare, & l'on ne doit s'en occuper que lorsqu'on se croit en possession de tout le reste.

C'est à l'Accompagnateur de consulter la B. C. de différentes

(k) Voyez les XXV & XXVI.ᵉ *Leçons, pages* 65 & 66; & le VII.ᵉ *Moyen, page* 118.

Z

Musiques, pour y reconnoître les cas douteux sur lesquels son oreille & ses yeux doivent le prévenir, en examinant quelques mesures en avant, & pour profiter en même temps des règles données sur ce sujet. Quant aux routes ordinaires, la méchanique des doigts y conduit, sans qu'on soit obligé d'y penser, pourvû qu'on sache y distinguer la cadence irrégulière de la parfaite, dont les interruptions se font aisément connoître & sentir.

CHAPITRE XVI.

Méthode pour le Prélude.

V, page 33.

Outre les méthodes précédentes, on suppose, à quiconque veut s'adonner au prélude, une pratique déjà perfectionnée sur l'instrument qu'il choisit à cet effet; c'est le seul moyen de pouvoir profiter en peu de temps du fruit de ces méthodes.

Ici l'oreille n'est pas d'un moindre secours que dans toute autre partie de la Musique: on doit s'y sentir capable d'imaginer un chant, & de pouvoir y joindre des fleurs, c'est-à-dire passages, traits, roulemens, batteries, &c. qui suppléent souvent au défaut du chant, par le plaisir qu'y procure la belle exécution.

Cependant on peut, pour se donner la seule satisfaction d'une harmonie bien modulée, s'en tenir d'abord à l'accompagnement d'une Basse sur le Clavecin ou sur l'Orgue; Basse dont on sera maître de choisir les routes, à la faveur des observations suivantes. Au reste, chacun doit chercher de soi-même, sous ses doigts, les exemples de tout ce que j'annonce, & dont les principes sont exactement & suffisamment expliqués. Une pratique conduite par le jugement peut procurer, dans l'espace d'un ou deux mois, ce qui a dû coûter des dix & des vingt années à ceux qui, jusqu'à présent, ont toûjours nagé dans l'incertitude, & n'ont encore pû se perfectionner qu'à force de tâtonnemens.

Sachant que toutes les notes d'un accord peuvent le porter, on est donc maître de passer dans la Basse par toutes les notes d'un même accord pendant qu'on les tient sous la main droite, d'en former des batteries, & d'y rouler de l'une de ces notes à telle autre de ce même accord que l'on veut. On peut également pratiquer les mêmes passages de la main droite, pendant que la gauche touchera tout l'accord, ou une partie, même la seule octave de la plus basse note.

Il n'y a que trois accords principaux dans un *Ton* sur lesquels on puisse alonger une phrase, savoir, celui de la tonique, son *sensible* & sa *seconde (1)*, plus long-temps sur le premier que sur les deux autres : ceux-ci ne font qu'annoncer des repos, au lieu que la tonique les termine après avoir commencé la phrase. On n'admet ordinairement ces sortes d'alongemens de phrase sur un même accord, que pour les parsemer de ces fleurs dont je viens de parler : remarquons seulement que l'annonce d'une cadence irrégulière en est moins susceptible. Souvenons-nous encore, en ce cas, du double emploi, où cette annonce peut former l'accord de septième sur la su-tonique, pour commencer un enchaînement de dominantes moins susceptible encore de fleurs. Il en est de même de l'*ajoûté*.

Les notes communes à des accords différens, peuvent également les porter ; ainsi la tonique commune à son accord parfait, à son *ajoûté* & à sa *seconde*, peut par conséquent les porter de suite. Le même privilège tombe en conséquence à toutes les sept notes diatoniques d'une octave, excepté la note sensible qui porte le seul *sensible*. Qui plus est, toutes les notes d'un même accord pouvant lui servir de Basse, comme je viens de l'annoncer, non seulement elles peuvent se succéder sous ce même accord, mais encore se substituer l'une à l'autre quand on le veut.

Remarquons bien en tout ceci qu'il n'y a qu'un très-petit nombre d'accords dont la suite est décidée dans chaque *Ton*, savoir, le parfait de la tonique, son *ajoûté*, sa *seconde*, son *sensible*, puis son parfait, étant libre d'y retrancher le *sensible*, pour passer de la *seconde* au parfait, pourvû qu'on ne donne point à cette *seconde* la su-tonique pour Basse ; car cette su-tonique est la B. F.

(1) Souvenons-nous, ici comme ailleurs, que ces mots, *ajoûté*, *seconde* & *sensible*, toûjours en italiques, sont des accords relatifs à la tonique.

qui exige le *sensible* après elle. Il y a de plus la *tierce-quarte* de la tonique, dont se forme l'accord de septième d'une sous-dominante, seulement adopté pour commencer le plus long enchaînement de dominantes *(m)*. Voilà tout, à la réserve des suspensions, qui ne doivent qu'au goût leur introduction dans l'harmonie: les nouveautés que le chromatique & l'enharmonique peuvent y amener, tiennent tout de l'accord sensible qui varie, comme on doit le savoir, dans les *Tons mineurs* seulement, d'où ces deux derniers genres tirent leur source.

Si ces accords se multiplient beaucoup par leur renversement & par la supposition, cela doit peu importer; ce n'est jamais l'accord ni sa succession légitime qui changent, c'est la Basse seulement, puisqu'on est toûjours maître d'employer pour Basse, de quelqu'accord que ce soit, celle qu'on veut des notes qui le composent, sinon la tierce ou la quinte au dessous d'une dominante pour toutes les suppositions possibles. Or, qu'est-ce qui, avec un peu de réflexion, ne saura pas varier sa Basse sous une si petite suite d'accords, toûjours la même dans tous les *Tons!* & qu'est-ce qui ne saura pas y faire un choix dont se forment des chants agréables, à proportion des talens dont il sera doué?

On n'ignore pas que les notes voisines de la tonique, comme *si* & *ré* dans le *Ton* de *ut*, aussi-bien que sa dominante, ont le *sensible* en partage, & que les autres notes de ce *Ton*, savoir la sous-dominante & la su-dominante, ont la *seconde;* reste la médiante, qui reçoit l'accord de sa *tonique*. On n'ignore pas non plus qu'avec les deux premiers accords, le *sensible* & la *seconde*, s'annoncent les deux cadences principales, la parfaite & l'irrégulière, qui se terminent toûjours sur le parfait de la tonique, à laquelle sa médiante ou sa dominante peut être substituée dans la Basse: on est maître cependant d'éviter la cadence irrégulière, en donnant à la *seconde* sa succession la plus commune, selon la méchanique des doigts, qui est d'être suivie du *sensible:* puis se rappelant la communauté des notes dans un même accord, aussi-

---

(m) Ici tous les accords sont dénommés dans l'ordre de leur succession la plus légitime, que présente la méchanique des doigts d'une manière trop simple pour qu'on puisse s'y méprendre.

bien que la *fuppofition*, même la *fufpenfion*, l'on verra que la fu-tonique peut porter la *feconde* avant le *fenfible*, même l'*ajoûté* avant cette *feconde*, à la faveur de la fuppofition; qu'il en eft de même de la fous-dominante, & que la fu-dominante ne peut recevoir que l'*ajoûté* dont elle eft la B. F. & enfuite la *feconde*, le tout après l'accord de la tonique. On verra, par les mêmes raifons, la tonique fufceptible de tous ces accords dans leur fuite régulière, & la médiante pouvoir l'imiter dans la fufpenfion du *fenfible* avant fon accord de fixte. Si l'on fe rappelle enfuite la fufpenfion, rien n'empêchera d'en profiter fur toutes les dominantes-toniques, auffi-bien que fur les toniques; toniques dont les fufpenfions peuvent tomber, par renverfement, à leurs médiantes & dominantes *(n)*.

Après s'être occupé pendant quelque temps à la recherche de ces mêmes fuites d'accords dans le feul *Ton majeur de ut*, tantôt avec une certaine note de Baffe qui puiffe porter deux ou trois accords de fuite, tantôt en fubftituant une autre note dans la Baffe à celle qu'on y tient déjà, foit fous le même accord, foit pour le deuxième, foit pour le troifième, bien-tôt on fera en état d'en former un chant, d'autant plus qu'on trouvera toûjours, dans un ordre diatonique de la Baffe, une note fufceptible de l'un des accords décidés par la fucceffion donnée, pourvû qu'on y obferve la marche qui convient aux diffonances, favoir, de monter diatoniquement après la note fenfible & la fixte ajoûtée, & de defcendre de même après la fous-dominante portant le *fenfible*. Cependant, comme dans ce dernier cas de la diffonance c'eft toûjours l'accord de la tonique qui doit fuivre, non feulement on peut y préférer, dans la Baffe, une des notes de ce même accord à celle qu'exige la diffonance, le *fenfible* peut encore y fervir de fufpenfion, en tout ou en partie, c'eft-à-dire, comme fimple quarte ou neuvième, non feulement fur la tonique, mais encore fur fa médiante ou fur fa dominante, la repréfentant pour lors.

Joignons à tout cela l'enchaînement des dominantes, dont les renverfemens offrent quantité de variétés dans le chant de quelque

(n) IX.ᵉ Moyen, *page 128.*

partie que ce soit, & dont on se forme d'abord des exemples dans la B. C. pendant qu'on en remplit l'harmonie de la main droite. En examinant l'harmonie de deux accords qui se succèdent, on voit & l'on sent quelles notes on peut y choisir pour les faire succéder entr'elles, soit par secondes, par tierces, par quintes, par sixtes, soit en syncopant: non seulement l'agrément du chant doit d'abord dicter ce choix, mais encore son analogie avec l'expression ou la simple imitation, si le cas le requiert; puis il faut faire en sorte que dans toutes les syncopes, dont l'exemple se trouve dans la méchanique même des doigts, l'accord de seconde tombe toûjours en frappant sur la note qui syncope, cette note recevant pour lors auparavant une sixte, soit majeure, soit mineure, selon que l'exige le *Ton régnant*, ajoûtée à son accord parfait, ou censé tel; & sur cette règle on établit la succession des accords renversés que peut fournir une B. C. tournée à sa fantaisie pour l'emploi arbitraire des notes de ces mêmes accords, c'est-à-dire que la *seconde*, qui s'est trouvée en frappant sur la note syncopée, doit être la même qui fasse, en frappant la septième, la tierce dans un accord de tierce-quarte, ou la quinte dans un accord de sixte-quinte, selon les notes choisies pour former de nouveaux chants dans cette B. C.

Donner un exemple de choses aussi-bien expliquées, à ce que je crois, sur-tout après la connoissance de tout ce qui a précédé, & que je dois supposer à quiconque veut entreprendre de préluder, ne seroit-ce pas faire injure à son jugement & à ses talens?

La cadence rompue se pratique, autant qu'on le veut, dans chaque *Ton*, soit pour alonger une phrase qu'on ne voudroit pas encore finir, soit pour éviter la monotonie de la parfaite qui termineroit mieux le sens harmonique un moment après, soit pour faire une dominante de la note où se termine cette cadence rompue, non seulement pour alonger la phrase dans le même *Ton*, mais encore pour passer dans un autre *Ton*.

La cadence interrompue ne se pratique, comme on doit le savoir, qu'en passant de la dominante-tonique d'un *Ton majeur* à celle de son *mineur* relatif; mais elle peut s'imiter avec des dominantes simples, soit l'une, soit l'autre, soit toutes les deux. On trouve au 1.er & au 6.e K, des exemples bien circonstanciés de cette sorte d'imitation, *pages 12, 13, 14 & 15.*

La cadence irrégulière n'est qu'une; mais si la sous-dominante qui l'annonce doit passer à la tonique, elle peut également passer diatoniquement par renversement à la médiante ou à la dominante représentant leur tonique, c'est-à-dire, portant son accord parfait.

Toutes ces cadences se renversent, aussi-bien que la parfaite, par une marche arbitraire de la B. C. marche établie sur le choix des notes de leurs accords fondamentaux pour les faire succéder entr'elles; mais quelque arbitraire que soit ce choix, le diatonique doit y être préféré, non que certaines consonances n'y puissent convenir: c'est principalement l'affaire du bon goût, en évitant la monotonie dans des marches trop semblables, de même que dans celles de l'harmonie, à moins qu'on n'y veuille introduire exprès des imitations. Dans la cadence irrégulière, par exemple, comme la septième sur la su-tonique & la sixte ajoûtée à la sous-dominante forment un même accord, sur lequel se fonde le double emploi, il faut éviter cette su-tonique dans la B. C. lorsqu'il s'y agit d'une pareille cadence, excepté dans deux cas; le premier, lorsque se trouvant en ordre diatonique entre deux notes portant l'accord parfait de la tonique, on peut l'employer pour le simple goût du chant de cette B. C. & le deuxième, lorsque après elle suit la dominante-tonique portant ce même accord de la tonique, comme pour suspendre le *sensible*, qui devoit naturellement suivre l'accord de la su-tonique dans l'enchaînement des dominantes; *sensible* qui ne manque pas d'arriver ensuite, comme cela se devoit d'abord après la *seconde*.

Après s'être exercé sur toutes les routes précédentes, de manière qu'elles soient un peu familières sous les doigts, tant avec leur B. F. qu'avec tous les renversemens que peut y souffrir la B. C. où il ne s'agit, je le répète, que des différentes marches de cette B. C. formées des notes comprises dans chaque accord produit par la B. F. on peut aisément se familiariser avec le chromatique, en faveur duquel je suppose déjà l'oreille prévenue, ne s'agissant plus que de s'en procurer la pratique sur les

Exemples Q pour l'Accompagnement, *pages 6 & 7*, & *L* pour la Composition, *page 16*.

Quant à l'enharmonique, il faut n'avoir plus rien à desirer en harmonie dans le Prélude, pour s'accoûtumer à y choisir les changemens possibles de notes sensibles dans un accord de septième diminuée, autrement dit de *petites tierces*, d'où suive le moins de dureté qu'il est possible entre les deux *Tons* qui s'y succèdent, à moins qu'on ne le fasse exprès pour se prêter à l'expression, comme dans le dernier trio des Parques de l'Opéra d'Hippolyte & Aricie, où le diatonique enharmonique est employé pour inspirer l'épouvante & l'horreur.

Pour diminuer la dureté du simple enharmonique, il est bon de répéter deux ou trois fois au plus, dans le *Ton* d'où l'on veut sortir, le même tour de chant sur lequel ce genre se fera sentir, à peu près comme aux lettres *a b*, *a c*, *a d* de l'Exemple *U*, *page 33*: il semble là que l'ennui de la répétition de *a b* soit soulagé par l'enharmonique *a c d*, malgré sa dureté. Le bon goût, qui ne fera sans doute qu'augmenter, pourra dans la suite procurer des transitions plus heureuses; mais prenons-y bien garde, quelques Musiciens s'éloignent souvent de ce bon goût par leurs recherches alambiquées. Par exemple, le changement de *f* en *g* doit paroître dur; aussi n'est-il là que pour faire remarquer comment la tonique *h*, annoncée par sa note sensible *g*, peut être sur le champ rendue dominante-tonique, en suspendant son accord par $\frac{5}{4}$ ou $\frac{6}{4}$; accord qui devient pour lors le *sensible* d'un *Ton majeur* ou *mineur* à volonté *(o)*, & après lequel il est libre de rompre la cadence parfaite qu'il annonce, *h, i, k*. Cette même cadence, également rompue à *l*, l'est pour lors dans une partie supérieure par renversement, selon la B. F. pendant que la B. C. la termine en parfaite, mais où la tonique néanmoins reçoit l'accord de sixte, renversé du parfait de sa B. F. *(p)*.

Si, à commencer avant *l*, la B. F. monte diatoniquement jusqu'à la quatrième note *n*, ayant pû pousser jusqu'à une cinquième, en y rompant la cadence, comme on le voit à *m, n, o*,

(o) VIII.ᵉ Moyen, *page 123*.
(p) Cet Exemple se trouve annoncé dans le Chapitre XI, *page 138*.

dont

dont *m* & *n* donnent aux deux endroits la même B. F. tout y suit rigoureusement les règles: cadence rompue sur la tonique *l*, qui peut monter diatoniquement sur une dominante *m*, laquelle, en montant de même sur une autre, imite cette cadence rompue de *m* à *n*; puis celle-ci *n*, comme dominante-tonique, rompt effectivement la cadence de *n* à *o*, pouvant rendre cette note *o* encore dominante, comme on le voit de *o* à *p*.

Les Organistes & Clavecinistes, qui ne veulent rien ignorer de leur Art, doivent, pour se former le goût & le génie, & pour se procurer l'exécution de toutes sortes de traits, exécuter ce qu'il y a de plus parfait dans tous les genres de Musique, soit pièces d'Orgue, soit pièces de Clavecin, soit symphonies d'Opéra, même en accompagnemens d'Ariettes, soit sonates; non seulement les doigts y contractent les habitudes nécessaires, mais l'oreille s'en nourrit au point qu'il s'en forme une espèce de *po-pourri* dans l'imagination, qui nous rend à la fin Auteurs de nouveautés, quoique la plupart des traits puissent être tirés de tels ou tels Ouvrages.

C'est à la belle modulation sur-tout qu'il faut s'attacher: souvent les plus beaux traits perdent toute leur force chez le Compilateur qui la néglige, cette modulation.

L'oreille une fois remplie d'une infinité de routes, & les doigts accoûtumés à les exécuter, l'imagination secondée d'un bon goût n'en suggère pas pluftôt quelques-unes, que ces doigts les exécutent dans l'instant: penser & agir ne font qu'un pour lors. C'est ainsi que se sont formés les plus grands Organistes, ou Joueurs de quelques autres Instrumens, comme Théorbe, Lut, Archilut, Viole, Violon, &c.

Fin du Code.

NOUVELLES RÉFLEXIONS

SUR LE

PRINCIPE SONORE.

Aa ij

NOUVELLES RÉFLEXIONS
SUR LE
PRINCIPE SONORE.

INTRODUCTION.

LE principe de tout est un; c'est une vérité dont tous les hommes qui ont fait usage de la pensée ont eu le sentiment, & dont personne n'a eu la connoissance. Convaincus de la nécessité de ce principe universel, les premiers Philosophes le cherchèrent dans la Musique: Pythagore, d'après les Égyptiens, appliqua les loix de l'Harmonie au mouvement des planètes; Platon la fit présider à la composition de l'ame; Aristote, son disciple, après avoir dit que la Musique est une chose céleste & divine, ajoûte qu'on y trouve la raison du système du Monde *(a)*. En effet, frappés de l'accord merveilleux qui résulte de l'assemblage des parties qui composent l'Univers, ces hommes contemplateurs dûrent nécessairement en chercher la raison dans la Musique, comme dans la seule chose où vivent les proportions;

(a) Il m'est tombé depuis quelques jours une traduction de tout ce qu'a pû ramasser sur la Musique chinoise le R. P. Amiot, de la Compagnie de Jésus, Missionnaire à Pékin, depuis environ seize ans. L'Auteur dont il tire la plus grande partie de ses lumières, vivoit, à ce qu'il dit, 2277 ans avant J. C. & cet Auteur, qui ne donne que ce qu'il a pû ramasser des débris des Recueils de son père, échappés d'un incendie, cite d'abord, conjointement avec d'autres, la progression triple jusqu'à son 13.ᵉ terme, pour la source des systèmes de Musique chinoise, & ensuite ces systèmes, que je rapporterai bien-tôt; puis, après avoir raconté des effets merveilleux de cette Musique, il donne une énumération des comparaisons qu'on en a faites avec tout ce qu'on peut imaginer dans la Nature. Cette Traduction se trouve adressée, en 1754, à M. de Bougainville, de l'Académie des Belles-Lettres.

car dans les objets de tout autre sens que celui de l'ouïe, elles n'en sont, à proprement parler, que l'image : le mouvement, l'action, la vie des rapports & des analogies n'appartiennent qu'aux types acoustiques. Mais malheureusement le système qu'adoptèrent ces grands hommes, loin de les rapprocher de l'objet de leurs recherches, ne fit que les en éloigner davantage : j'ose assurer même que le phénomène du corps sonore leur fut absolument inconnu. Ce principe est si simple, si lumineux, l'analyse en est si naturelle, si facile, les produits en sont si étendus, si féconds, que de quelque obscurité que le temps ait pû couvrir cette partie des connoissances des Anciens, & quelque considérable que puisse être la perte de leurs Ouvrages sur la Musique, il nous seroit infailliblement resté quelques vestiges de cette découverte dans le petit nombre de leurs Écrits qui nous sont parvenus : on ne voit pas même que les proportions y soient appelées, quoique la progression triple soit l'unique fond sur lequel soit établi le système de Pythagore *(b)* ; observation que ses Sectateurs n'ont jamais faite, & à laquelle ils ont été si éloignés de penser, que pour développer le système de leur maître ils lui ont prêté une fable, d'où suit l'erreur la plus grossière. En effet, si, comme ils le disent, Pythagore est parti de l'octave divisée par la quinte & la quarte, comment a-t-il divisé tout de suite la tierce majeure en deux Tons égaux, lorsque son modèle lui dictoit le contraire, lorsqu'il est démontré d'ailleurs qu'aucun intervalle harmonique ne peut se diviser en deux égaux ? On sent de reste, que ce Philosophe ayant trouvé une suite de quintes dans une progression triple, où le Ton majeur, qui fait la différence de la quinte avec la quarte, se présente de deux en deux quintes, se laissa tellement éblouir par cette découverte, que malgré le soûlèvement de l'oreille, il crut devoir s'en tenir à un système où les rapports de tous les intervalles propres à la Musique se rencontrent jusqu'au *Comma*, dont on n'a point encore pénétré la nature ni l'origine, & qu'on s'est toûjours contenté d'appeler *Comma de Pythagore*, sans autre explication ? Ce qu'il y a de singulier, &

(b) Il en est de même du système chinois, quoique dans un ordre diamétralement opposé.

SUR LE PRINCIPE SONORE.

même d'inconcevable, c'est qu'un système dont les rapports rendent faux tous ces intervalles, tierces, sixtes & demi-Tons, outre l'imperfection qu'il renferme, puisque le Ton mineur en est exclu, qu'un système enfin où conséquemment l'oreille n'a jamais été consultée, ait été adopté par Pythagore, par les Grecs, par les Latins, & qu'il ait subsisté jusqu'à Guy d'Arezzo, qui l'a embrassé lui-même *(c)*. Écoutons Zarlino: *Le système égal*, dit-il, *dont les rapports suivent cet ordre,* $\left\{\begin{array}{cccc} ré & mi & fa & sol \\ 9 & 10 & 11 & 12 \end{array}\right\}$ *fut le plus usité chez les Anciens; & même jusqu'à ces derniers temps*, continue-t-il, *ce système étoit encore regardé comme le seul naturel aux Instrumens, même à la voix (d)*.

Qu'est devenu alors le sentiment de l'ouïe? l'oreille a-t-elle jamais pû s'accommoder de faux rapports? non sans doute; & si les effets merveilleux que les Grecs racontent de leur Musique, ont jamais eu lieu, il faut non seulement supposer des Auditeurs d'une extrême sensibilité, mais des Artistes beaucoup plus attentifs à la voix du sentiment qu'aux règles que leur avoient présentées les Philosophes *(e)*.

Les Chinois, ainsi que Pythagore, tirent leurs systèmes de la seule progression triple; ils veulent qu'il n'y ait que cinq Tons dans leur *Lu*, qui signifie apparemment système, échelle, gamme ou mode. L'un d'entr'eux le donne dans cet ordre, $\left\{\begin{array}{cccccc} sol & la & si & ut\,dièse & ré\,dièse & mi\,dièse \\ 3 & 27 & 243 & 2187 & 19683 & 177147 \end{array}\right\}$ *(f)*; ordre des plus vicieux qu'on puisse

---

(c) II.ᵉ Partie des Institutions harmoniques de Zarlino, chap. XVI. J'expliquerai dans un moment pourquoi la progression triple ne peut donner que les justes rapports de la quinte, de la quarte & du Ton majeur.

(d) Ibidem. Étant à remarquer que les rapports de 9, de 10 & de 12 à 11 sont tous faux, comme on peut l'éprouver sur les Trompettes ou Cors de chasse.

(e) Certains effets sur notre théâtre lyrique ont porté jusqu'à l'enthousiasme quelques ames grecques qui subsistent encore pour la Musique, pendant qu'ils n'ont fait qu'une légère impression sur la multitude. Il y a différence entre entendre & écouter, comme l'a fort bien dit depuis peu un de nos Philosophes.

(f) Ces cinq Tons de suite donnent par-tout de faux intervalles, excepté le Ton majeur. *Voyez* les progressions du nouveau système de Musique théorique, *page 24*: tous les termes de la progression triple s'y trouvent dans l'ordre des *Lus* chinois.

imaginer. Mais un autre Auteur le donne dans celui-ci, où manquent seulement deux notes pour s'accorder avec notre gamme, aux rapports près des tierces, qui s'y trouvent faux par les deux Tons majeurs de suite, $\left\{\begin{array}{ccccc} \text{sol dièse} & \text{la dièse} & \text{ut dièse} & \text{ré dièse} & \text{mi dièse} \\ 6561 & 59049 & 2187 & 13683 & 177147 \end{array}\right\}$ (g).
Cet ordre répond à celui de *sol la ut ré mi*, auquel l'octave de *sol* s'ajoûte pour recommencer un autre *Lu*, comme cela se trouve dans une Orgue de Barbarie, apportée du Cap de Bonne-espérance par M. Dupleix, dont il a eu la bonté de me faire présent, & sur laquelle peuvent s'exécuter tous les airs chinois copiés en Musique dans le IIIe Tome du R. P. du Halde, & dans la *page 380* du XXIIe tome *in-12* de l'Histoire des voyages, par M. l'Abbé Prevôt; ce qui prouve assez que ce dernier *Lu* règne depuis long temps dans la Chine.

Quant à la raison pourquoi la progression triple ne peut pas donner les justes rapports de tous les intervalles, c'est que si le corps sonore fait résonner sa 12.e dite quinte, dans son tiers, il ne fait résonner sa 17.e dite tierce, que dans son cinquième. Or, aucun terme d'une progression ne pouvant être égal ni double de celui d'une autre, comme sont ici la triple & la quintuple, il est démontré par-là que si le juste rapport des tierces doit naître d'une progression quintuple, il ne peut être que faux dans la triple. De cette fausseté suit nécessairement la fausseté des sixtes qui sont renversées des tierces, ainsi que celle des Tons, demi-Tons & Comma qui composent ces consonances.

On ne croira jamais qu'on ait donné à la Musique toutes les grandes prérogatives dont les Grecs & les Chinois l'enrichissent, sans en avoir auparavant goûté les charmes; mais encore une fois comment ont-ils pû les goûter ces charmes, avec tant de faux rapports pour des consonances & pour les degrés naturels qui servent à passer de l'un des termes de ces consonances à l'autre ? On sait bien que le compas ne commande point à l'oreille comme il commande à l'œil; c'est l'oreille au contraire qui ordonne de placer les jambes du compas à telles sections d'une corde, jusqu'à ce qu'elle entende la parfaite justesse de la consonance, donnée

(g) Il n'y a plus ici cinq Tons, mais bien cinq sons.

par

SUR LE PRINCIPE SONORE.

par la seule résonnance du corps sonore. Il faut donc, en ce cas, que la Musique ait été entendue dans une certaine perfection, du moins avant que de s'être engagé à chercher les rapports des sons qui la composent, & qu'apparemment on ne se soit jamais avisé de l'éprouver dans l'ordre des faux rapports dont tous les systèmes anciens sont composés.

DÉVELOPPEMENT
DES NOUVELLES RÉFLEXIONS.

ON sait que le corps sonore, mis en mouvement, se divise en une infinité de parties, qu'on appelle *aliquotes* ou *sous-multiples*; qu'il les fait frémir, même résonner, & que de toutes ces parties il n'y en a cependant que deux, savoir, son tiers, $\frac{1}{3}$, & son cinquième, $\frac{1}{5}$ *(h)*, dont le son se distingue. On sait encore qu'il fait frémir, & même diviser en ses unissons, les corps plus grands que le sien, accordés à l'inverse de ses *aliquotes*, & qu'on appelle *aliquantes* ou *multiples (i)*.

De l'assemblage de ces seules notions résultent naturellement les réflexions suivantes, & que je suis étonné de n'avoir pas faites depuis long temps; mais il semble qu'il en soit des grandes vérités comme du soleil, que sa trop grande lumière empêche de fixer. D'ailleurs, devois-je prévoir qu'une proportion sourde, muette, insensible à l'oreille, & méconnue jusqu'à présent dans la résonnance du corps sonore, pût devenir l'ame & le principe même du principe sonore, ainsi que de toutes ses dépendances?

Pourquoi ne distingue-t-on que la 12.ᵉ double quinte, & la

(h) Pour éprouver l'effet du corps sonore, il faut s'en tenir à des touches de l'Orgue, où résonne un seul tuyau de bourdon ou de chromorne un peu grave, parce que le vent y est toûjours égal; sinon, à des cloches, dont les coups de battant sont toûjours égaux. Il faut, de plus, sous-entendre en soi-même la 12.ᵉ & la 17.ᵉ du son qu'on entend, & sur-tout la 12.ᵉ la première; car si une fois la 17.ᵉ frappe l'oreille la première, on y distinguera difficile-ment ensuite la 12.ᵉ. Plus les consonances sont parfaites, plus elles s'unissent à leur principe: ne sous-entendre que leurs octaves, on risque de ne rien distinguer; à plus forte raison si l'on sous-entend d'autres consonances.

(i) Ici se découvre l'origine des nombres dans le premier ordre où l'on a pû les imaginer; les aliquotes les présentent comme diviseurs de l'unité, & les aliquantes comme s'ajoûtant à elle-même.

$17.^e$ triple tierce majeure, que font entendre le $\frac{1}{3}$ & le $\frac{1}{5}$ du corps fonore mis en mouvement, lorfqu'on n'y diftingue point fes octaves dans fon $\frac{1}{2}$ ni dans fon $\frac{1}{4}$, dont cependant les parties, plus grandes que celles de ce $\frac{1}{3}$ & de ce $\frac{1}{5}$, devroient, à plus forte raifon, fe faire entendre? Le tour que prend ici la Nature, pour nous empêcher d'y confondre les deux proportions qui s'enfuivent, ne peut trop nous furprendre: elle entrelace d'abord leurs termes, $\frac{1}{2}, \frac{1}{3}, \frac{1}{4}, \frac{1}{5}$, puis elle affourdit, pour ainfi dire, ceux qui, felon fes premières loix, devroient le plus fortement réfonner, favoir, le $\frac{1}{2}$ & le $\frac{1}{4}$, pendant qu'elle prononce diftinctement les fons du $\frac{1}{3}$ & du $\frac{1}{5}$, qui devroient être les moins fenfibles: elle cache précifément à l'oreille ce qui doit être la bafe de tout l'édifice, pour ne lui préfenter que ce qui doit en faire le charme, l'ornement & la vie, fi toutefois ces termes font affez forts pour défigner les parties fubftantielles, & même conftitutives, du fon. C'eft ainfi que dans le fpectacle qu'elle nous donne des plantes & des arbres, elle n'offre à nos yeux que des troncs, des tiges, des branches, des rameaux, des feuilles, des fleurs & des fruits, pendant qu'elle tient les racines cachées dans les entrailles de la terre. Mais le myftère qu'elle fait à l'oreille, elle le révèle à l'œil & au tact, par le frémiffement de ces mêmes parties, $\frac{1}{2}, \frac{1}{3}, \frac{1}{4}, \frac{1}{5}$, lorfqu'on en fait l'épreuve fur des cordes d'un même Inftrument, accordées à leurs uniffons, pendant qu'on fait réfonner celle à laquelle on les compare.

Les deux proportions dont il s'agit, font l'harmonique, formée de $1, \frac{1}{3}, \frac{1}{5}$, & la géométrique, formée de $1, \frac{1}{2}, \frac{1}{4}$, qu'on n'avoit point encore foupçonnée dans le corps fonore, apparemment à caufe des octaves qui en font le produit, & dont on a pris l'identité pour un vrai filence. Il eft cependant d'expérience qu'elles réfonnent, mais elles fe confondent tellement avec leur générateur, qu'elles ne font plus qu'un avec lui, & deviennent, en conféquence, le principe même: auffi ne devons-nous pas être furpris qu'une pareille proportion foit l'arbitre de toutes les opérations harmoniques.

Si nous envifageons à préfent ces deux proportions à la fois, nous verrons qu'il eft impoffible d'en trouver ailleurs d'auffi

SUR LE PRINCIPE SONORE.

intimes ni d'un ensemble aussi parfait, puisqu'elles s'unissent tellement entr'elles & à leur principe, que ce principe y paroît unique; avec cette différence cependant, que l'harmonique s'y distingue lorsqu'on y prête une grande attention, & que dans la géométrique tout est confondu dans un seul son, sans qu'on puisse y distinguer rien de plus; en quoi elle se trouve déjà bien supérieure à l'harmonique : à cet avantage, elle ajoûte encore celui d'être non seulement engendrée la première, mais de rester inaltérable, de n'être susceptible d'aucune modification qui la dénature, d'être en un mot toûjours la même dans les *multiples*, 1, 2, 4, comme dans les sous-multiples, 1, $\frac{1}{2}$, $\frac{1}{4}$; au lieu que l'harmonique, formée des sous-multiples, 1, $\frac{1}{3}$, $\frac{1}{5}$, se dénature totalement dans les multiples 1, 3, 5; car elle se renverse pour lors en proportion arithmétique, d'où résulte le changement & de sa combinaison & de son genre, comme nous allons bien-tôt l'exposer. Voilà donc toutes les proportions données par le générateur harmonique dans des bornes fixées par son $\frac{1}{5}$, au delà duquel aucun son ne se distingue, & prononcées de manière à ne pouvoir imaginer qu'elles puissent jamais naître de même d'aucun objet du ressort de tout autre sens que de celui de l'ouïe. Ne pourroit-on pas conclurre de-là, que s'il est un principe universel & général, il ne peut se découvrir sensiblement que dans la Musique ?

Mais revenons au phénomène sonore; examinons-en bien la nature & les procédés, nous verrons que le principe se transportant dans son premier produit ($\frac{1}{2}$), lui cède pour lors tous ses droits, en s'y prêtant lui-même. Dès que la proportion géométrique est engendrée, ce n'est plus le principe qui ordonne, mais le terme moyen ($\frac{1}{2}$) de cette proportion. Ce terme moyen, ainsi placé au centre de la proportion, occasionne, par la liberté qu'il a de diriger sa route d'un côté ou de l'autre, des variétés dont son principe ne peut jouir, puisque tout antécédant lui est refusé dans ses multiples, qu'il force de se diviser en ses unissons, comme on l'a déjà dit, sinon il ne seroit plus principe. Où le trouver ailleurs ce principe, avec ce caractère distinctif par lequel on ne peut le méconnoître ? ici seulement; l'oreille, l'œil & le tact concourent unanimement à nous le faire avouer pour tel.

C'est d'après ces observations que je donne à ce *terme moyen* ($\frac{1}{2}$) le titre d'*ordonnateur*, titre qui caractérise sa fonction, & qui le distingue en même-temps de son générateur, avec lequel il seroit d'autant plus aisé de le confondre, que l'ordonnateur représente le générateur qui lui est consubstantiel, si j'ose me servir de cette expression, qu'il est enfin corps sonore & principe lui-même; privilége dont non seulement l'ordonnateur est revêtu, mais que ses extrêmes 1 & $\frac{1}{4}$ partagent avec lui; car ils sont tous trois principe, & même, à le bien prendre, ils ne sont qu'un, puisqu'ils se confondent en un seul son, de sorte qu'ils paroissent d'abord ne renfermer substantiellement aucune variété: mais si nous y faisons bien attention, ils nous en indiquent les moyens les plus faciles & les plus riches. En effet, le principe générateur, en donnant des octaves de tout côté, par la première génération de la proportion géométrique, ne nous annonce-t-il pas 3 & 5 pour en tirer également, par la même voie, des 12.es ou quintes, & des 17.es ou tierces de tout côté *(k)!* 1, 3, 9 & 1, 5, 25 sont des proportions géométriques où 3 & 5 président, de même que 2 y préside d'abord: nous répandons pour lors de tout côté les deux consonances qu'il s'est appropriées; & des produits du phénomène, revêtus des caractères qui constituent le phénomène même, naissent la richesse & la variété.

Quant aux deux autres proportions, elles sont données de manière à ne pouvoir être variées que dans différentes combinaisons, dont justement l'octave devient l'arbitre, n'étant plus d'ailleurs que l'ornement dont se pare chaque terme géométrique.

Comme toute proportion géométrique tire sa dénomination de son terme moyen, que j'appelle *ordonnateur (l)*, je vais exposer par ordre les produits des trois en question, auxquelles j'ajoûterai celle des dissonances, inconnue jusqu'à présent; & de ces quatre

---

(k) Voyez les progressions du nouveau Système, &c. page 24.

(l) En pratique, le terme moyen s'appelle *tonique*, son conséquent *dominante*, & son antécédant *sous-dominante*, chacun sous le titre de *son fondamental*, ce dont il faut se souvenir dans l'occasion: de chaque côté, proportion triple avec ses harmoniques; c'est ce que le seul sentiment a fait deviner dès le Traité de l'Harmonie, sans aucune connoissance de Géométrie ni de la résonnance du corps sonore.

SUR LE PRINCIPE SONORE.

proportions, dont l'harmonique & l'arithmétique feront toûjours partie, naîtront les conséquences qu'on en doit tirer, relativement au principe.

De la Proportion double.

Le procédé de la proportion double nous fait déjà juger identiques les octaves qui se confondent avec le son de leur générateur, mais notre propre expérience va le confirmer encore.

Depuis le premier des Musiciens, on ne s'est expliqué, on ne s'est conduit que par les moindres degrés naturels à la voix; Tétracordes, systèmes, gammes, règles en théorie & de pratique, raisonnemens, tout en un mot s'y trouve soûmis; cependant aucun de ces moindres degrés ne se rapporte directement au générateur, puisqu'il ne-fait entendre que sa $12.^e$ & sa $17.^e$; mais comme cette $12.^e$ & cette $17.^e$ sur-tout excèdent l'étendue des voix, l'oreille semble n'en tenir nul compte: elle n'apprécie généralement l'une que dans son octave au dessous, qui est la quinte, & l'autre dans sa double octave au dessous, qui est la tierce. A-t-on l'oreille assez formée pour distinguer les sons harmoniques d'un corps sonore, & pour les entonner, on chantera, sans y penser, sa quinte au lieu de sa $12.^e$ & sa tierce au lieu de sa $17.^e$. Quand nous chantons encore *ut ré* ou *ut si*, nous avoisinons toûjours ce *ré* & ce *si* de l'*ut*, puisque nous ne formons d'un côté que l'intervalle d'un ton, & de l'autre celui d'un demi-ton, lorsque cependant ce *ré* ne se trouve qu'au dessus de la troisième octave de *ut*, $\genfrac{}{}{0pt}{}{89}{utré}$, & ce *si* qu'au dessous de sa quatrième octave, $\genfrac{}{}{0pt}{}{1615}{utsi}$; d'où l'on voit que tous les intervalles sont renfermés dans l'étendue d'une octave, puisque nous les y renfermons de nous-mêmes, & que nous nous apercevons qu'en voulant passer au-delà de cette étendue, nous ne faisons que recommencer les mêmes intervalles. Les deux sons de l'octave nous sont donc clairement assignés pour bornes de toutes nos productions, bornes que nous ne pouvons étendre qu'en les doublant ou triplant, selon que les voix & les Instrumens peuvent le comporter: aussi n'est-ce que dans cette étendue qu'ont été présentés tous les systèmes de Musique, toutes les gammes. Il y a plus, c'est que si les octaves n'étoient point identiques, nous ne pourrions pas profiter de cette multitude de parties aliquotes, produites par le principe jusqu'à des quatrièmes octaves, lorsqu'elles ne peuvent s'apprécier ni s'entonner que dans le cercle de la première : l'exemple vient d'en être donné, sans parler des autres exemples qui, dans la suite, concourront au même but. Au surplus, l'octave redouble tous les intervalles, en les renversant, sans donner atteinte à leurs premiers droits ; s'ils sont consonans d'un côté, ils le sont de l'autre, de sorte que par-là toutes les consonances sont comprises dans ces trois nombres premiers, 2, 3 & 5 ; ce dont il est inutile de faire l'énumération.

Telle est la puissance de la proportion double, conjointement avec l'harmonique, qui ne s'en sépare jamais : elle constitue les consonances & leur renversement ; elle se prête aux foibles facultés de l'oreille & de la voix dans l'exécution, & leur détermine enfin les bornes dans lesquelles elles doivent se renfermer.

De la Proportion triple.

S'il ne paroît pas qu'il puisse résulter aucune variété d'harmonie de la proportion double, la chose va bien changer de face par la proportion triple ; chacun des Sons aura pour lors ses harmoniques particuliers, & leur succession nous présentera la plus agréable variété qu'on puisse desirer.

Sans parler des différens entrelacemens que peuvent produire les consonances, données alternativement par chacun des corps sonores de la proportion triple, on en voit naître justement ce système diatonique parfait, sur lequel est établi de tout temps l'ordre des moindres degrés dans l'étendue de l'octave, & auquel on a donné le titre de gamme, d'échelle diatonique, & plus précisément de *Mode* ou *Ton*; ce qui se trouve déjà confirmé par la démonstration du principe de l'harmonie, où l'Exemple de la planche C admet un quatrième terme à la proportion $(1, \frac{1}{3}, \frac{1}{9}, \frac{1}{27})$ pour que toute la succession diatonique, *ut, ré, mi, fa, sol, la,*

SUR LE PRINCIPE SONORE.

fi, ut *(m)* puiſſe ſe renfermer dans l'étendue de l'octave de l'ordonnateur, qui la commence & la termine, comme étant au centre de la proportion, où ſes extrêmes ſont cenſés des rayons qui doivent y aboutir; ce qui ſe trouve conſéquent aux deux *Tétracordes disjoints* des Grecs *(n)*, car il faut remarquer que ce quatrième terme eſt inutile dans les *conjoints*, ſelon l'Exemple B qui précède celui où je viens de renvoyer.

La proportion harmonique, réduite à ſes moindres termes, juſtement dans l'ordre qui nous eſt le plus familier, produit une quinte, diviſée en deux tierces différentes, dont la plus grande s'appelle *majeure*, & l'autre *mineure*, & dont ſe forment deux genres différens d'harmonie, qui ſe diſtinguent également en majeurs & mineurs.

Du renverſement de cette proportion harmonique en arithmétique, naît un changement d'ordre entre les deux tierces qui diviſent & compoſent en même-temps la quinte; & comme c'eſt effectivement la quinte qui, conjointement avec ſon générateur, engendre l'harmonie, puiſqu'une ſeule tierce ne peut la produire, & que toutes les deux doivent être réunies pour cet effet, il ſuit de ce renverſement de proportions, celui du Mode, déjà découvert, en un autre; l'un étant appelé *majeur* en conſéquence de la tierce majeure directe dans la proportion harmonique, & l'autre *mineur* en conſéquence de la tierce mineure directe dans la proportion arithmétique.

(m) Ces moindres degrés, formés de tons & de demi-tons, tirent d'ailleurs, en partie, leur origine d'une quatrième proportionnelle, ſelon ce qui paroîtra dans l'article intitulé, *Origine des diſſonances*.

(n) *Ibidem*. On trouve à la fin du même article une remarque ſur le *Double emploi* qu'occaſionne le quatrième terme ajoûté à la proportion triple.

200 RÉFLEXIONS

EXEMPLE.

PROPORTION harmonique, sur laquelle est établi le mode majeur.   PROPORTION arithmétique, renversée de l'harmonique, sur laquelle est établi le mode mineur renversé du majeur.

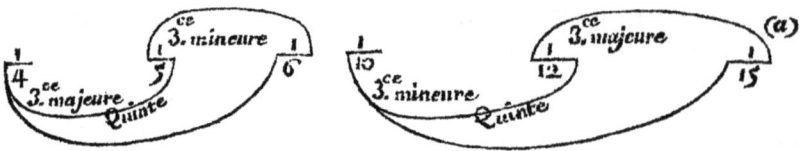

Selon l'ordre des grandeurs, la proportion harmonique sera 15, 12, 10, & l'arithmétique 6, 5, 4, où paroît un nouveau renversement entre les opérations du Géomètre & celles qu'exige le principe donné par le corps sonore.

Si l'ordre diatonique des moindres degrés contenus dans l'étendue d'une octave doit paroître le plus naturel, du moins conséquemment aux bornes de nos facultés, puisque c'est le seul sur lequel on se soit fondé jusqu'à ces derniers jours; si ce même ordre, que semble d'abord refuser l'harmonie du corps sonore, ne peut être rendu que par l'harmonie de trois sons à la 12.ᵉ l'un de l'autre, 12.ᵉˢ que nous appellerons généralement quintes, en vertu de leur identité; & si ces trois sons forment pour lors une proportion triple, dont justement le $\frac{1}{3}$ ordonne comme terme moyen, on voit par-là que le principe 1 ne pouvant avoir d'antécédant sans cesser d'être principe, devient lui-même l'antécédant de sa quinte $\frac{1}{3}$, pour lui céder le privilége de le représenter, en ordonnant du Mode & de toutes ses dépendances, par la proportion triple qui s'ensuit naturellement d'un terme à l'autre, d'une quinte à une autre, & qui sans doute a guidé toutes les oreilles, quoiqu'il ne paroisse pas qu'on s'en soit jamais aperçû.

(*a*) On sous-entendra dans la suite les fractions par-tout, c'est-à-dire, $\frac{1}{2}$, $\frac{1}{3}$, $\frac{1}{4}$, &c. où l'on ne verra que 2, 3, 4, &c. à moins qu'on n'en soit averti, ne fût-ce que par l'objet dont il sera question.

SUR LE PRINCIPE SONORE.

EXEMPLE.

SYSTÈME DIATONIQUE.

	Tétracorde.	Tétracorde.
Tétracordes conjoints, ou Heptacorde..	fa dièse, sol, la,	si, ut, ré, mi.
Rap. des notes du système avec leur B. F.	45, 48, 54, 60,	64, 72, 80.
Leurs intervalles avec cette même B. F.	17ᵉ, 8ᵉ, 12ᵉ, 17ᵉ,	8ᵉ, 12ᵉ, 17ᵉ.
Basse Fondamentale.............	ré, sol, ré, sol,	ut, sol, ut.
Proportion triple...............	9, 3, 9, 3,	1, 3, 1.
C, signifie Conséquent, *T*, Terme moyen, *A*, Antécédant.......	C, T, C, T,	A, T, A.

La 17.ᵉ de $\frac{9}{ré}$ étant à 45, elle exige de porter les autres rapports à de plus grands nombres, où les fractions, comme $\frac{1}{5}$, $\frac{1}{45}$, sont toûjours sous-entendues, & dont on trouvera les octaves dans les termes de leur origine.

Pour arriver à l'octave du terme moyen, qui est ici *sol*, les Grecs disjoignirent ces deux Tétracordes: aussi faut-il ajoûter un quatrième terme à la proportion pour cet effet, comme on vient de l'exposer.

Le nom des notes ne change point les rapports qui doivent se trouver de l'une à l'autre; & si l'on est dans l'usage de nommer *ut* le premier Son imaginé, on aura toûjours raison comme principe des Sons, mais non pas comme celui du Mode, dont il cède la direction à son $\frac{1}{3}$, à sa quinte *sol*.

En cédant à son $\frac{1}{3}$ la direction de toute la marche harmonique & mélodieuse, ne croyons pas que le principe ait oublié son $\frac{1}{5}$; & si le $\frac{1}{3}$ produit ce qu'il y a de plus parfait dans cette marche, non seulement le $\frac{1}{5}$ y ajoûte des variétés qui l'embellissent, mais ce $\frac{1}{5}$ le choisit encore pour ordonner de son Mode renversé, en le revêtissant de tous ses droits, jusqu'à lui prescrire sa proportion triple, & à former son harmonie de la sienne propre. Si *sol*, par exemple, dont l'harmonie est $\left\{\begin{array}{ccc} 12 & 15 & 18 \\ sol & si & ré \end{array}\right\}$, ordonne du Mode majeur, c'est pour lors *mi* qui ordonne du mineur avec cette harmonie $\left\{\begin{smallmatrix} 10 & 12 & 15 \\ mi & sol & si \end{smallmatrix}\right\}$, où $\genfrac{}{}{0pt}{}{5}{mi}$ se subroge aux droits de son législateur, qui néanmoins s'y conserve celui d'être la seule cause de la différence des effets qu'on éprouve entre les deux Modes; différence qui consiste dans le genre de la tierce, dont il occupe pour lors la place, outre qu'il livre encore sa tierce $\genfrac{}{}{0pt}{}{15}{si}$ à ce même *mi*, pour constituer son harmonie, en formant sa quinte $\genfrac{}{}{0pt}{}{5\;15}{mi\;\;si}$. La même subrogation s'observe, de plus, entre les extrêmes de chaque proportion, c'est-à-dire que l'antécédant du Mode majeur prête son octave & sa tierce à celui du Mode mineur; ainsi des conséquens, sinon que celui du mineur doit recevoir la proportion harmonique par-tout où il précède immédiatement son terme moyen; terme qui ne se désiste jamais des premiers droits qu'il a reçûs en naissant, selon l'ordre du Tétracorde, & dont l'effet que nous en éprouvons dans tous les repos absolus est le même dans chaque Mode: de-là suit naturellement un grand rapport entre ces deux Modes, à n'en juger que par leur renversement. On peut voir d'ailleurs ce qui en est rapporté dans mes autres Ouvrages.

Tout ceci se confirme à l'oreille comme à la raison dans les Trompettes & Cors de chasse, qui sont des corps sonores dont on ne peut tirer d'autres Sons que ceux qui naissent de leurs parties aliquotes.

Non seulement le Son de la totalité de ces Instrumens, considéré comme principe sous l'idée de l'unité, & que nous appellerons *ut*, ne peut y trouver un antécédant, mais même l'octave & la $17.^e$ ou tierce de l'antécédant, qu'on pourroit lui supposer, & qui en font la quarte & la sixte (consonances absolument nécessaires dans l'ordre diatonique de tout octave) sont fausses dans toutes les parties aliquotes de ces mêmes Instrumens, d'où l'on dit qu'elles lui sont incommensurables; si bien qu'on voit & qu'on sent en même-temps par-là, l'impossibilité de rendre ce principe ordonnateur d'un Mode, où sa quarte & sa sixte sont fausses, pour ne pas dire où ces consonances lui sont interdites.

SUR LE PRINCIPE SONORE.

On voit donc assez que le principe n'a produit son harmonie que pour en favoriser sa quinte $\frac{3}{sol}$, en la rendant arbitre du Mode par la proportion triple que présente naturellement $\frac{9}{ré}$ à la suite de $\frac{1}{ut}\frac{3}{sol}$, dont les Sons résonnent dans ces Instrumens avec leurs harmoniques; si bien que toute l'octave diatonique de ce *sol*, savoir, *sol, la, si, ut, ré, mi, fa dièse, sol,* y résonne par conséquent; & si l'on n'y distingue en particulier que les harmoniques de *ut* & de *sol*, savoir, d'un côté *ut, mi, sol,* & de l'autre *sol, si, ré,* ce n'est ici ni la faute de la Nature, ni celle de l'Instrument : prenons-nous en aux bornes de nos facultés, qui ne nous permettent pas de pouvoir tirer de ces Instrumens les Sons de leur $\frac{1}{27}$, ni de leur $\frac{1}{45}$, qui sont précisément les harmoniques de *ré*, ainsi $\frac{9}{ré}\frac{27}{la}\frac{45}{fa\ dièse}$, dont les rapports sont entre eux comme $\frac{1}{ut}\frac{3}{sol}\frac{5}{mi}$. Nous voyons donc effectivement *sol* établi pour ordonnateur par *ut*, qui l'aide en même-temps de son octave & de sa tierce *mi*, pour en former la quarte & la sixte justes.

Dans ces mêmes instrumens, l'accord de la proportion arithmétique, renversée de l'harmonique, s'entend entre les Sons $\frac{10}{mi}\frac{12}{sol}\frac{15}{si}$, où les octaves du $\frac{1}{5}$ & du $\frac{1}{3}$ sont à 10 & à 12, où ce $\frac{1}{3}$ forme la tierce mineure du $\frac{1}{5}$, & où $\frac{1}{15}$, tierce de ce $\frac{1}{3}$, constitue l'harmonie du $\frac{1}{5}$, dont il est quinte. Ainsi l'oreille & la raison y concourent également pour nous convaincre, & sur le renversement entre ces deux proportions, d'où suit celle du Mode majeur en mineur, & sur l'agréable effet que nous en éprouvons. Tout l'ordre diatonique du mineur s'entendroit même dans les aliquotes des corps sonores en question, si l'on avoit la faculté d'en pouvoir tirer les Sons : au reste, les fondamentaux de cette dernière proportion triple ne peuvent se prendre qu'entre les termes 5, 15, 45; ce qui doit être indifférent.

Dans ces Instrumens encore, du moins dans les Cors, une assez bonne partie des aliquotes résonne; j'en ai ouï tirer jusqu'au

Son de la 19.ᵉ qui est la triple quinte. Ces aliquotes, d'ailleurs, suivent l'ordre le plus naturel des nombres: reste à savoir lequel a produit l'autre dans la Nature, & c'est ce qu'on tâchera de développer dans la suite. Il y a plus, & l'on doit juger par-là combien ces Instrumens sont soûmis aux loix de la Nature, quoique notre propre Ouvrage, puisque tout ce qui n'est pas harmonique de 1, de 3 & de 5, y est toûjours faux, relativement au principe 1 ou à ses identiques. Ne cherchons donc plus, supposé qu'on y ait pensé, ou qu'on y pense, la raison pourquoi le corps sonore borne la résonnance de ses aliquotes à son $\frac{1}{5}$ pour nos oreilles; la voilà bien constatée, comme on la trouvera par-tout où l'on en voudra faire l'épreuve, bien entendu que les mêmes rapports, relativement à 3 & à 5, seront dans le même cas.

De la Proportion quintuple.

S'il doit se trouver un degré qui conduise du demi-ton au ton déjà connu, ce n'est que de la proportion quintuple qu'on peut le recevoir: il s'appelle *demi-ton mineur*, pour le distinguer du premier, qui s'appelle *majeur*.

Suivons en effet cette proportion dans ses harmoniques, savoir, $\underset{1}{ut}\ \underset{5}{mi}\ \underset{25}{sol\ dièse}$: comparons à part leurs harmoniques, nous trouverons entre $\underset{25}{sol\ dièse}$ & $\underset{24}{sol}$, quinte de $\underset{1}{ut}$, où 24 est quatrième octave de $\underset{3}{sol}$, ce demi-ton mineur, qui, avec le majeur, forme le ton mineur. Ajoûtons-y un quatrième terme, savoir, $\underset{125}{fa\ dièse}$, nous aurons le quart de ton entre ce $\underset{125}{fa\ dièse}$ & $\underset{128}{ut}$, porté à sa 7.ᵉ octave, en quoi diffèrent ces deux demi-tons.

Le nouveau demi-ton augmente de cinq degrés la gamme, qui pour lors en a douze; & la nouvelle marche fondamentale que cette dernière proportion introduit, jointe à la triple, donnant occasion d'y varier les termes moyens de chacun des deux Modes déjà connus jusqu'au nombre de 24, attendu que chacun

SUR LE PRINCIPE SONORE.

des sons peut y ordonner du Mode mineur comme du majeur, cela jette une variété considérable dans la Musique. Mais en mêmetemps, comme la proportion triple fournit des tons de deux espèces, différenciés toûjours par les mêmes épithètes de majeur & de mineur, quoiqu'il n'y ait que le Comma de 80 à 81 de différence, il arrive que ce qui étoit ton majeur dans un certain ordre déterminé par une tonique, devient souvent mineur dans le même ordre déterminé par une autre tonique; si bien que les rapports donnés aux demi-tons par les proportions précédentes, ne composant que le ton mineur, savoir 15, 16 d'un côté, & 24, 25 de l'autre, il se trouve des cas, toûjours justifiés par les mêmes proportions, où, pour former le ton majeur, le demiton majeur augmente d'un Comma, quand le demi-ton mineur conserve son premier rapport. Par exemple, dans le ton majeur de 24 à 27, où le demi-ton mineur conserve son premier rapport de 24 à 25, le demi-ton majeur 15, 16, est forcé d'augmenter d'un Comma dans le rapport de 25 à 27. Le contraire arrive pour former le ton majeur de $\frac{ut}{8}$ à $\frac{re}{9}$ avec les deux mêmes demi-tons; & c'est pour lors le demi-ton mineur qui augmente d'un Comma, parce que le majeur y conserve son premier rapport: sur quoi les Curieux peuvent se satisfaire, par le calcul, en tirant chaque demi-ton de sa première source.

Il se trouve ici des approximations insensibles: jamais personne, par exemple, n'a senti, ni ne sentira, la différence entre le ton majeur & le mineur, à plus forte raison celles d'intervalles plus petits, comme demi-tons & quarts de tons: les Grecs n'ont presque jamais connu que le ton majeur. Ce n'est pas de l'intervalle en particulier que naît le sentiment de son rapport, c'est toûjours l'harmonie des termes de la proportion triple, décidée par tel ou tel ordonnateur, dit Tonique, qui détermine la justesse de ce rapport. N'y a-t-il pas jusqu'à des consonances altérées d'un Comma *(b)!*

Le demi-ton majeur est aussi naturel que le ton; le mineur au contraire ne s'apprécie & ne s'entonne que par artifice, & le

---

(b) Voyez ma Démonstration, &c. pages 55 *& suivantes.*

quart de ton point du tout. On trouve cependant le moyen de faire sentir l'effet de ce quart de ton, sans qu'on puisse l'exprimer, à la faveur d'une certaine succession d'harmonie *(c)*.

On distingue, par le titre de *genre*, l'harmonie & la mélodie, où préside l'un des deux demi-tons & le quart de ton. L'ordre naturel, où préside seul le demi-ton majeur, s'appelle *diatonique*; dès que le mineur s'y rencontre, l'ordre est *chromatique*, & avec le quart de ton il est *enharmonique*.

Origine des Dissonances.

On a reconnu de tout temps l'empire de l'harmonie; on lui a comparé en conséquence tout ce que la Nature a pû nous présenter: on a reconnu en même-temps qu'elle n'étoit composée que de consonances, données par une proportion; & de leurs différences on a tiré des dissonances, celles-là même que forment, de l'un à l'autre, les moindres degrés naturels à la voix, & composés de petits intervalles, appelés tons & demi-tons, sur lesquels on a fondé tous les systèmes de Musique, tant anciens que modernes, jusqu'à mon Traité de l'Harmonie; systèmes qui n'ont jamais eu que la mélodie pour objet, où l'on n'a soupçonné l'harmonie qu'à la faveur du sentiment & de l'expérience, & d'où l'on n'a pû tirer aucun indice favorable à la dissonance harmonique; ce qui a fait conjecturer qu'elle n'étoit dûe qu'à l'Art *(d)*.

Ne se trouve-t-il pas-là une contradiction manifeste entre le sentiment & la raison? n'a-t-on pas cru bien certainement fonder les systèmes de Musique sur ce qu'il y a de plus naturel? & comment a-t-on pû s'imaginer, après cela, que les dissonances, dont ces mêmes systèmes sont composés, ne fussent que l'ouvrage de l'Art? Puisque la Nature ne s'explique qu'harmoniquement dans la résonnance du corps sonore, pouvoit-on les puiser, ces dissonances, dans une autre source? Quel aveuglement! Si j'ai tergiversé moi-même sur ce sujet dans mes deux premiers Ouvrages, du moins n'ai-je pas voulu prononcer dans les derniers:

(c) Voyez ma Démonstration, &c. *page 100.*
(d) Tel est encore le sentiment des Encyclopédistes, au mot *Dissonance*, pages *1049 & 1050.*

SUR LE PRINCIPE SONORE.

je prévoyois déjà ce que je ne pouvois encore concevoir, faute d'avoir sû tirer du principe toutes les conséquences dont il est susceptible.

Comment le Géomètre, qui a reconnu l'harmonie dans une proportion continue: qui ne l'a généralement considérée que dans ses moindres termes, où elle n'est composée que de deux tierces: qui a vû la dissonance harmonique simplement formée d'une nouvelle tierce ajoûtée à ces deux premières: qui a dû sentir & voir que cette nouvelle tierce donnoit, par son renversement, les tons & demi-tons qui composent les degrés diatoniques de tous les systèmes de Musique: lui à qui les proportions à quatre termes sont, pour le moins, aussi familières que les continues, & qui sait si bien faire usage des quatrièmes proportionnelles: comment, dis-je, ce Géomètre ne s'est-il jamais avisé de ce dernier usage dans une circonstance où tout l'invitoit d'y avoir recours, où la simple expérience devient le plus fidèle interprète des loix de la Nature ? On connoît assez par-là l'erreur de tous les temps sur un point aussi essentiel.

Soit effectivement ajoûtée une quatrième proportionnelle géométrique à cette proportion harmonique $\genfrac{}{}{0pt}{}{sol\ fi\ ré}{12\ 15\ 18}$, en même-temps qu'à cette arithmétique, $\genfrac{}{}{0pt}{}{mi\ sol\ fi}{10\ 12\ 15}$, c'est-à-dire, avant l'antécédant de l'une & après le conséquent de l'autre, où elles se confondent pour lors, nous aurons $\genfrac{}{}{0pt}{}{mi\ sol\ fi\ ré}{10\ 12\ 15\ 18}$, qui donnent une septième de $\genfrac{}{}{0pt}{}{mi}{10}$ à $\genfrac{}{}{0pt}{}{ré}{18}$, dont le ton mineur $\genfrac{}{}{0pt}{}{ré\ mi}{9\ 10}$ est renversé. Assemblons cette même proportion arithmétique avec cette autre harmonique $\genfrac{}{}{0pt}{}{ut\ mi\ sol}{8\ 10\ 12}$, une pareille proportionnelle, dans un ordre opposé au précédent, où les deux proportions se confondront également, fournira dans $\genfrac{}{}{0pt}{}{ut\ mi\ sol\ fi}{8\ 10\ 12\ 15}$ une nouvelle septième de $\genfrac{}{}{0pt}{}{ut}{8}$ à $\genfrac{}{}{0pt}{}{fi}{15}$, dont le demi-ton majeur $\genfrac{}{}{0pt}{}{fi\ ut}{15\ 16}$ est renversé.

A ne s'en rapporter qu'au jugement de l'oreille, qui confond le ton mineur avec le majeur, sans pouvoir distinguer la moindre différence, quoiqu'ils différent d'un Comma, ne croiroit-on pas tenir toutes les dissonances des précédentes proportionnelles, lorsque cependant le ton majeur n'en peut être produit? L'Harmonie refuseroit-elle de le recevoir dans son sein, ou bien lui conserveroit-elle une origine encore plus distinguée, conséquemment aux droits de supériorité dont il est revêtu dans le diatonique? ce qui ne peut s'expliquer qu'en reprenant la chose dès sa source.

Sachant que le terme moyen d'une proportion triple représente par-tout son principe, écoutons-le: nous nous sentirons naturellement portés à lui faire succéder l'un de ses harmoniques, entre lesquels son conséquent, sa quinte, sa dominante tient le premier rang. Tenons-nous-en donc à ces deux Sons fondamentaux, on sera peut-être surpris de voir naître de leur seule succession alternative tout ce qu'il y a de plus naturel, & par conséquent de plus parfait en harmonie & en mélodie. On en voit naître d'abord les deux seules *cadences* (e), dont toutes les autres dérivent (f). Si le terme moyen passe à son conséquent, on y desire une suite, du moins que celui-ci retourne à sa source, d'où la *cadence* est appelée *irrégulière*; mais il n'y retourne pas plustôt, qu'on ne desire plus rien, tout y paroît absolument terminé: aussi la cadence en est-elle appelée *parfaite*. Dans ces cadences ainsi formées de deux Sons fondamentaux, le premier les annonce & le dernier les termine: d'un côté, le premier reçoit le titre de sous-dominante, qui pour lors est l'antécédant, bien qu'il soit ici le terme moyen, formant avec son conséquent la cadence que formeroit avec lui son antécédant; & de l'autre, on l'appelle dominante, comme dominant ou précédant le terme moyen dont il doit être suivi. Quant au dernier qui les termine, il est toûjours terme moyen, dit Tonique, ou censé tel.

Examinons à présent ce qui nous est naturellement suggéré

(e) Cadence signifie repos, conclusion.
(f) *Voyez* le Chapitre VII du Code de Musique, articles VI, VII, VIII, IX, X & XV, *pages 84, 87, 88 & 93.*

entre l'harmonie du conséquent, dit dominante, & celle du terme moyen, dit tonique, lorsqu'ils se succèdent, nous serons tous portés à faire descendre la quinte du conséquent d'un ton majeur sur le terme moyen, & à y faire monter d'un demi-ton majeur sa tierce majeure. Soit donné *ré* pour conséquent, dont l'harmonie est $\genfrac{}{}{0pt}{}{ré\ la\ fa\ dièse}{9\ 27\ 45}$; voyez si, pendant que $\genfrac{}{}{0pt}{}{ré}{9}$ passera à son terme moyen $\genfrac{}{}{0pt}{}{sol}{3}$, vous n'y ferez pas naturellement descendre $\genfrac{}{}{0pt}{}{la}{27}$ d'un ton majeur dans cet ordre $\genfrac{}{}{0pt}{}{la\ sol}{27\ 24}$, & monter $\genfrac{}{}{0pt}{}{fa\ dièse}{45}$ d'un demi-ton majeur dans cet ordre $\genfrac{}{}{0pt}{}{fa\ dièse\ sol}{45\ 48}$, 48 & 24 étant les octaves identiques de 3.

Je ne cite que ce qui est naturellement inspiré: on sait assez que la quinte $\genfrac{}{}{0pt}{}{la}{27}$ peut aussi-bien monter d'un ton mineur sur la tierce $\genfrac{}{}{0pt}{}{si}{30}$ de $\genfrac{}{}{0pt}{}{sol}{24}$, que descendre sur ce *sol*; mais il faut que la volonté y ait part, & qu'un peu d'expérience y engage: encore n'entendons-nous guère les moins expérimentés passer à cette tierce *si*, qu'en y descendant d'un demi-ton majeur à la suite de la septième du conséquent, septième qui pour lors leur est naturellement inspirée sans y penser.

Toutes ces inspirations sont effectivement fondées par la Nature même. Non seulement il est juste & naturel que tout ce qui appartient au produit rentre avec lui dans le sein de son générateur, mais il falloit que cela fût inspiré pour nous rendre, d'un autre côté, l'ordre diatonique tout aussi naturel que l'harmonique. Que dis-je? cet ordre diatonique nous a tellement séduits dès le premier moment que la Musique s'est emparée de nos oreilles, qu'il nous a fait absolument négliger l'harmonique: tous les systèmes de Musique ne le prouvent que trop.

Ce penchant forcé, de faire tomber l'harmonie du conséquent sur le seul terme moyen dans toute conclusion de chant, exclut pour lors la tierce de celui-ci; d'où le genre du Mode ne se trouve point annoncé. Or, comme c'est sur ce genre que se détermine à l'oreille le plus ou le moins de rapport entre les modes successifs, il ne suffit pas de la faire entendre cette tierce; il semble que, comme la moins parfaite consonance, elle ait besoin de quelques appuis, & c'est pour lors la dissonance harmonique qui lui en tient lieu, en la faisant desirer. On la voit cette dissonance se former entre les extrêmes d'une proportion triple; on ne la voit possible d'ailleurs que dans l'harmonie du conséquent, à laquelle se joint l'antécédant, pour lui servir de septième & s'unir, par ce moyen, avec lui pour rentrer ensemble dans l'harmonie de leur terme moyen, où cet antécédant prépare l'oreille à recevoir le sentiment du genre dont le mode annoncé doit être susceptible. Ici l'édifice n'est construit que des matériaux fondamentaux, nulle addition étrangère n'y participe: prenons pour exemple cet accord, $\genfrac{}{}{0pt}{}{ré\ fa\ dièse\ la\ ut}{36\ \ 45\ \ \ 54\ \ 64}$, n'y voyons-nous pas l'antécédant $\frac{ut}{64}$, sixième octave de $\frac{ut}{1}$, former la septième du conséquent $\frac{ré}{36}$, deuxième octave de $\frac{ré}{9}$, dont le terme moyen est $\frac{sol}{3}$? & ces termes de la septième, $\genfrac{}{}{0pt}{}{ré\ \ ut}{36\ 64}$, ne sont-ils pas les identiques du ton majeur $\genfrac{}{}{0pt}{}{ut\ ré}{8\ \ 9}$, qui en est renversé? Si la quatrième proportionnelle n'y a point de part, jugeons des moyens par leurs effets; il ne s'agit que de la *cadence parfaite*, de la seule qui fournisse les plus grandes variétés dont l'harmonie & la mélodie soient susceptibles *(f)*.

L'origine du demi-ton majeur a-t-elle besoin d'une autre source que la *cadence parfaite!* n'y est-elle pas aussi-bien décidée que celle du ton majeur? n'est-ce pas dans la même cadence que ce demi-ton exerce tout son empire, puisqu'on n'y entend pas plustôt la tierce majeure du conséquent, dit dominante, qu'on se sent forcé de monter au terme moyen, dit tonique, par l'in-

---

(f) Voyez le Chapitre VII du Code de Musique, articles VI, VII, VIII, IX & XV, *pages 84, 87, 88 & 93.*

tervalle d'un demi-on majeur? Sentiment universel, qui a fait donner à cette tierce majeure le titre de *note sensible*. Ces deux seuls intervalles, le ton majeur & le demi-ton majeur, ne décident-ils pas d'ailleurs de tous les degrés qui composent le diatonique, & même le chromatique, puisque le ton mineur n'est appelé d'un côté que pour former la tierce majeure avec le ton majeur, & que le demi-ton mineur n'est appelé de l'autre que pour former le ton avec le demi-ton majeur? Bien plus, le ton mineur ne produit que de fausses consonances avec le demi-ton qu'il peut avoisiner: aussi ces consonances ne sont-elles qu'accidentelles dans l'ordre diatonique, n'appartenant jamais à l'harmonie d'aucun des sons fondamentaux de la proportion qui détermine cet ordre *(g)*.

Cependant il falloit une origine particulière au ton mineur, où les deux proportions, l'harmonique & l'arithmétique, se confondissent avec une même quatrième proportionnelle, pour établir un *double emploi (h)*, qui fait prendre naturellement le change à l'oreille entre deux sons fondamentaux susceptibles de la même harmonie.

Remarquons d'abord que le principe n'ayant point d'antécédant, ne peut souffrir par conséquent dans son harmonie aucun son au dessous du sien, c'est-à-dire plus grave; donc la proportionnelle ajoûtée au dessous de la proportion harmonique dans cet ordre,

mi sol si ré
10 12 15 18, ne peut y être admise qu'au dessus dans cet ordre,

sol si ré mi
12 15 18 20, au lieu qu'elle reste au dessus de la proportion arithmétique, telle que la Nature l'y a placée. Ces deux proportions, confondues pour lors avec la même proportionnelle, sont précisément celles qui tombent en partage, savoir, l'harmonique à l'antécédant de la proportion triple, sur laquelle le Mode est fondé, & l'arithmétique au quatrième terme qu'on y ajoûte,

---

(g) Voyez dans ma Démonstration, &c. *pages 55 & suivantes.*
(h) Voyez dans le Code de Musique ce qui concerne le *Double emploi, pages 48 & 88;* & dans la Génération harmonique, *pages 115, 116, 117 & 118.*

pour que toute la marche diatonique puisse se renfermer dans l'étendue de l'octave du terme moyen; si bien que l'oreille, guidée par la seule harmonie, sous-entend toûjours en cette rencontre le son fondamental, qui suit avec son voisin, quel qu'il soit, l'ordre de la proportion triple *(i)*.

Remarquons de plus la précision de la Nature dans sa prodigalité: dans les deux seuls sons que le corps sonore fait entendre avec celui de sa totalité, tout est produit, tout est donné, tout est révélé, tout est démontré, tant en harmonie qu'en mélodie. Le premier des deux, savoir la quinte, constitue non seulement l'harmonie avec son générateur *(k)*, il constitue encore tout l'ordre diatonique avec sa propre harmonie, comme on vient de s'en assurer, en voyant sa quinte former le ton, & sa tierce majeure former le demi-ton dans la cadence parfaite qu'il annonce & que termine son générateur. D'un autre côté, ce générateur se rend antécédant de sa quinte, reçoit, en conséquence d'une quatrième proportionnelle, la dissonance nécessaire pour annoncer la cadence irrégulière que cette quinte peut terminer, & nous enseigne par-là ce qu'on doit pratiquer lorsque, comme ordonnateur ou terme moyen, il terminera lui-même une pareille cadence. On voit donc naître d'abord de cette première quinte la source de tout ce que l'harmonie & la mélodie ont de plus parfait *(l)*. Quant au dernier, savoir la tierce majeure, il est seul réservé pour varier les genres, comme on doit s'en souvenir. On sera peut-être surpris sur la fin de l'Ouvrage d'apprendre qu'à la réserve des genres, tout ceci se trouve déjà déclaré dans le plus ancien Tétracorde dont les Grecs nous aient fait part.

Du Principe.

Pour nous présenter un infini dont on ne puisse imaginer ni le commencement ni la fin, le principe se place justement au centre de ses multiples & sous-multiples; loi qu'il impose en

(i) Ceci rappelle le quatrième terme ajoûté à la proportion triple, dont il est question à la *page 199*.

(k) Ibidem.

(l) Ibidem.

SUR LE PRINCIPE SONORE.

même-temps aux ordonnateurs 2, 3 & 5, d'où suivent encore des progressions à l'infini du côté de chaque extrême de leurs proportions. Pour nous prouver ensuite qu'il est le premier & l'unique, qu'aucun ne le surpasse, il force les corps plus grands que le sien à se diviser en ses unissons, à se réunir à son unité, à s'incorporer, pour ainsi dire, dans son tout; de sorte que se conservant toûjours sans la moindre désunion dans son entier, il engendre néanmoins une infinité de parties, qu'il contient par conséquent sans pouvoir être contenu. Que penser d'un tel prodige? Un pareil principe nous seroit-il communiqué avec tant d'évidence de supériorité, engendrant toutes les proportions & progressions, & assignant à chacun de ses premiers produits des prérogatives particulières & subordonnées selon son ordre de génération, ce qu'il faut bien remarquer, s'il n'en découloit une infinité de connoissances utiles? Tant de Philosophes anciens & modernes, qui se sont livrés à l'étude de la Musique, & qui ont employé tant de veilles & tant de travaux pour tâcher de pénétrer la profondeur de sa partie scientifique, ne l'auroient pas fait assurément, s'ils n'eussent senti qu'on pouvoit en tirer des avantages bien plus précieux que ceux qui résultent de la seule partie de l'Art.

C'étoit au seul sens de l'ouïe qu'étoit réservée la découverte d'un phénomène où se développe un principe, dont l'universalité ne peut guère se contester : le reconnoître pour celui de l'harmonie, n'est-ce pas lui accorder tacitement le même empire sur toute autre science? car enfin, par-tout où les proportions commandent, l'harmonie doit régner; notre instinct nous le dit chaque jour, par l'application que nous faisons de cette harmonie aux choses qui ont quelques rapports entr'elles, pendant que la raison n'ose y souscrire. Toûjours sourd à la voix de la Nature, qui cependant a précisément choisi le son pour mieux se faire entendre, le Géomètre a prétendu jusqu'à présent, le compas à la main, déterminer les rapports harmoniques, lorsqu'au contraire c'est à ces rapports de déterminer les ouvertures de ce compas, si l'on se souvient de ce qu'on en a déjà dit dans l'Introduction.

Pour nous apprendre à nous servir de compas dans les rapports de quelques objets que ce soit, le sens de l'ouïe en appelle justement deux autres à son secours, savoir, la vûe & le toucher, afin de nous avertir, en cas de besoin, sur les accidens qui peuvent n'être pas de son domaine; droit que les autres sens n'ont nullement sur le sien, pour juger des objets de leur ressort. Représentons-nous, par exemple, le $\frac{1}{2}$ & le $\frac{1}{4}$ échapper à l'oreille, l'œil & le doigt avertissent que du moins ils frémissent; d'où nous devons conclurre que leur résonnance est indubitable, puisque le $\frac{1}{3}$ & le $\frac{1}{5}$ résonnent, & qu'apparemment cette résonnance du $\frac{1}{2}$ & du $\frac{1}{4}$ se confond dans celle du Son qui les meut, c'est-à-dire, de leur principe. Le silence des multiples n'offre-t-il rien à l'oreille qui puisse en faire tirer quelques conséquences? l'œil nous en fait voir le frémissement & les divisions, pendant que, pour une plus grande certitude, on y sent au tact, & les ventres de vibrations, & les nœuds qui les divisent. A quoi bon ces connoissances pour la pratique & la jouissance de l'art? pourquoi deux sens étrangers, & qui paroissent s'y trouver inutiles, y sont-ils appelés? Il y a là sans doute quelques raisons cachées qu'il importe de développer: mais peut-on les méconnoître ces raisons? & ne voit-on pas assez que ces deux nouveaux sens ne sont appelés au secours de l'oreille que pour que nous puissions profiter, en faveur de leurs objets particuliers, des véritables rapports sur lesquels nous puissions établir des principes solides, tels que les proportions, & pour que nous sachions au juste quelle en doit être la mesure? ce qu'il faut bien remarquer encore.

Ici la Nature se rend Géomètre, pour nous apprendre à le devenir; & si l'on a pû se passer d'un si puissant secours, rendons-en grace à cet instinct, à ce sentiment vif & profond, mais confus & ténébreux, par lequel on est conduit à des vérités dont on n'est pas en état de se rendre compte, & dont la connoissance ne nous parvient qu'à force d'expériences & de tâtonnemens. Que n'en a-t-il pas coûté au Géomètre pour arriver à la certitude des proportions! & cette certitude d'expérience approche-t-elle de celle que nous tenons aujourd'hui du Corps sonore?

Conséquences des Réflexions précédentes pour l'origine des Sciences.

Comment la Musique a-t-elle pû se communiquer aux hommes? pourquoi prend-elle tant d'empire sur nos ames? pourquoi se trouve-t-il dans la Nature un phénomène capable de nous en faire développer les mystères? pourquoi ne peut-il s'en trouver un pareil du ressort de tout autre sens que de celui de l'ouïe? Pourquoi n'est-ce que dans l'acoustique qu'on peut prendre une connoissance certaine des rapports? les Sciences n'en tireroient-elles pas leur origine, puisque le principe d'où naissent les moyens d'opérer, de découvrir & de démontrer, s'y trouve renfermé? Pourquoi tous les systèmes de Musique n'ont-ils été présentés, jusqu'au Traité de l'Harmonie, que dans un ordre diatonique, tel que *ut ré mi fa, &c!* Pourquoi les Philosophes de tous les temps se sont-ils donné tant de soins pour pénétrer dans les secrets de cet Art? & pourquoi s'y sont-ils tous égarés?

On va trouver réponse à tout, mais sans y suivre exactement l'ordre des questions: j'y rappellerai d'ailleurs quelques remarques que j'ai déjà faites dans d'autres Ouvrages comme dans celui-ci, & dont l'application à l'objet présent en fera peut-être mieux sentir le prix qu'on ne l'a fait encore.

En attribuant la science infuse à Adam, comme quelques-uns l'ont fait, tout est dit: mais considérons l'homme tel que nous pouvons le concevoir; voyons-le tomber des nues avec sa compagne sur une terre inculte, où tout n'offre à ses yeux que confusion, de quelque côté qu'il regarde; imaginons-le d'ailleurs plein d'esprit, d'imagination & de jugement: son premier soin sera sans doute de chercher à s'instruire, du moins pour subvenir à ses besoins: mais quel fruit pourra-t-il tirer de ce qu'il aperçoit, même des astres? Si dans l'espace d'une année, par exemple, il peut juger que la différence des saisons est occasionnée par le cours d'un astre qui l'éclaire, s'il en voit un autre suivre à peu près une pareille carrière, il n'en est que plus embarrassé pour trouver les moyens de comprendre comment cela se fait: bien-tôt une affluence d'autres astres s'offre à ses yeux ; il ne peut que s'y perdre. Représentons-nous le temps qu'il faut pour imaginer & fabriquer tout ce qui peut conduire à quelques découvertes sur ce sujet, nous nous y perdrons nous-mêmes. Sont-ce là d'ailleurs ses besoins les plus pressans ? comme on ne peut supposer à ce premier homme un langage formé, d'autant qu'il ne peut connoître encore presqu'aucune des choses auxquelles il doit avoir recours, on le voit ne pouvoir s'exprimer avec sa compagne que par différentes inflexions de la voix, secondées de quelques gestes. Or c'est dans ces différentes inflexions, bien pluftôt que dans un discours suivi, que le hasard peut produire entre les sons une consonance, dont il suffit d'être une fois frappé, pour que le plaisir qu'on en éprouve engage à la répéter. Il n'en faut pas davantage pour arriver à la connoissance de la Musique ; qu'on y pense bien ? Cette connoissance a-t-elle pû avoir une autre source parmi nous ? Mettons encore, si l'on veut, que l'effet de la consonance ait été occasionné par quelques bruits de l'air, comme, par exemple, lorsque le vent souffle dans différentes cavités sonores ; tout est égal : une consonance en amène une autre à l'oreille, & bien-tôt ensuite les degrés qui conduisent de l'une à l'autre. Mais avons-nous besoin de ces moyens pour prouver que l'homme a dû naturellement chanter dans tous les temps ? D'où, par exemple, les Sauvages ont-ils appris à chanter, eux qui n'ont aucune méthode, & qui chantent aussi juste que nous ? Si cet art leur a passé de père en fils, quel a été le premier père ? pourquoi ne seroit-ce pas le premier de tous ? La fantaisie de chanter prend dans tant de situations différentes, même sans en avoir la moindre notion, sans savoir ce qu'on fait, sans y penser, qu'elle peut fort bien être venue à celui-ci pluftôt qu'à celui-là. Jubal, à qui l'on attribue l'invention des Instrumens, ne l'a pû faire sans avoir une juste idée d'un parfait rapport entre les intervalles que formoient ces Instrumens. Adam n'est mort que 56 ans avant la naissance de Lamech *(m)*, père de ce Jubal ; donc celui-ci peut avoir vû

(m) Voyez la Généalogie d'Adam, dans l'abrégé chronologique de l'Histoire des Juifs ; l'Histoire de l'ancien Testament, par le P. Calmet, *page 203* ; & Moréri, au mot *Jubal.*

Adam

entre Adam; donc ce dernier, ou du moins l'un de ſes deſcendans avant Jubal, a pû chanter le premier. Mettons que ce ſoit ce Jubal même *(n)*, n'importe; on peut toûjours, dans une pareille circonſtance, attribuer au père l'ouvrage de l'un des ſiens: d'ailleurs nous ſommes paſſivement harmoniques; notre voix eſt un corps ſonore, que préſente toûjours le premier Son qu'on entonne ſans aucun preſſentiment de Muſique, ſans y penſer, & pour lors c'eſt de ſon harmonie, ſinon, de l'harmonie de l'un de ſes harmoniques, que naît en nous le ſentiment du juſte rapport que doit avoir avec ce premier Son celui qu'on lui fait ſuccéder, comme le prouvent notre propre expérience, les Inſtrumens artificiels, la Nature même.

Si l'on ſe ſouvient de ce qui ſe trouve préciſément ſpécifié dans l'article de la Proportion triple & dans celui de l'Origine des diſſonances, ſavoir, que la quinte conſtitue l'harmonie, & que la quinte de cette quinte conſtitue l'ordre diatonique *(o)*, on en doit bien conclurre en faveur de cette quinte: auſſi eſt-elle de tous les intervalles le premier qui ſe préſente à l'oreille la moins expérimentée lorſqu'on chante pour la première fois ſans y penſer; j'en ai fait plus d'une épreuve avec des perſonnes encore vivantes, qui peuvent en rendre compte. Le Muſicien même peut éprouver qu'en laiſſant aller ſa voix ſans deſſein, la quinte s'y préſentera pluſtôt que la tierce ou la quarte *(p)*, pourvû que le premier Son ſoit un peu grave.

D'où pourroit naître en effet le ſentiment d'un Son qu'on voudra faire ſuccéder à un premier, donné ſans aucune prédilection, ſi ce n'eſt de l'harmonie de celui-ci, que ſa quinte conſtitue avec lui? jugeons-en par les Trompettes & Cors de chaſſe, qui ne ſont que l'ouvrage de l'homme, pendant que nous ſommes l'ouvrage de la Nature même. Si l'on eſt obligé de céder aux parties aliquotes de ces corps ſonores pour pouvoir en tirer de juſtes rapports

(n) Ipſe fuit pater canentium citharâ & organo. Genèſe, *cap. IV. verſ. 21.*
(o) Pages 199 & 208.
(p) Si l'on monte de quarte, c'eſt le même Son dont elle eſt formée qui pour lors ſert de guide à l'oreille, autrement dit, qui eſt le générateur ou l'ordonnateur inſpiré.

entre leurs différens Sons, à plus forte raison notre oreille qui guide la voix, doit-elle se comporter de même; & si l'ordre des Sons de ces Instrumens commence par la quinte après l'octave, en cette sorte $\genfrac{}{}{0pt}{}{2\ 3}{ut\ sol}$, pourquoi n'en ferions-nous pas autant dès que nous ne pensons à rien qui puisse nous distraire de nos fonctions naturelles ? Il y a plus, étant arrivé à la triple octave de $\genfrac{}{}{0pt}{}{1}{ut}$, censé le son de la totalité de ces mêmes corps sonores, non seulement le diatonique commence en montant par la quinte $\genfrac{}{}{0pt}{}{9}{ré}$ de cette première quinte $\genfrac{}{}{0pt}{}{3}{sol}$, en cette sorte $\genfrac{}{}{0pt}{}{8\ 9}{ut\ ré}$, mais il finit encore, toûjours en montant à la quatrième octave de $\genfrac{}{}{0pt}{}{1}{ut}$, après la 17.ᵉ ou tierce $\genfrac{}{}{0pt}{}{15}{si}$ de la même première quinte $\genfrac{}{}{0pt}{}{3}{sol}$, en cette sorte $\genfrac{}{}{0pt}{}{15\ 16}{si\ ut}$ *(q)*. Voilà donc l'unique succession naturelle possible entre les Sons, & donnée par la seule quinte que fait résonner avec lui le corps sonore, le générateur, le principe, rendu par un seul son de notre voix, comme par celui de la totalité de ces Instrumens artificiels, dans lesquels d'autres propriétés très-essentielles ont encore été reconnues à la *page 202*.

Si dans les systèmes diatoniques se trouvent des tons en différence d'un Comma, selon l'exposé de l'article qui a pour titre, *Origine des dissonances, page 206*, cette différence, insensible à l'oreille, est ce qui rend sur-tout très-imparfaits les systèmes de Musique Grecs & Chinois.

Je demande à présent lequel des deux rapports du dissonant, comme sont le ton & le demi-ton, ou du consonant, comme sont la quinte & la tierce, aura pû fixer le premier l'attention d'un homme tout neuf sur cet article? Le dissonant, dans sa succession, devient très-indifférent, & dans son ensemble choque toûjours l'oreille jusqu'à ce qu'il soit suivi du consonant: celui-ci

---

(q) Ces deux rapports 8, 9 & 15, 16 forment précisément le ton & le demi-ton dont tous les systèmes diatoniques sont composés, à l'exception du demi-ton que Pythagore a employé dans le sien, pour des raisons déjà alléguées.

SUR LE PRINCIPE SONORE.

plaît au contraire dès qu'on l'entend, soit dans sa succession, soit dans son ensemble. Or, de quelque consonance qu'on soit frappé, le plaisir qu'on reçoit à l'entendre fixe l'attention; & dans la situation supposée, lorsque tout est de conséquence, qu'on n'a rien à négliger pour tâcher de s'instruire, quelle idée ne doit-on pas se faire d'un premier sentiment de rapports, dont rien d'approchant ne s'offre à la vûe, de quelque côté qu'on la porte! Imagine-t-on seulement qu'en ce dernier cas un rapport soit de quelque conséquence? en reçoit-on une satisfaction capable de fixer l'attention? le conçoit-on? pense-t-on qu'il soit propre à quelque usage? & si l'on mesure les corps qui le composent, quel fruit en tirer, dès qu'on ne sait pas quelle en peut être l'utilité? Il n'en est pas de même d'un rapport harmonique, on se plaît à l'entendre: plus on se le rappelle, plus le plaisir augmente, & dèslors un homme capable de réflexion peut fort bien se représenter qu'un plaisir pareil ne lui est pas donné en vain, & que des rapports agréables pour un sens doivent l'être également pour un autre: sa curiosité lui fait chercher les moyens de s'en instruire plus à fond; il imagine un instrument qui puisse rendre les Sons de la consonance dont il est affecté, un Monocorde, par exemple, dont il pince ou racle la corde, & dont la résonance lui aura peut-être fait entendre l'harmonie complète *(r)*; sinon il glisse un doigt sur la corde, en s'y arrêtant de temps en temps, jusqu'à ce que dans l'une de ses parties, séparées par le doigt, il entende un son qui s'accorde avec celui de la corde totale; & pour lors, mesurant la distance qu'il y a de son doigt jusqu'au bout de la corde, il en connoît la différence d'avec la longueur de cette corde; mais il n'est pas plutôt arrivé à sa moitié qu'il en distingue l'octave, sa 12.ᵉ à son tiers, sa 15.ᵉ à son quart, sa 17.ᵉ à son cinquième, l'octave de sa 12.ᵉ à son sixième, puis une discordance générale

---

(r) Le fait existe de tout temps; pourquoi le premier homme n'en auroit-il pas été frappé! S'il nous a échappé pendant long temps, ce fait, & si l'on n'en a pas sû tirer, après en avoir été convaincu, de justes conséquences, cela ne pourroit-il pas s'attribuer à la trop grande préoccupation où nous ont tenus quelques-unes de ces mêmes conséquences, dont on a cru pouvoir se contenter, & qui auront occasionné des démarches tout-à-fait opposées à celles qui auroient pû en faire découvrir les propriétés!

à son septième, où il s'arrête par conséquent. Non content de cette épreuve, il veut savoir ce qui pourroit naître de cordes accordées à l'inverse de ces dernières consonances, relativement à la corde entière qu'il fait résonner le plus fortement qu'il lui est possible, & trouve effectivement un ordre pareil au premier, mais renversé, dans le frémissement de ces cordes. Il voit celle qui fait l'octave se diviser en deux, ainsi de l'une à l'autre; la 12.ᵉ se diviser en trois, la 15.ᵉ en quatre, & la 17.ᵉ en cinq. Ne pouvant être long-temps sans reconnoître l'identité des octaves, comme la suite va nous l'apprendre, il s'en tient à cette dernière division, d'autant que c'est la plus petite partie dont il ait distingué le Son, dans la supposition qu'il aura été frappé d'abord de l'harmonie complette. Il imagine en ce moment des signes, qui ne peuvent être que les nombres mêmes, pour se rappeler, par leur moyen, la consonance dont il voudra faire usage; & dès-lors il reconnoît que ce sont à peu près les mêmes signes qui lui sont venus en idée lorsqu'il a voulu s'assurer de la différente quantité des objets qui se sont présentés à sa vûe. Le voilà donc instruit sur le fait des nombres, sur les rapports qu'ils peuvent former entr'eux, & sur leur plus ou moins de perfections, bien autrement que les Auteurs à qui les Grecs attribuent l'invention de ces nombres & l'arithmétique: ceux-ci n'ont eu que l'instinct pour guide; celui-là reçoit le tout, au contraire, de la Nature même, qui s'en explique formellement dans le phénomène du corps sonore. Que lui aura-t-il coûté, en effet, d'ajoûter autant d'unités qu'il aura voulu les unes aux autres, pour arriver à telle quantité qu'il lui aura plu? En ajoûtant d'ailleurs les cinq premiers nombres à eux-mêmes, n'aura-t-il pas eu 10? & qui sait si dès-lors le zéro ne lui est pas venu à l'esprit pour multiplier les dixaines? Réfléchissant de nouveau sur ce qu'il n'a distingué que les sons du $\frac{1}{3}$ & du $\frac{1}{5}$ dans la résonance du corps sonore, son monocorde, j'imagine le voir surpris comme d'admiration de n'y avoir pas distingué de même les Sons du $\frac{1}{2}$ & du $\frac{1}{4}$, qui sont de bien plus grandes parties, sur-tout après les avoir entendus en plaçant son doigt sur ce demi & sur ce quart de la corde; mais un homme pénétrant n'est pas long-temps à

SUR LE PRINCIPE SONORE.

reconnoître que ce silence, dans la résonance du corps sonore, ne peut naître que de la grande concordance entre les octaves que forment ce $\frac{1}{2}$ & ce $\frac{1}{4}$, qui se confondent pour lors dans le Son même qui les engendre; confusion qui peut aisément le convaincre de leur identité. S'il conclud de la première progression, 1, 2, 3, 4, 5, &c. qu'ajoûter quelque nombre que ce soit à lui-même, comme l'unité s'y ajoûte, ce doit être tout un, n'est-il pas dans le cas de se demander, si 2 s'ajoûte à 1 pour avoir 3, & à 3 pour avoir 5, pourquoi donc le monocorde me défend-il de l'ajoûter à 5 pour avoir 7, à moins que je ne veuille me départir des loix prescrites jusqu'à présent par une harmonie bornée à 5, ou, pour mieux dire, au $\frac{1}{5}$? Il y a là quelques raisons cachées qu'il faut tâcher de développer, dit-il en lui-même, comme je le suppose: revenant sur ses pas; d'où vient, dit-il, comme je le suppose encore, que ces bornes servent également à l'harmonie que je distingue dans 1, $\frac{1}{3}$, $\frac{1}{5}$, & aux octaves 1, $\frac{1}{2}$, $\frac{1}{4}$ que je ne distingue pas en même temps? sans doute que ces deux ordres décident, chacun en son particulier, de quelque chose d'essentiel? En effet, voyant que l'unité se double à 2, & 2 à 4, il double également ce 4; & ainsi du double à son double il trouve toûjours des octaves, toûjours la même identité. Or, sans aller plus loin, le voilà au fait des proportions, du moins de la multiplication, de la division par les aliquotes, & de l'addition par les aliquantes. Convaincu d'ailleurs des rapports donnés par les consonances entendues, & dont les signes qu'elles engendrent lui présentent ces mêmes rapports, il est tout simple qu'à la faveur de ces signes, pour ne pas dire de ces nombres, il reconnoisse quantité d'autres rapports dans la comparaison qu'il lui est libre de faire entre les différens termes produits par les différentes progressions; car un homme intelligent, qui sur-tout a besoin de s'instruire, doit conclurre aisément qu'il lui est libre d'employer telle consonance qu'il lui plaira, pour la multiplier selon le modèle qu'il en a reçû de l'octave, d'autant plus qu'une pareille multiplication ne lui donnera jamais que la même consonance, comme il l'a éprouvé dans la double, qui ne lui a donné que des octaves. Le voilà donc encore arrivé, par les fréquentes recherches, du moins aux progreſſions triples & quintuples; progreſſions qu'il aura pû également appliquer à quelque nombre que ce ſoit. Reſte à ſavoir l'uſage qu'il en aura pû faire, auſſi-bien que de l'harmonie, dont on ne peut pas croire qu'il ſe ſoit départi, comme l'ont fait tous ceux qui ont écrit ſur la Muſique, & qui ne l'ont preſque jamais citée, cette harmonie, que comme un hors-d'œuvre, capable ſeulement de leur procurer l'ordre diatonique qui débute en montant d'un ton; ordre qui nous a tous ſéduits, ſelon ce qui paroîtra dans la ſuite.

En ſuppoſant ces connoiſſances à Adam, cela ne s'éloigneroit pas du ſentiment de quelques Auteurs qui lui ont ſuppoſé de leur côté la ſcience infuſe; ce qu'il faudroit cependant réduire, comme je le crois, pour n'en pas trop dire, à la connoiſſance des principes qui peuvent y conduire: pourquoi ne ſeroit-il pas du moins le premier des Aſtronomes, lui qui poſſédoit la connoiſſance des rapports, & à qui chacun des ſiens pouvoit fournir des moyens d'aller en avant, des Inſtrumens même propres à cet effet? L'hiſtoire ne dit-elle pas que tels & tels, qui pouvoient avoir déja l'âge de raiſon de ſon vivant, ont inventé, celui-ci telle choſe, celui-là telle autre? Ne ſeroit-on pas mieux fondé ſur ſon compte que ſur celui des Chaldéens, qu'on dit n'avoir pas été *verſés dans la Géométrie* & avoir manqué *des inſtrumens néceſſaires pour faire des obſervations juſtes en Aſtronomie (t)!* Mais laiſſons tous ces ſoupçons, que je ne rappelle que pour en prouver la poſſibilité, & voyons ſi effectivement Adam ne doit pas être l'Auteur de ce Tétracorde *ſi ut ré mi*, qui débute par le demi-ton en montant, & que les Grecs n'ont fait que citer en l'abandonnant, pour ſe livrer au ſyſtème inſpiré naturellement par le ton en montant après le premier Son donné *(u)*.

Sans doute qu'après avoir éprouvé plus d'une fois l'effet des conſonances, ce premier homme n'a guère pû ſe défendre de cet ordre, inſpiré naturellement, dont je viens de parler; mais non content d'un ordre dont il n'avoit rien pû reconnoître dans toutes ſes expériences, il s'eſt rappelé l'harmonie & s'eſt apparemment

(t) Voyez Aſtronomie dans l'Encyclopédie.
(u) Page 199.

SUR LE PRINCIPE SONORE.

représenté qu'en donnant une succession aux consonances, la même harmonie pourroit bien lui rendre le même ordre : dès-lors, ne voyant de progressions possibles que la double, qui ne lui donne rien de nouveau, il la prend pour modèle, en éprouvant ce qui pourroit naître de la triple, inspirée d'ailleurs par la 12.ᵉ dite quinte, qui la première se présente à l'oreille *(x)*. Il trouve effectivement une partie de cet ordre, rendue par l'une des consonances de chacun des Sons qui se succèdent en quintes; mais ne pouvant arriver à son but par ce moyen, où le premier Son monte de quinte, il éprouve de le faire descendre, & dans le moment même il voit sa progression se continuer autant qu'il lui plaît, en lui procurant l'ordre qu'il cherche dans le seul Heptacorde, où il ne s'agit que d'ajoûter l'octave du premier Son donné, ou de le faire commencer par le deuxième jusqu'à son octave, pour avoir l'ordre inspiré *(y)*. Charmé de cette épreuve, dont il reçoit déjà l'agrément de l'harmonie & de la mélodie, il y reconnoît tous les moyens de s'éclairer sur ce qu'il y a de plus naturel, & par conséquent de plus parfait en Musique; moyens qui n'ont pû manquer de se présenter plus d'une fois à son oreille, comme ils se présentent à tout moment aux oreilles les moins expérimentées.

Ce Tétracorde est le produit du principe qui donne toutes les cadences naturelles en Musique *(z)* : la *parfaite* se reconnoît en montant de deux en deux Sons, *si ut* & *ré mi*, pendant que le conséquent passe à son terme moyen *sol ut* ; & l'*irrégulière* de même en descendant, *mi ré* & *ré ut*, pendant que ce terme moyen passe à son conséquent *ut sol*. Là se découvre en même temps la supériorité de l'octave & de la quinte: si les tierces n'y ont qu'une seule route, l'une en montant toûjours d'un demi-ton dans la *cadence parfaite*, l'autre en descendant dans l'*irrégulière*, l'octave & la quinte sont au contraire libres dans leur marche; elles peuvent également monter ou descendre dans chaque cadence: aussi se trouvent-elles dans le milieu lorsque les autres n'occupent

(x) Page 217.
(y) Voyez l'Heptacorde, page 201.
(z) Page 208.

que les extrémités. Ne nous y trompons pas, toute la Musique est fondée sur ces deux seules cadences *(a)* : les moins expérimentés veulent-ils terminer un chant (qu'on me pardonne des répétitions qui me paroissent importantes), ne montent-ils pas naturellement d'un demi-ton, & ne descendent-ils pas d'un ton sur le Son par lequel ils le finissent? ne descendent-ils pas encore de quinte, ou ne montent-ils pas de quarte dans le même cas, le tout sans y penser? cela se confirme chaque jour jusque dans les cris des rues lorsqu'on les chante. Quelle conséquence ne devoient donc pas tirer d'une pareille inspiration, à laquelle nous sommes tous forcés de céder, des Philosophes qui vouloient pénétrer dans un Art qu'ils regardoient comme une science! pour peu qu'ils eussent fait attention à cette *cadence parfaite*, dont rien n'échappe à qui que ce soit dans sa marche, leur propre expérience leur auroit fait sentir & voir, sans aucune recherche, sans que la volonté s'en mêlât, que toute harmonie du conséquent se terminoit sur le terme moyen; mais ce *si*, qui annonce une pareille cadence, pouvoit-on mieux le placer qu'à la tête du Tétracorde? n'est-ce pas cette *note sensible (b)*, avouée tacitement de tous ceux qui suivent l'ordre de la gamme en montant, & qui se sentent forcés de monter à *ut* après ce même *si!*

Pouvoit-on mieux s'y prendre que de réduire en quatre notes des principes dont on pût tirer toutes les conséquences nécessaires pour un Art aussi étendu, sur-tout dans un temps où, faute de moyens propres à mettre ses idées au jour, on ne pouvoit guère s'expliquer qu'en peu de mots, sur-tout encore en y supposant du mystère au sujet de la progression sur laquelle ces principes sont établis, puisqu'il semble qu'ils en aient été séparés exprès? Si les Chinois & Pythagore suivent cette progression, les systèmes qu'ils en ont tirés n'ont nul rapport entr'eux, non plus qu'avec le Tétracorde.

Croira-t-on que l'Auteur du Tétracorde ignorât tous les principes que je viens d'en déduire, & qui s'en déduisent naturellement dès qu'on en a la clef? Qui sait mieux le mot de l'énigme

(a) Voyez *page 208.*
(b) Voyez l'Origine des Dissonances, *page 211.*

que celui qui la propose? S'il s'est passé près de six mille ans avant qu'on ait pû la deviner, cette enigme, on ne voit que l'empire du ton par où débute l'octave en montant diatoniquement, auquel on puisse imputer l'aveuglement général. Qui sait si dès le temps de cet Auteur la Musique n'avoit pas déjà fait de grands progrès, en harmonie même? Tant de secrets de l'antiquité nous ont échappé, comme je l'ai déjà dit, que celui-ci pourroit bien être du nombre.

N'oublions pas que qui que ce soit n'entonnera jamais naturellement le demi-ton en montant après un premier Son donné, il faut absolument que la volonté y ait part, même avec un peu d'expérience; & c'est sans doute pour cette raison qu'on a négligé un principe dont on auroit tiré de grandes lumières pour la théorie, comme pour la pratique de l'Art : mais n'y songeons plus maintenant, & tâchons de démêler comment la progression triple & son produit, le Tétracorde, ont pû nous parvenir.

Noé, prévenu sur sa destinée *(c)*, ne dut pas manquer vraisemblablement de se munir de tout ce qu'il pouvoit croire propre à quelques usages; de sorte que la progression triple, même le Tétracorde, aussi-bien que les Instrumens de Musique, pouvoient fort bien en faire partie, d'autant plus encore qu'on pouvoit avoir déjà tiré quelques avantages de la progression sur ce qui regarde les Sciences, selon ce qui a déjà paru; mais ce Patriarche, trop occupé de son établissement sur la nouvelle terre qu'il alloit habiter, put bien négliger d'abord ce qui lui étoit pour lors le moins de conséquence, laissant la liberté, ou plutôt ordonnant à ses enfans de visiter les mémoires qu'il avoit recueillis, pour lui en rendre compte. Or, ne peut-il pas se faire que la progression soit tombée entre les mains de l'un, & le Tétracorde entre les mains de l'autre, & que ceux-ci, ne voyant pas le temps propice pour en faire usage, les aient portés en différens lieux? Il est vrai que l'époque des Chinois n'est guère éloignée du Déluge, puisqu'elle précède de treize ans celle où l'on commença d'élever la tour de

---

(c) Voyez l'Histoire de l'ancien & du nouveau Testament de Dom Calmet, *pages 3, 4 & 5.*

Ff

226 RÉFLEXIONS

Babel; mais ceux-là mêmes qui travailloient à la construction de cette tour, ne pouvoient-ils pas avoir déjà fait leurs réflexions sur une pareille progression, soit un fils de Noé, soit d'autres à qui ce fils l'aura transmise, & qui auront ensuite passé en Chine, même en Égypte, si l'on veut, le Tétracorde pouvant avoir été porté en d'autres lieux? tout cela est probable.

Mettons que les Chinois se vantent à tort d'avoir connu la progression triple 2277 ans avant J. C. sans s'en dire cependant les inventeurs; mettons que Pythagore l'ait reçûe des Égyptiens: de qui ces deux peuples l'ont-ils reçûe eux-mêmes? S'il peut rester des doutes là-dessus, du moins on ne peut douter que la progression triple n'ait été d'abord appliquée à la Musique, que le premier des Tétracordes n'en soit le produit, & que ce Tétracorde n'ait dû exister avant la fabrique des Instrumens; & c'est ce qu'il faut bien peser, en se rappelant toutes les raisons précédentes, pour y distinguer ce qui peut n'être que du ressort de l'instinct d'avec le principe qui le guide.

Si Pythagore a simplement tiré de la progression triple des tons & demi-tons, pour en former ce système diatonique naturel à tous, sans s'occuper de la justesse de leurs rapports, & cela dans l'ordre de l'analyse, où les nombres présentent des multiples, les Chinois au contraire, scrupuleux à la rigueur de suivre les loix de la Synthèse, que prescrit la Nature, ne se sont pas simplement contentés de les imiter en tout, ces loix, mais ils ont poussé le scrupule jusqu'à prendre pour tierce mineure le terme même de la sixte majeure qui en est renversée *(d)*, ne s'agissant que de porter ce terme à l'une de ses octaves pour en former cette tierce mineure; si bien que leur système peut se prendre de ces deux façons, *sol la ut ré mi,* ou *ut ré mi sol la,* en conservant d'un côté le rapport de la tierce mineure, *la ut,* & de l'autre celui de sixte majeure *ut la,* sans altérer le Mode, où *ut* préside toûjours comme terme moyen de la proportion triple, en cette sorte:

(d) Dans l'Introduction, *page 192*: $\begin{matrix} \textit{la dièse} & \textit{ut dièse} \\ 59049 & 2187 \end{matrix}$

		TIERCE MAJEURE.		
Intervalles d'une nôte à l'autre..	ton-maj.r	tierce min.re	ton-majeur	idem.
Système chinois............	sol la	ut	ré	mi
Consonances que forment les notes du système avec leur Basse fondamentale.............	5.te 3.ce	8.e	5.te	3.ce
Basse fondamentale.........	ut fa	ut	sol	ut
Proportion triple.............	3. 1.	3.	9.	3.

Dès que le nom des notes n'altère point les rapports, il est indifférent que le terme moyen s'appelle *ut*, *sol*, ou comme on voudra.

On croiroit volontiers que le demi-ton seroit exclu de ce système, & qu'on l'auroit fait débuter par *sol* plustôt que par *ut*, pour le soûmettre à la proportion triple; bien que la raison de cette exclusion puisse se tirer de ce que le demi-ton nécessaire ne peut se prendre que dans un trop grand éloignement, savoir, à la cinquième quinte de 1, 243.

Un pareil défaut de rapports entre les systèmes de Pythagore & des Chinois, où même le premier des Tétracordes n'est point rappelé, prouve assez que leurs Auteurs ne se sont rien communiqué, que la seule progression triple est tombée entre leurs mains, & que le Tétracorde a passé en d'autres, le tout en différens temps, par la voie de quelques descendans de Noé. On ne voit pas en effet comment la progression & le Tétracorde peuvent être parvenus autrement entre les mains de peuples, qui ne donnent aucunes connoissances par lesquelles on puisse soupçonner qu'ils en sont les auteurs.

Ce que j'ai supposé dans les opérations du premier homme, sur l'objet dont il s'agit, n'est exactement que ce que j'ai éprouvé moi-même dans la gradation des connoissances que mes études & mes recherches m'ont procurées. Quant à la manière dont la progression triple est parvenue aux Chinois & à Pythagore, dont les systèmes de Musique prouvent évidemment qu'ils en ont fait usage, & cela, sans être accompagnée du Tétracorde *si ut ré mi*, j'y ai suivi simplement l'ordre historique, qui attribue à Jubal l'invention des Instrumens. Quoi qu'il en soit, les premiers ne s'en difent point les auteurs: le dernier femble en avoir fait un myftère, & nul Auteur n'en fait mention: une citation feulement, de *Joannes Meurfius*, dans le *Denarius Pythagoricus*, par où débute la queftion fuivante, ajoûte encore à la preuve au fujet de Pythagore.

QUESTION DÉCISIVE.

Les Sectateurs de Pythagore, c'eft-a-dire, tous les Géomètres connus, n'auroient-ils pas pris le change avec lui fur fon opinion en faveur des nombres, favoir, *Que la puiffance du nombre 3 s'étend fur la Mufique univerfelle, qu'il la compofe, & même la Géométrie bien plus fupérieurement encore (e)!* ce qu'il faut examiner.

Le nombre a-t-il quelque empire fur l'oreille? eft-ce par lui que naît en nous le fentiment des confonances & du plus ou moins de perfection entr'elles? quelle vertu peut avoir le nombre avant qu'on ait trouvé le rapport d'une confonance? eft-ce lui ou l'oreille qui guide les jambes du compas, jufqu'à ce qu'elles foient aux points fixes qui font entendre cette confonance dans fa parfaite juftefle, dont l'oreille eft le feul juge? C'eft donc la confonance qui, en déterminant la mefure, détermine les nombres qui doivent l'indiquer. Croira-t-on jamais que le nombre ait la vertu de faire divifer une corde, lorfqu'on la voit forcée de fe divifer en deux par l'octave, en trois par la 12e, en quatre par la 15e, en cinq par la 17e, &c. & lorfqu'on y voit en même temps un ordre de perfection, dont les nombres, auffi-bien que notre perception, fuivent la loi? Quelle autre vertu ont les nombres, en ce cas, finon de repréfenter les divifions auxquelles chaque confonance foûmet la corde, & par le nombre defquels chacune de ces confonances eft reconnue? Pourquoi d'ailleurs l'œil & le tact viennent-ils fe joindre à l'oreille, fi ce n'eft pour que, par leur moyen, nous puiffions prendre l'intelli-

---

(e) A la tête du premier Chapitre du *Joannis Meurfi Denarius Pythagoricus*, on lit: *Numeros invenit Minerva, aut Palamedes; Arithmeticen Pithagoras; ejufque, & fectatorum, de numeris opinio.* Puis à la *page 42*, où il s'agit du nombre 3, on lit à la dixième ligne: *Muficæ quoque univerfæ poteftas, ac compofitio; & vero Geometriæ vel maximè.*

SUR LE PRINCIPE SONORE.

gence des rapports, de leurs prérogatives, de leur ordre de perfection, des nombres prescrits par les divisions d'où naissent ces rapports, & pour que nous puissions profiter enfin de ces mêmes rapports indiqués par les nombres, en faveur de tout autre objet. Voir le tout produit dans l'instant même que le corps sonore résonne, le voir se diviser, pour que ce qui peut échaper au sens de l'ouïe puisse nous être communiqué, sur sa décision, par le canal de deux autres sens, quelle est l'intelligence humaine qui ne s'y perdroit pas, si la chose n'étoit en même temps sensible & visible au point de pouvoir la concevoir?

Remarquons bien à présent que toutes les règles de calcul établies sur les nombres, par le moyen desquelles on a si bien réussi dans quantité de belles découvertes, trouvent leur principe même dans les différens produits du corps sonore; & ces succès doivent d'autant moins surprendre, qu'il est tout naturel que les nombres aient pû tenir lieu, en ce cas, de ce qu'ils représentent. Excusons donc Pyrrhon, lorsqu'il dit, *l'esprit de l'homme est trop borné pour rien découvrir dans les vérités naturelles;* ce que Bayle confirme de son côté (f). Pourroit-on imaginer en effet qu'à la faveur de simples signes on pût arriver à quelques vérités? Ne falloit-il pas, pour satisfaire la raison, voir ou sentir du moins ce qui pouvoit donner à ces signes la puissance qu'on leur attribue? A quel point ne l'a-t-on pas portée, cette puissance, si l'on écoute cent dix-sept Pythagoriciens, cités par *Meursius,* sans y comprendre quelques anonymes? Or, la raison ne doit-elle pas être bien satisfaite aujourd'hui, lorsque nous voyons & sentons dans le seul phénomène dont nos sens puissent nous faire tirer de justes conséquences, la source de ces mêmes signes? Si plusieurs Sciences se sont soûmises, pour ainsi dire, aux règles établies sur les nombres, il n'en a pas été de même du générateur de ces nombres: en vain s'est-il présenté le premier à Pythagore, ce générateur, savoir, l'octave & la quinte, sur lesquelles se fondent toutes les proportions & progressions; il ne s'en est servi que pour en tirer de moindres intervalles dont il a formé son système, qu'il a sans doute regardé comme le fon-

(f) Dans Bayle, au mot *Pyrrhon.*

dement de *la Musique universelle*, en attribuant cette qualité aux sept notes de ce système plustôt qu'au nombre 3, qui les lui a données dans la progression qu'il en a formée. C'est ainsi qu'en embrassant les branches & négligeant la racine, ce Philosophe a renversé tout l'ordre établi dans le corps sonore par la Nature même : c'est ainsi pareillement que se sont conduits & se conduisent encore tous les Géomètres ; si bien que rebutés de leurs recherches sur la Musique, qu'ils soupçonnoient grandement être le seul rayon d'où devoit partir la lumière, comme le prouvent tous les Écrits sur ce sujet, ils l'ont enfin abandonnée, non comme le Renard, qui, dans la fable, disoit que le raisin n'étoit pas encore mûr, mais en le taxant de ne pouvoir jamais mûrir.

Tout annonce dans le *Denarius, &c.* que Pythagore & ses Sectateurs regardoient son système comme représentant la *Musique universelle* ; autrement ce Philosophe, les Arithméticiens & les Musiciens n'auroient jamais taxé le nombre 7 d'être parfait par nature. *Numerus septimus est perfectus naturâ, ut testantur Pythagoras, & Arithmetici, ac Musici, pag. 79 & 80.* Auroit-on conclu de la sorte en faveur de ce nombre, exclu même de l'harmonie, si l'on n'eût pas cru que toute la Musique étoit renfermée dans un système diatonique, où se trouvent effectivement les sept notes qui en forment tous les degrés naturels à la voix ? Dans quel autre cas que celui-ci la Nature pouvoit-elle être mise en compromis ? c'est de là sans doute qu'on s'est figuré tout ce qu'on attribue à ce nombre. Si Pythagore n'eût pas reconnu pour *Musique universelle* le produit, tel qu'il l'a découvert, d'une progression triple, s'en seroit-il tenu à un seul nombre ? auroit-il pû laisser échapper à sa perspicacité les nombres 2 & 5, l'un comme source de toute proportion & progression, puisqu'étant double de l'unité, il suffit de le doubler lui-même pour y reconnoître cette vérité ; l'autre comme complétant l'harmonie, où, comparé à 3, il forme la sixte majeure ; & comparé à 6, octave de ce 3, il forme la tierce mineure, après avoir formé la tierce majeure avec 4, octave de son générateur, ces deux tierces composant la quinte de la même façon qui avoit dû lui donner la composition de l'octave par la quinte & la quarte, selon la tradition? Ce Philosophe n'y auroit-il pas bien-tôt reconnu la défectuosité de son système, si sa prévention en faveur de sa première découverte, ne l'eût pas retenu dans l'erreur de croire qu'il avoit tout obtenu de son nombre 3? Voyez-le parler des autres nombres, il n'y est plus question de Musique, si ce n'est qu'il cite 5 comme indiquant la quinte dans l'ordre des moindres degrés de la gamme naturels à la voix, *pages 69 & 70 du Denarius.*

Intéresser la Nature en faveur du nombre 7, qui ne se rencontre naturellement que dans les sept notes de la gamme, sans l'appeler en faveur du nombre 3, dont on a obtenu ces sept notes, n'est-ce pas une seconde fois prendre le change? Pythagore l'auroit-il fait exprès pour dépayser ses Disciples? c'est ce que nous examinerons encore. On voit du moins que son oreille n'a pas eu beaucoup de part dans ses opinions, si ce n'est dans les consonances sur lesquelles il s'est fondé.

Prenons-nous en à ce système diatonique, naturellement inspiré par le ton en montant dans son début, où le demi-ton ne se présente jamais à quiconque s'y livre sans y penser, si les Philosophes & Géomètres se sont également arrêtés dans leurs recherches harmoniques: tout le prouve, & les systèmes donnés jusqu'au Traité de l'harmonie, & les règles établies en conséquence, tant pour la théorie que pour la pratique, & les raisonnemens imaginés par une infinité d'Auteurs pour soûtenir leurs opinions.

Quelques progrès qu'on ait faits dans la Géométrie avant Pythagore, il faut qu'on n'en ait pû tirer de grands avantages, puisque les Sectateurs de ce Philosophe, ceux même qui avoient été ses disciples, n'ont point compris que son système de Musique fût totalement extrait de la progression triple: ce qui est d'autant plus croyable, qu'on le cite pour Inventeur de l'Arithmétique; seul moyen propre à indiquer les rapports d'une manière à les rendre applicables aux différens objets qui se présentent à nos sens. On ne peut donc, cela posé, prendre pour époque du temps où les Sciences ont pû se communiquer de main en main, que celui où vivoit Pythagore.

Ce Philosophe s'est justement trouvé muni des deux seuls moyens capables de le faire pénétrer dans les Sciences, & dont on le dit également inventeur, savoir, l'arithmétique généralement adoptée, & les rapports harmoniques généralement abandonnés. Or, il s'agit maintenant de savoir lequel des deux moyens a dû le conduire à l'autre. Dira-t-on que le nombre lui a donné le sentiment des consonances sur lesquelles il a fondé son système ? rien ne seroit plus absurde. Il n'y a d'ailleurs qu'à se rappeler la source de ses opérations (qu'on les lui ait supposées ou non) pour juger sur le champ que c'est de ces mêmes consonances qu'il a obtenu, non pas simplement les nombres, mais principalement leurs différentes propriétés, qu'aucun autre objet ne pouvoit lui procurer, quelqu'effort d'imagination qu'il eût pû faire, à moins que l'oreille, à tout moment frappée des rapports harmoniques, n'y eût conduit son instinct sans en connoître la source ; mais laissons cela pour un instant. Eudoxe, contemporain de Platon, n'a-t-il pas découvert la proportion harmonique ? en auroit-il fallu davantage pour aller en avant, si le principe en eût été connu ?

Revenons aux opérations de Pythagore. Après avoir entendu, dit-on, différens sons naître d'une enclume, &c. il suspendit des poids à des cordes, pour juger des rapports entre ces différens sons : sans doute qu'il lui fallut varier la charge des poids jusqu'à ce que les cordes lui fissent entendre les consonances dont il fut affecté, savoir, l'octave, la quinte & la quarte. Ce fut pour lors que comparant entr'eux les différens poids, il trouva que l'octave lui donnoit le rapport de 1 à 2, la quinte celui de 1 ou de 2 à 3, & la quarte celui de 3 à 4 ou à 8 *(g)*. Voyant ensuite une octave de 2 à 4, pareille à celle de 1 à 2, il ne lui fut pas difficile d'en continuer la progression, appelée *double* ; mais n'y trouvant aucune variété, ce qui pût aisément lui en faire soupçonner l'identité, comme le confirme son système, où les octaves sont par-tout sous-entendues, il éprouva ce qui pourroit naître de la *triple* que lui indiquoit la quinte 1, 3 ; & bien tôt dans les différens termes qui la composent, comparés entr'eux, il trouva différens rapports, parmi lesquels il choisit ceux qui

---

(g) Il me semble avoir lû en quelqu'endroit qu'il y avoit la différence d'une octave entre les rapports donnés par la tension, & ceux qui résultent des divisions ou des vibrations.

lui donnoient ce syſtème diatonique naturellement inſpiré, & dont ſes oreilles pouvoient avoir été rebattues dès ſon enfance, ſans y conſidérer cependant ſi les rapports étoient bien exacts, parce que la différence d'un Comma, qui doit ſe rencontrer entre les tons & demi-tons de ce ſyſtème, eſt inſenſible: auſſi ce défaut d'attention lui fit-il employer des tons & un demi-ton qui rendent les tierces & les ſixtes diſcordantes, d'où il conclut qu'elles étoient telles, auſſi-bien que ſes Sectateurs, même pendant pluſieurs ſiècles après lui; mais cela n'empêcha pas qu'il n'en pût tirer de grandes lumières pour l'Arithmétique. Il ſuffit de ſe rappeler, pour cela, ce qu'Adam a pû tirer de ſes opérations en Muſique *(h)*, en les ſuppoſant même pareilles aux opérations que l'Hiſtoire accorde à Pythagore, & qui chez l'un & l'autre ont pû naître du même principe, ſavoir, que l'un aura été frappé de différens Sons rendus par différentes inflexions de ſa voix, ou par l'air agité dans différentes cavités ſonores, de même que l'autre les a entendus au bruit des différens coups de marteau ſur une enclume, avec cette différence cependant que celui-ci pouvoit avoir déjà beaucoup d'acquit que le premier n'avoit pas; car il en faut bien moins croire *Meurſius*, qui donne à Pythagore l'invention de l'Arithmétique, que *Polydore Vergile*, qui convient ſeulement que ce Philoſophe l'a conſidérablement amplifiée *(i)*. Seroit-il probable, en effet, qu'on n'eût du moins pas eu quelques notions de l'Aritmétique avant ce temps-là? Au reſte, quoi qu'on en puiſſe dire, ce n'eſt que dans la Muſique que peuvent ſe puiſer les différentes propriétés des nombres. Les règles de diviſion & d'addition, comme je l'ai déjà dit, ne ſont-elles pas aſſignées par les diviſions particulières du corps ſonore, & par celles auxquelles il contraint ſes aliquantes ou multiples? la mul-

---

(h) Page 220.
(i) Dans le *De rerum inventoribus Polydori Vergilii, Urbinatis*, on lit à la page 74, au ſujet de l'Arithmétique, *Pythagoras multum amplificaſſe dicitur, Geometria, &c.* Mais ce qui fait à mon propos, ſavoir, que les différentes propriétés des nombres n'ont pû être tirées que de la Muſique, c'eſt que non ſeulement l'Arithmétique paroît avoir été dans ſon adoleſcence juſqu'à Pythagore, puiſqu'il l'a conſidérablement amplifiée, mais de tous les Inventeurs de la Muſique, aucun n'eſt cité par Polydore Vergile pour avoir reconnu les rapports harmoniques, même chez les Égyptiens, comme on peut le voir dans ſon Chapitre XIV, *page 55.*

tiplication ne l'est-elle pas par les progressions? les proportions, dont émanent ces progressions, n'en peuvent-elles pas venir à l'esprit? Les différens rapports que le tout produit, joint à ce tout différemment combiné, ne peuvent-ils pas faire naître dans l'idée une infinité de règles qui répondent à tous les différens objets, sur le compte desquels on ne peut s'instruire qu'à la faveur de l'Arithmétique? l'Algèbre est-elle autre chose qu'une arithmétique? l'analyse a-t-elle une autre source?

Tout ce qui me surprend, c'est que si Pythagore a tiré une partie de ses connoissances des Égyptiens, & si la progression triple s'y trouve comprise, il faut qu'il y ait eu bien du mystère, & chez les Maîtres, & chez le Disciple: se pourroit-il autrement qu'aucun Égyptien n'eût été reconnu pour inventeur de cette progression, ou du moins pour l'avoir publiée? Comment Pythagore a-t-il eu la force de cacher à ses Élèves le principe de son système? a-t-il pû croire le tenir du nombre 3 plustôt que de la quinte qui engendre ce nombre? ne l'a-t-il pas entendue cette quinte avant que de savoir le nombre qu'elle déterminoit pour l'indiquer? L'amour propre l'auroit-il séduit au point de s'être regardé comme l'Auteur des loix de la Nature? séduction qui n'a que trop prévalu, puisque ces mêmes loix sont encore exclusivement attribuées à l'Arithmétique.

Quelque gloire que se soit acquise le Géomètre dans l'invention de l'*analyse*, où ses succès sont dignes d'admiration, vû les difficultés qu'il lui a fallu surmonter, en y suivant une route diamétralement opposée à celle qui devoit se présenter naturellement à son esprit, il s'en faut bien que cette Science soit encore à son comble. *L'analyse*, dit-on dans l'Encyclopédie, au mot Analyse, *démontrée par le P. Reynaud, &c. Quoiqu'il s'y soit glissé quelques erreurs, c'est cependant jusqu'à présent l'Ouvrage le plus complet que nous ayons sur l'analyse.* Lorsque dans l'Encyclopédie, loin de remédier aux erreurs annoncées, on ne dit pas seulement en quoi elles consistent, cela laisse bien du soupçon contre la chose même: aussi les Géomètres n'y sont-ils pas toûjours d'accord entr'eux. Ne s'y seroit-on pas trompé sur quelques points? y a-t-on bien suivi par-tout les loix de la Nature, elle qui ne peut se tromper, ni par conséquent nous tromper? Nieroit-on que le corps sonore fût l'ouvrage de la Nature, lorsqu'on trouve dans ce phénomène une racine d'où naissent, dans l'ordre le plus régulier & de la manière la plus simple, le tronc, les branches, enfin tout jusqu'aux fruits; lorsque dans ce tronc même résident toutes les proportions qui composent en même-temps l'harmonie, le tout ne formant d'abord qu'un seul Son à l'oreille & ne présentant non plus qu'un seul corps à l'œil, comment peut-on s'éloigner des loix qui s'ensuivent? N'y trouvant que des proportions continues, on voit qu'aucune quatrième proportionnelle ne peut être ajoûtée à ces proportions que géométriquement, encore en altère-t-elle toûjours la perfection : on voit encore que l'harmonie complète n'en peut être séparée ; cependant, sans aller plus loin, rien de tout cela n'est exactement observé en Géométrie. Proportions à quatre termes plus recommandées que les continues, du moins dans les Élémens de Géométrie. On ne dit point que le quatrième terme en altère la perfection : qu'il y soit ajoûté géométriquement ou non, cela est indifférent ; jamais l'harmonie n'est complète dans les proportions harmoniques données pour exemples, quoique l'un ne puisse exister sans l'autre. Liberté toute entière de remplir de dissonances la proportion arithmétique dans les règles données pour la former. Je ne dis rien de plus, d'autant que j'ignore si cela est de quelque conséquence en Géométrie ; je sais seulement que la perfection n'est point à négliger, sur-tout celle qui nous est annoncée par le seul phénomène d'où nous puissions tirer de justes conséquences. Je n'ai d'autres teintures de Géométrie que celles que j'ai pû puiser dans mon Art *(k)*, c'est pourquoi j'espère qu'on voudra bien me pardonner la témérité de ces dernières réflexions. Quand je considère cependant que trois de nos sens se trouvent en concurrence dans la Musique seulement, l'un pour nous faire éprouver dans l'harmonie des charmes assez puissans pour exciter notre curiosité à pénétrer dans ses mystères, les deux autres pour nous faire arriver à la connoissance de ces mystères, non seulement en voyant & sentant au tact en quoi consistent les rapports des effets éprouvés, rapports

(k) Page 214.

sur lesquels s'élève tout l'édifice, mais encore pour nous indiquer les signes qui doivent les réprésenter, & dont on puisse faire usage avec certitude & connoissance de cause, & par conséquent avec succès, relativement à tout autre objet, sur-tout à ceux auxquels nos besoins mêmes nous forcent d'avoir recours, je crois voir clairement que c'est l'unique moyen que la Nature ait pû se servir, conséquemment aux bornes de nos facultés, pour nous instruire.

Combien ce *vel maxime (1)*, ajoûté à la puissance du nombre sur la Géométrie, n'ajoûte-t-il pas en même-temps à celle de la Musique sur cette Science, en y supposant le change, qui me paroît indubitable ! car enfin, quelle conséquence Pythagore auroit-il pû tirer de ce nombre seul pluftôt que d'un autre, s'il ne l'eût pas mis à quelques épreuves ? & quelle en a pû être l'épreuve, si ce n'est d'en avoir imaginé la progression ? mais en ce cas pourquoi pluftôt 3 que 2, qui se présente naturellement le premier, & sur lequel par conséquent il semble que nos idées doivent se fixer d'abord ? On ne voit pas d'ailleurs, qu'en fait de progression, la triple doive être préférée à la double sans quelques raisons ; & quelle en a pû être la raison, si ce n'est le fruit qu'on en peut tirer ? Or, y a-t-il dans la Nature quelques objets du ressort de tout autre sens que celui de l'ouïe, qui offrent plus de variété dans une progression que dans l'autre ? réflexion inutile d'ailleurs, puisque Pythagore est reconnu pour le premier qui ait découvert les rapports harmoniques, & qu'il est plus que probable que c'est dans la Musique qu'il a puisé son amplification de l'Arithmétique : aussi ne s'arrête-t-il nullement à la progression double, bien qu'elle ait dû se présenter la première à son imagination, parce qu'elle ne produit aucune variété dans le fond musical ; au lieu que la comparaison réciproque de chaque terme d'une progression triple lui a donné des rapports suffisans pour lui laisser croire qu'ils composoient parfaitement entr'eux ce système diatonique, qu'il a bien pû regarder comme la *Musique universelle*, d'autant plus que (outre ce qu'on a déjà dû remarquer sur ce sujet) toutes les cordes ajoûtées aux Lyres jusqu'à lui n'avoient d'autres vertus

(1) *Voyez* la note de la page 228.

que de répéter le même Diapason des sept notes de la gamme en plus ou moins de cordes, c'est-à-dire, d'une quarte, d'une quinte, d'une octave, selon la portée de leurs Auteurs, & que apparemment le sentiment d'aucun autre intervalle n'avoit encore saisi les oreilles. Que pourroient faire de plus en effet tous ces petits intervalles produits par les différens calculs d'Aristoxène & autres, sinon que d'amuser les Géomètres, en blessant les oreilles dans l'ordre des systèmes imaginés en conséquence? Ainsi, le tout bien considéré, on voit le Géomètre lui-même accorder à la Musique un empire sur toutes les Sciences, puisqu'on ne les tient que de la Géométrie, & qu'ayant adopté les rapports numériques pour guides dans toutes ses opérations, en convenant que les Sciences sont fondées sur les proportions, on ne trouve dans la Nature d'autre principe de ces proportions que le corps sonore, mais d'une manière qu'on ne peut trop admirer, & qui, comme je l'ai déjà dit, surpasse notre intelligence.

J'ignore ce qu'on objectera à toutes mes Réflexions, c'est pourquoi je prie le Lecteur de les peser si bien, qu'il puisse en juger par lui-même, & qu'en cas de quelques contradictions, il sache y distinguer les raisonnemens d'avec la raison, la vraisemblance d'avec la vérité, l'opinion d'avec ce qui est démontré, la supposition d'avec le principe, les apparences d'avec le réel, & sur-tout les fleurs, dont on ne s'occupe que trop, d'avec les fruits qu'on néglige le plus souvent.

FIN.

EXEMPLES DU CODE DE MUSIQUE PRATIQUE

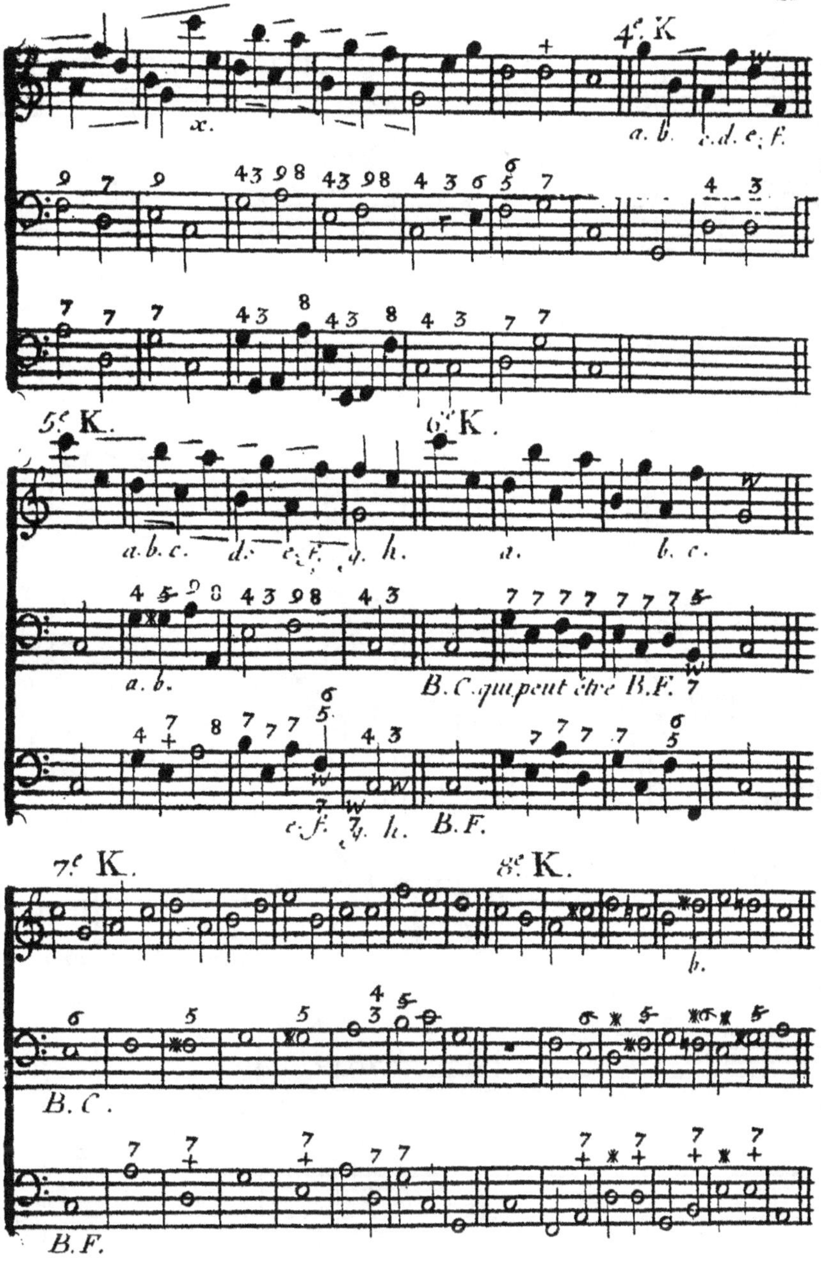
4e. K
5e. K.
6e. K.
B.C. qui peut être B.F.
B.F.
7e. K.
8e. K.
B.C.
B.F.

22

28

30

Discographies by Travis & Emery:

Discographies by John Hunt.

1987: From Adam to Webern: the Recordings of von Karajan.
1991: 3 Italian Conductors and 7 Viennese Sopranos: 10 Discographies: Arturo Toscanini, Guido Cantelli, Carlo Maria Giulini, Elisabeth Schwarzkopf, Irmgard Seefried, Elisabeth Gruemmer, Sena Jurinac, Hilde Gueden, Lisa Della Casa, Rita Streich.
1992: Mid-Century Conductors and More Viennese Singers: 10 Discographies: Karl Boehm, Victor De Sabata, Hans Knappertsbusch, Tullio Serafin, Clemens Krauss, Anton Dermota, Leonie Rysanek, Eberhard Waechter, Maria Reining, Erich Kunz.
1993: More 20th Century Conductors: 7 Discographies: Eugen Jochum, Ferenc Fricsay, Carl Schuricht, Felix Weingartner, Josef Krips, Otto Klemperer, Erich Kleiber.
1994: Giants of the Keyboard: 6 Discographies: Wilhelm Kempff, Walter Gieseking, Edwin Fischer, Clara Haskil, Wilhelm Backhaus, Artur Schnabel.
1994: Six Wagnerian Sopranos: 6 Discographies: Frieda Leider, Kirsten Flagstad, Astrid Varnay, Martha Moedl, Birgit Nilsson, Gwyneth Jones.
1995: Musical Knights: 6 Discographies: Henry Wood, Thomas Beecham, Adrian Boult, John Barbirolli, Reginald Goodall, Malcolm Sargent.
1995: A Notable Quartet: 4 Discographies: Gundula Janowitz, Christa Ludwig, Nicolai Gedda, Dietrich Fischer-Dieskau.
1996: The Post-War German Tradition: 5 Discographies: Rudolf Kempe, Joseph Keilberth, Wolfgang Sawallisch, Rafael Kubelik, Andre Cluytens.
1996: Teachers and Pupils: 7 Discographies: Elisabeth Schwarzkopf, Maria Ivoguen, Maria Cebotari, Meta Seinemeyer, Ljuba Welitsch, Rita Streich, Erna Berger.
1996: Tenors in a Lyric Tradition: 3 Discographies: Peter Anders, Walther Ludwig, Fritz Wunderlich.
1997: The Lyric Baritone: 5 Discographies: Hans Reinmar, Gerhard Hüsch, Josef Metternich, Hermann Uhde, Eberhard Wächter.
1997: Hungarians in Exile: 3 Discographies: Fritz Reiner, Antal Dorati, George Szell.
1997: The Art of the Diva: 3 Discographies: Claudia Muzio, Maria Callas, Magda Olivero.
1997: Metropolitan Sopranos: 4 Discographies: Rosa Ponselle, Eleanor Steber, Zinka Milanov, Leontyne Price.
1997: Back From The Shadows: 4 Discographies: Willem Mengelberg, Dimitri Mitropoulos, Hermann Abendroth, Eduard Van Beinum.
1997: More Musical Knights: 4 Discographies: Hamilton Harty, Charles Mackerras, Simon Rattle, John Pritchard.
1998: Conductors On The Yellow Label: 8 Discographies: Fritz Lehmann, Ferdinand Leitner, Ferenc Fricsay, Eugen Jochum, Leopold Ludwig, Artur Rother, Franz Konwitschny, Igor Markevitch.
1998: More Giants of the Keyboard: 5 Discographies: Claudio Arrau, Gyorgy Cziffra, Vladimir Horowitz, Dinu Lipatti, Artur Rubinstein.

1998: Mezzos and Contraltos: 5 Discographies: Janet Baker, Margarete Klose, Kathleen Ferrier, Giulietta Simionato, Elisabeth Höngen.
1999: The Furtwängler Sound Sixth Edition: Discography and Concert Listing.
1999: The Great Dictators: 3 Discographies: Evgeny Mravinsky, Artur Rodzinski, Sergiu Celibidache.
1999: Sviatoslav Richter: Pianist of the Century: Discography.
2000: Philharmonic Autocrat 1: Discography of: Herbert Von Karajan [Third Edition].
2000: Wiener Philharmoniker 1 - Vienna Philharmonic & Vienna State Opera Orchestras: Disc. Part 1 1905-1954.
2000: Wiener Philharmoniker 2 - Vienna Philharmonic & Vienna State Opera Orchestras: Disc. Part 2 1954-1989.
2001: Gramophone Stalwarts: 3 Separate Discographies: Bruno Walter, Erich Leinsdorf, Georg Solti.
2001: Singers of the Third Reich: 5 Discographies: Helge Roswaenge, Tiana Lemnitz, Franz Völker, Maria Müller, Max Lorenz.
2001: Philharmonic Autocrat 2: Concert Register of Herbert Von Karajan Second Edition.
2002: Sächsische Staatskapelle Dresden: Complete Discography.
2002: Carlo Maria Giulini: Discography and Concert Register.
2002: Pianists For The Connoisseur: 6 Discographies: Arturo Benedetti Michelangeli, Alfred Cortot, Alexis Weissenberg, Clifford Curzon, Solomon, Elly Ney.
2003: Singers on the Yellow Label: 7 Discographies: Maria Stader, Elfriede Trötschel, Annelies Kupper, Wolfgang Windgassen, Ernst Häfliger, Josef Greindl, Kim Borg.
2003: A Gallic Trio: 3 Discographies: Charles Münch, Paul Paray, Pierre Monteux.
2004: Antal Dorati 1906-1988: Discography and Concert Register.
2004: Columbia 33CX Label Discography.
2004: Great Violinists: 3 Discographies: David Oistrakh, Wolfgang Schneiderhan, Arthur Grumiaux.
2006: Leopold Stokowski: Second Edition of the Discography.
2006: Wagner Im Festspielhaus: Discography of the Bayreuth Festival.
2006: Her Master's Voice: Concert Register and Discography of Dame Elisabeth Schwarzkopf [Third Edition].
2007: Hans Knappertsbusch: Kna: Concert Register and Discography of Hans Knappertsbusch, 1888-1965. Second Edition.
2008: Philips Minigroove: Second Extended Version of the European Discography.
2009: American Classics: The Discographies of Leonard Bernstein and Eugene Ormandy.

Discography by Stephen J. Pettitt, edited by John Hunt:
1987: Philharmonia Orchestra: Complete Discography 1945-1987

Available from: Travis & Emery at 17 Cecil Court, London, UK.
(+44) 20 7 240 2129. email on sales@travis-and-emery.com .

© Travis & Emery 2009

Music and Books published by Travis & Emery Music Bookshop:

Anon.: Hymnarium Sarisburense, cum Rubris et Notis Musicus
Agricola, Johann Friedrich from Tosi: Anleitung zur Singkunst. (Faksimile 1757)
Bach, C.P.E.: edited W. Emery: Nekrolog or Obituary Notice of J.S. Bach.
Bateson, Naomi Judith: Alcock of Salisbury
Bathe, William: A Briefe Introduction to the Skill of Song
Bax, Arnold: Symphony #5, Arranged for Piano Four Hands by Walter Emery
Burney, Charles: The Present State of Music in France and Italy
Burney, Charles: The Present State of Music in Germany, The Netherlands …
Burney, Charles: An Account of the Musical Performances ... Handel
Burney, Karl: Nachricht von Georg Friedrich Handel's Lebensumstanden.
Burns, Robert (jnr): The Caledonian Musical Museum (1810 volume)
Cobbett, W.W.: Cobbett's Cyclopedic Survey of Chamber Music. (2 vols.)
Corrette, Michel: Le Maitre de Clavecin
Crimp, Bryan: Dear Mr. Rosenthal … Dear Mr. Gaisberg …
Crimp, Bryan: Solo: The Biography of Solomon
d'Indy, Vincent: Beethoven: Biographie Critique
d'Indy, Vincent: Beethoven: A Critical Biography
d'Indy, Vincent: César Franck (in French)
Fischhof, Joseph: Versuch einer Geschichte des Clavierbaues
Frescobaldi, Girolamo: D'Arie Musicali per Cantarsi. Primo Libro & Secondo Libro.
Geminiani, Francesco: The Art of Playing the Violin.
Handel; Purcell; Boyce; Green et al: Calliope or English Harmony: Volume First.
Hawkins, John: A General History of the Science and Practice of Music (5 vols.)
Herbert-Caesari, Edgar: The Science and Sensations of Vocal Tone
Herbert-Caesari, Edgar: Vocal Truth
Hopkins and Rimboult: The Organ. Its History and Construction.
Hunt, John: some 40 discographies – see list of discographies
Isaacs, Lewis: Hänsel and Gretel. A Guide to Humperdinck's Opera.
Isaacs, Lewis: Königskinder (Royal Children) A Guide to Humperdinck's Opera.
Lacassagne, M. l'Abbé Joseph : Traité Général des élémens du Chant.
Lascelles (née Catley), Anne: The Life of Miss Anne Catley.
Mainwaring, John: Memoirs of the Life of the Late George Frederic Handel
Malcolm, Alexander: A Treaty of Music: Speculative, Practical and Historical
Marx, Adolph Bernhard: Die Kunst des Gesanges, Theoretisch-Practisch
May, Florence: The Life of Brahms
Mellers, Wilfrid: Angels of the Night: Popular Female Singers of Our Time
Mellers, Wilfrid: Bach and the Dance of God

Travis & Emery Music Bookshop
17 Cecil Court, London, WC2N 4EZ, United Kingdom.
Tel. (+44) 20 7240 2129

Music and Books published by Travis & Emery Music Bookshop:

Mellers, Wilfrid: Beethoven and the Voice of God
Mellers, Wilfrid: Caliban Reborn - Renewal in Twentieth Century Music
Mellers, Wilfrid: François Couperin and the French Classical Tradition
Mellers, Wilfrid: Harmonious Meeting
Mellers, Wilfrid: Le Jardin Retrouvé, The Music of Frederic Mompou
Mellers, Wilfrid: Music and Society, England and the European Tradition
Mellers, Wilfrid: Music in a New Found Land: ... ... American Music
Mellers, Wilfrid: Romanticism and the Twentieth Century (from 1800)
Mellers, Wilfrid: The Masks of Orpheus: ...... the Story of European Music.
Mellers, Wilfrid: The Sonata Principle (from c. 1750)
Mellers, Wilfrid: Vaughan Williams and the Vision of Albion
Panchianio, Cattuffio: Rutzvanscad Il Giovine.
Pearce, Charles: Sims Reeves, Fifty Years of Music in England.
Pettitt, Stephen: Philharmonia Orchestra: Complete Discography 1945-1987
Playford, John: An Introduction to the Skill of Musick.
Purcell, Henry et al: Harmonia Sacra ... The First Book, (1726)
Purcell, Henry et al: Harmonia Sacra ... Book II (1726)
Quantz, Johann: Versuch einer Anweisung die Flöte traversiere zu spielen.
Rameau, Jean-Philippe: Code de Musique Pratique, ou Methodes.
Rastall, Richard: The Notation of Western Music.
Rimbault, Edward: The Pianoforte, Its Origins, Progress, and Construction.
Rousseau, Jean Jacques: Dictionnaire de Musique
Rubinstein, Anton : Guide to the proper use of the Pianoforte Pedals.
Sainsbury, John S.: Dictionary of Musicians. Vol. 1. (1825). 2 vols.
Simpson, Christopher: A Compendium of Practical Musick in Five Parts
Spohr, Louis: Autobiography
Spohr, Louis: Grand Violin School
Tans'ur, William: A New Musical Grammar; or The Harmonical Spectator
Terry, Charles Sanford: Four-Part Chorals of J.S. Bach. (German & English)
Terry, Charles Sanford: Joh. Seb. Bach, Cantata Texts, Sacred and Secular.
Terry, Charles Sanford: The Origins of the Family of Bach Musicians.
Tosi, Pierfrancesco: Opinioni de' Cantori Antichi, e Moderni
Van der Straeten, Edmund: History of the Violoncello, The Viol da Gamba ...
Van der Straeten, Edmund: History of the Violin, Its Ancestors... (2 vols.)
Walther, J. G.: Musicalisches Lexikon ober Musicalische Bibliothec (1732)

Travis & Emery Music Bookshop
17 Cecil Court, London, WC2N 4EZ, United Kingdom.
Tel. (+44) 20 7240 2129

© Travis & Emery 2009

www.ingramcontent.com/pod-product-compliance
Lightning Source LLC
Chambersburg PA
CBHW081914170426
43200CB00014B/2729